机械工程创新人才培养系列教材

先进制造技术

主　编　郭　江
副主编　崔　岩
参　编　李琳光
主　审　李小海

机械工业出版社

在当前制造业面临新一轮技术革命的形势下，本书详细论述了先进制造技术的内涵和体系结构，从设计技术，制造工艺技术，制造自动化、信息化、智能化等多个视角介绍了先进制造技术的基本概念、工作原理及其关键技术，在注重内容系统性、完整性和前沿性的同时，更注重选材的先进性、适用性和成熟性，尽可能以具体应用实例阐述相关技术功能与原理。全书共7章，分别为：先进制造技术概论、先进设计方法与技术、先进成形技术、先进加工技术与工艺、先进检测技术、先进制造系统、前沿制造理念。

本书可作为高等院校机械工程、工业工程、管理工程等专业以及与制造相关专业的先进制造技术课程教材和教学参考书，也可作为制造业工程技术人员继续教育与培训的参考书。

图书在版编目（CIP）数据

先进制造技术/郭江主编. —北京：机械工业出版社，2024.6
机械工程创新人才培养系列教材
ISBN 978-7-111-75445-9

Ⅰ.①先… Ⅱ.①郭… Ⅲ.①机械制造工艺–高等学校–教材
Ⅳ.①TH16

中国国家版本馆 CIP 数据核字（2024）第 060718 号

机械工业出版社（北京市百万庄大街22号　邮政编码100037）
策划编辑：余　皞　　　　　责任编辑：余　皞　丁昕祯
责任校对：曹若菲　薄萌钰　　封面设计：王　旭
责任印制：任维东
河北鑫兆源印刷有限公司印刷
2024年6月第1版第1次印刷
184mm×260mm·16.5印张·406千字
标准书号：ISBN 978-7-111-75445-9
定价：59.00 元

电话服务　　　　　　　　　网络服务
客服电话：010-88361066　　机 工 官 网：www.cmpbook.com
　　　　　010-88379833　　机 工 官 博：weibo.com/cmp1952
　　　　　010-68326294　　金 书 网：www.golden-book.com
封底无防伪标均为盗版　　机工教育服务网：www.cmpedu.com

前　　言

制造业是国家的立国之本、兴国之器、强国之基。近 30 年来，随着科技和社会的发展，世界制造业已进入了重要的变革时期，制造技术成为全球产品革新、生产发展、经济竞争的重要手段。由于市场动态多变性，传统的制造技术已经不能适应迅速多变的市场需求和日趋激烈的市场竞争，需要应用成熟度较高的先进制造技术指导生产，而先进制造技术也成为各国战略优先发展领域。目前，以网络化和智能化为特征的新一轮制造革命正如火如荼。我国现已成为全球制造业第一大国，拥有最全的工业门类，但要完成制造大国向制造强国的转变仍有很长的路要走。进一步发展和应用先进制造技术是实现产业升级的必由之路，推动制造业向先进制造技术转型升级成为国家制造强国战略。

先进制造技术课程是机械制造领域的重要技术基础课程，能够为后续工艺装备设计、生产实习、毕业设计等环节服务。它所讲授的基本概念、基本理论和基本方法是构成学生科学素养的重要组成部分，是学生专业能力素质养成的基础，是机械学科科研工作者和工程技术人员必备的知识。本书的宗旨就是为培养机械制造相关领域的工程技术人才服务，引导学生参与制造业转型升级，推进制造业现代化建设，为中国制造在全球市场上的竞争提供更强大的支持。

本书在编写中参考了同类教材的编写经验和国内外最新的教学科研成果。与同类教材相比，本书紧盯前沿技术发展，重点对高端部件设计 - 成形 - 加工 - 检测的全链条先进制造技术进行了深入浅出的讲解，并重点突出了现阶段重要的制造理念。全书共 7 章，分别为：先进制造技术概论、先进设计方法与技术、先进成形技术、先进加工技术与工艺、先进检测技术、先进制造系统、前沿制造理念。各章节互有联系，亦能对先进制造技术整体做一个大致的论述。

本书由郭江任主编，崔岩任副主编，李琳光参加编写。全书由李小海主审。本书的编写得到了许多兄弟院校同行、企业专家的大力支持和帮助，并提出了许多宝贵的修改意见，在此表示衷心的感谢！

教育及教材都是不断发展的，由于先进制造技术所涉猎的内容极为广泛、学科跨度大、发展速度迅猛，加之作者水平有限，书中难免存在不妥之处，敬请专家及读者批评指正。

编者

目　　录

第 1 章

hapter

先进制造技术概论

1.1 制造业的发展与地位

1.1.1 制造、制造技术和制造业

1. 制造、制造技术和制造业的定义

1）制造（Manufacturing）是指人类按照市场的需求，运用主观掌握的知识和技能借助手工或可以利用的客观物质工具，采用有效的方法，将原材料转化为最终物质产品，并投放市场的全过程。

就"制造过程"而言，制造的概念又有狭义与广义之分。狭义制造，又称"小制造"，是指产品的加工和装配过程；广义制造，又称"大制造"或"现代制造"，是指产品的全生命周期，包括市场调研和预测、产品设计、选材和工艺设计、生产加工、质量保证、生产过程管理、营销、售后服务等产品生命周期内一系列相互联系的活动。

2）制造技术（Manufacturing Technology）是完成制造活动所需的一切手段的总和，是将原材料和其他生产要素经济合理地转化为可直接使用的、具有较高附加值的成品/半成品和技术服务的技术群。具体地说，是指集机械工程技术、电子技术、自动化技术、信息技术等多种技术为一体所产生的技术、设备和系统的总称。主要技术手段包括：计算机辅助设计、计算机辅助制造、集成制造系统等。先进的制造技术是制造业企业取得竞争优势的必要条件之一，但并非充分条件，其优势还有赖于能充分发挥技术能力的组织管理，以及技术、管理和人力资源的有机协调和融合。健康发达的高质量制造业必然有先进的制造技术作为后盾。

3）制造业是所有与制造有关的企业机构的总体。它是将制造资源（物料、能源、设备、工具、资金、技术、信息和人力等）通过制造过程，转化为可供人们使用与利用的工业品与生活消费品的行业，它涉及国民经济的许多部门，是国民经济和综合国力的支柱产业。它一

2

方面创造价值、生产物质财富和产生新的知识，另一方面为国民经济各个部门包括国防和科学技术的进步与发展提供先进的手段和装备。

制造业的发达与先进程度是国家工业化的表征。制造业是人类创新发明和新技术的最大用户，在最能体现人类创造性的发明专利中，绝大部分都与制造业的需求有关，并用于制造业。制造业涉及国民经济的许多领域，包括食品、化工、建材、冶金、纺织、电子电器、交通运输等。在工业化国家中，约有 1/4 的人口从事各种形式的制造活动，在非制造业部门中约有半数人的工作性质与制造业密切相关。纵观世界各国，如果一个国家的制造业发达，它的经济必然强大。大多数国家和地区的经济腾飞，制造业功不可没，例如日本、瑞典、韩国、德国、法国等。

2. 传统制造业及其技术的发展

人类文明的发展与制造业的进步密切相关。在石器时代，人类利用天然石料制作劳动工具，以采集、利用自然资源作为主要生活手段。到青铜器、铁器时代，人们开始采矿、冶炼铸锻工具、织布，满足以农业为主的自然经济的需要，采取的是作坊式手工业的生产方式。生产用的原动力主要是人力，局部利用水力和风力。直到 1765 年，瓦特改良蒸汽机，纺织业、机器制造业才取得革命性的变化，引发了第一次工业革命，近代工业化大生产开始出现。1820 年奥斯特发现电磁效应，安培提出电流相互作用定律。1831 年法拉第提出电磁感应定律。1864 年麦克斯韦尔电磁场理论的建立，为发电机、电动机的发明奠定了科学基础，从而迎来电气化时代。以电作为动力源，改变了机器的结构，开创了机电制造技术的新局面。工业革命的四个主要阶段如图 1-1 所示。

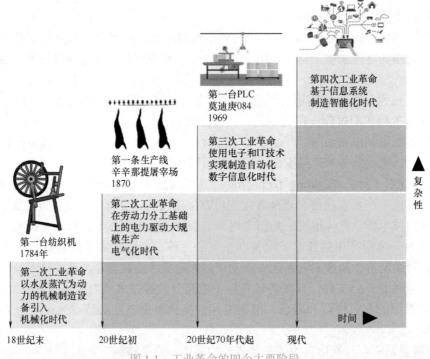

图 1-1　工业革命的四个主要阶段

19 世纪末 20 世纪初，内燃机的发明，自动机床、自动化生产线的相继问世，以及产品部件化、部件标准化和科学管理思想的提出，掀起了制造业革命的新浪潮。20 世纪中期，电力电子技术和计算机技术的迅猛发展及其在制造领域所产生的强大的辐射效应，更是极大地促进了制造模式的演变和产品设计与制造工艺的紧密结合，也推动了制造系统的发展和管理方式的变革。同时，制造技术的新发展也为现代制造科学的形成创造了条件。

回顾制造技术的发展，从蒸汽机出现到今天，主要经历了三个发展阶段。

（1）用机器代替手工，从作坊形成工厂　18 世纪后半叶，以蒸汽机和工具机的发明为特征的产业革命，揭开了近代工业的历史，促成了制造企业的雏形——工厂式生产的出现，标志着制造业已完成从手工业作坊式生产到以机械加工厂和分工原则为中心的工厂生产的艰难转变。20 世纪初，各种金属切削加工工艺方法陆续形成，近代制造技术已成体系。它产生于英国，19 世纪先后传到法国、德国和美国，并在美国首先形成了小型的机械工厂，使这些国家的经济得到了发展，国力大大增强。

（2）从单件生产方式发展成大量生产方式　推动这种根本变革的是两位美国人：泰勒和福特。泰勒首先提出了以劳动分工和计件工资制为基础的科学管理，成为制造工程科学的奠基人。福特首先推行所有零件都按照一定的公差要求来加工（零件互换技术），并于 1913 年建立了具有划时代意义的汽车装配生产线，实现了以刚性自动化为特征的大量生产方式，它对社会结构、劳动分工、教育制度和经济发展都产生了重大的影响。20 世纪 50 年代生产方式的发展到了顶峰，催生了工业技术的革命和创新，传统制造业及其大工业体系也随之建立和逐渐成熟。近代传统制造工业技术体系的特点是以机械 - 电力技术为核心的各类技术相互关联和依存的制造工业技术体系。

（3）柔性化、集成化、智能化和网络化的现代制造技术　由于传统制造是以机械 - 电力技术为核心的各类技术相互关联和依存的制造工业技术体系，其支撑技术的发展，决定了传统制造业的生产和技术有如下特点。

1）单件小作坊式生产加高度的个人制造技巧，大量的机械化刚性规模生产加一体化的组织生产模式，同时具有细化的专业分工。

2）制造技术的界限分明及其专业的相互独立。

3）制造技术一般仅指加工制造的工艺方法，即制造全过程中某一段环节的技术方法。

4）制造技术一般只能控制生产过程中的物料流和能量流。机械加工工艺系统输入的是材料或坯料及相应的刀具、量具、夹具、润滑油、切削液和其他辅助物料，经过输送、装夹、加工和检验等过程，最后输出半成品或成品。

整个加工过程是物料的输入和输出的动态过程。这种以加工设备和加工工艺为中心，以有形的物质为对象，用以改变物料的形态和地点变化的运动过程被称为物料流；机械加工过程的各种运动，特别是物料的运动、材料的加工变形均需要能量来维持，这种能量的消耗、转换、传递的过程称为能量流。

为保证机械加工过程的正常进行，必须集成各方面的信息，包括加工任务、加工方法、刀具状态、工件要求、质量指标、切削参数等，所有这些信息构成了机械加工过程的信息系统，这个系统不断地和机械加工过程的各种状态进行信息交换，从而有效地控制机械加工过程，以保证机械加工的效率和产品质量。这种信息在机械加工系统中的作用过程称为信息流。

5）制造技术与制造生产管理的分离。

3. 现代制造及其技术的发展

自然科学的进步促进了新技术的发展和传统技术的革新、发展及完善，产生了新兴材料技术（新冶炼技术、新合金材料、高分子材料、无机非金属材料、复合材料等），新切削加工技术（数控机床、新刀具、超高速和精密加工），大型发电和传输技术，核能技术，微电子技术（集成电路、计算机、电视、广播和雷达），自动化技术，激光技术，生物技术和系统工程技术。

另外，人类社会在跨入 20 世纪后，物质需求不断提高，在科学和技术进步的同时，受到地球有限资源和环境条件约束。随着全球市场的逐渐形成，世界范围的竞争日益加剧，日益提高的生活质量要求与世界能源的减少和人口增长的矛盾更加突出。因此，社会发展对其经济支撑行业——制造业及其技术体系提出了更高的需求，要求制造业具有更加快速和灵活的市场响应，更高的产品质量、更低的成本和能源消耗以及良好的环保特性。这一系列需求促使传统制造业在 20 世纪开始了又一次新的革命性的变化和进步，传统制造开始向现代制造发展。现代制造及其技术的形成和发展特点如下。

1）在市场需求不断变化的驱动下，制造的生产规模沿着以下方向发展：小批量→少品种大批量→多品种变批量→大批量定制。

2）在科技高速发展的推动下，制造业的资源配置呈现出从劳动密集型→设备密集型→信息密集型→知识密集型的变化。

3）生产方式上，其发展过程是：手工→机械化→单机自动化→刚性流水自动化生产线→柔性自动化生产线→智能自动化。

4）在制造技术和工艺方法上，现代制造的特征表现为：重视必不可少的辅助工序，如加工前后处理；重视工艺装备，使制造技术成为集工艺方法、工艺装备和工艺材料为一体的成套技术；重视物流、检验、包装及储藏，使制造技术成为覆盖加工全过程（设计、生产准备、加工制造、销售和维修，甚至再生回收）的综合技术，不断发展优质、高效、低耗的工艺及加工方法，以取代落后工艺；不断吸收微电子、计算机和自动化等高新技术成果，形成计算机辅助设计（Computer Aided Design，CAD）、计算机辅助制造（Computer Aided Manufacturing，CAM）、计算机辅助工艺规划（Computer Aided Processing Planning，CAPP）、计算机辅助测试（Computer Aided Testing，CAT）、计算机辅助工程（Computer Aided Engineering，CAE）、数字控制技术（Numerical Control，NC）、计算机数字控制（Computer Numerical Control，CNC）、计算机管理信息系统（Management Information System，MIS）、柔性制造系统（Flexible Manufacturing System，FMS）、计算机集成制造系统（Computer Integrated Manufacturing System，CIMS）、智能制造技术（Intelligent Manufacturing Technology，IMT）、智能制造系统（Intelligent Manufacturing System，IMS）等一系列现代制造技术，并实现上述技术的局部或系统集成，形成从单机到自动生产线等不同档次的自动化制造系统。

5）引入工业工程和并行工程（Concurrent Engineering，CE）概念，强调系统化及其技术和管理的集成，将技术和管理有机地结合在一起，引入先进的管理模式，使制造技术及制造过程成为覆盖整个产品生命周期，包含物质流、能量流和信息流的系统工程。

制造业的进步与发展如图 1-2 所示。

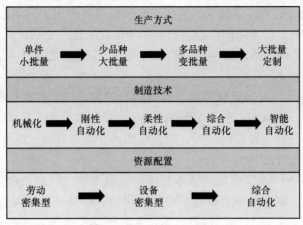

图 1-2 制造业的进步与发展

先进制造业具有制造技术水平高、产品附加值高、管理水平领先、整体竞争优势明显等显著特征,包括高新技术产业化形成的新业态,以及利用先进制造技术、发展理念、组织形式、管理模式等转型升级后的传统制造业,注重集成化、智能化、绿色化的发展模式,突出与服务深度融合。

先进制造技术的分类多种多样,涉及的学科门类众多,技术内容广泛,国内外研究者对其应用层次的分类展开了研究和总结。Adler 较早地提出先进制造技术主要用于设计、制造和管理活动,在此基础上研究者对其进行细化和拓展。Ghani 等提出因为先进制造技术的集成性特点,要求产品计划和执行的集成度高、纵向与横向合作紧密,所以灵活、具有高度适应性、分权决策的有机型组织结构更有利于提高先进制造技术的绩效水平。Thomas 等认为先进制造技术是一系列具有复杂功能的制造技术,并将其分为信息技术、工程技术和生产技术三大类。Obi 等从技术维度出发,认为先进制造技术因计算机、微电子、信息与管理学科的融合、发展,打破了制造技术的孤立边界。王桂莲等认为先进制造技术是一个多维概念,是从市场需求、产品设计、工艺规划到制造过程与市场反馈的人 - 机 - 物系统工程。

总体上,本书将先进制造技术分为三个类别:

(1) 设计类先进制造技术 是指通过先进制造技术降低产品设计成本,缩短设计周期和时间,从而占领市场、提高生产率的技术,例如计算机辅助设计、计算机辅助工艺规划等。

(2) 制造类先进制造技术 是指通过控制制造流程从而提升产品质量和生产率,例如数控技术、机器人技术、快速成型技术等。

(3) 管理类先进制造技术 是指通过市场研究、产品设计、产品制造、质量控制、物流直至销售与用户服务等一系列活动,确保企业内部以及整个供应链之间更快捷、有效地进行沟通交流的技术,包括制造资源计划、精益生产和全面质量管理等。

1.1.2 制造业在国民经济中的地位

制造业是国民经济的主体,是立国之本、兴国之器、强国之基,在整个国民经济中一直处于十分重要的地位,是国民经济收入的重要来源。有人将制造业称为工业经济年代一个国家经济增长的"发动机"。一方面制造业创造价值、生产物质财富、创新知识;另一方面为国民经济各部门包括国防和科学技术的进步和发展提供各种先进的手段和装备。自 18 世纪中叶工业文明开创以来，世界强国的兴衰史和中华民族的奋斗史一再证明，没有强大的制造业，就没有国家和民族的强盛。许多国家的经济腾飞，制造业都功不可没。制造业的作用具体表现在以下几个方面。

（1）制造业是国民经济的支柱产业和经济增长的发动机　在发达国家中，制造业创造了约 60% 的社会财富，约 45% 的国民经济收入。改革开放以来，我国制造业增长高于国家整体经济发展水平，在规模发展的同时，产业结构也在快速升级。据统计，2005—2013 年，我国制造业总产值年均增长 20% 左右。

（2）制造业是高新技术产业化的基本载体　纵观工业化历史，众多的科技成果都孕育在制造业的发展之中。制造业也是科技手段的提供者，科学技术与制造业相伴成长。例如，20 世纪兴起的核技术、空间技术、信息技术、生物医学技术等高新技术，无一不是通过制造业的发展而产生并转化为规模生产力的。其直接结果是导致诸如集成电路、计算机、移动通信设备、互联网、机器人、核电站、航天飞机等产品相继问世，并由此形成了制造业中的高新技术产业。

（3）制造业是吸纳劳动力的重要途径　制造业创造着巨大的就业机会，能够接纳不同层次的从业人员。制造业对增加就业的贡献有两个方面：一是制造业自身的发展创造的就业机会；二是制造业的发展促进服务业的增长，从而增加第三产业的就业机会。改革开放以来，我国制造业的快速发展创了大量就业机会。我国的制造业从业人数 1987 年为 9805 万人，预计到 2050 年将增加至 1.7 亿人。在工业国家中，约有 1/4 的人口从事着各种形式的制造活动。在我国，制造业吸纳了一半的城市就业人口，农村剩余劳动力也有近一半流入了制造业。

（4）制造业是国际贸易的主力军　制造业同时也是扩大出口的关键产业。一个国家的国际贸易总量及其构成集中体现了它在国际产业分工中的地位和国际竞争力。近年来，国际贸易增长速度高于世界经济增长速度近两倍。由于初级产品的技术含量低，在国际市场上的竞争力越来越弱，各国都千方百计扩大制成品的出口，以提高国际竞争力和产品附加价值。美、英、法、德、日等国家的制成品出口额占全部出口额的 90% 以上。20 世纪 90 年代以后，我国制造业的出口额占比一直维持在 80% 以上，创造了接近 3/4 的外汇收入。

（5）制造业是国家安全的重要保障　现代战争已进入"高技术战争"的时代，武器装备的较量在某种意义上就是制造技术水平的较量。没有精良的装备，没有强大的装备制造业，一个国家不仅不会有军事和政治上的安全，连经济和文化上的安全也会受到威胁。

（6）制造业是提高人民生活水平的主要物质基础　随着经济的不断发展和消费的不断提高，人们从追求温饱转向提高生活质量；在追求物质生活丰富的同时，精神消费的需求也在日益提高。制造业的制成品始终是消费的主要物质基础。要提高人民的生活水平，有赖于制造技术的提高和制造业的发展。

1.1.3　传统制造业的困境与现代制造业的发展

随着时代的发展，传统制造业由于其自身特性面临诸多困境，因此亟需突破传统制造模式适应现代市场环境。新技术革命的挑战使得制造业的资源配置必须由劳动密集型转向技术密集型和知识密集型，制造技术要向自动化、智能化的方向发展，否则企业将丧失竞争力。社会市场需求的多样化促使制造模式向着柔性制造发展，生产规模必须由大批量转为多品种、变批量，企业才能应对买方市场。信息时代的挑战使得信息成了制造业的主导因素，制造业人士不树立新型的信息制造观就可能面临淘汰。有限资源与日益增长的环境保护压力的挑战要求从生产的始端就注重污染的防范，以节能、降耗、减污为目标，实现环境与发展的良性循环，最终达到可持续发展，做不到这一点，企业就只能"关、停、并、转"。制造全球化和贸易自由化的挑战使制造业市场出现了前所未有的国际化，跨国集团咄咄逼人的"攻势"直接威胁到本土制造企业的生存。

在这样的社会背景下，各国政府和企业界都在寻求对策。由于传统的以大批量生产为特征的制造技术和制造模式已显得无法适应现代市场环境的严峻挑战，从而引发了制造技术、制造模式和管理技术的剧烈变革。

1.2　先进制造技术的体系结构与分类

1.2.1　先进制造技术的提出背景

先进制造技术作为一个专用名词出现在 20 世纪 80 年代末，是美国根据本国制造业面临的挑战和机遇，对其制造业存在的问题进行深刻的反省，为了加强其制造业的竞争力和促进国民经济的增长而提出来的，并得到充分重视。同时，以计算机为中心的新一代信息技术的发展，推动了制造技术的飞跃发展，逐步形成了先进制造技术的概念。

先进制造技术是集机械工程技术、电子信息技术、自动化技术、现代管理技术等为一体的众多先进技术、设备和系统的总称。先进制造技术的产生有其社会经济、科学技术以及可持续发展的根源和背景。

1. 社会经济发展背景

近几十年来，市场环境发生了巨大的变化。一方面表现为消费需求日趋主题化、个性化和多样化，消费行为更具有选择性，传统的相对稳定的市场变成动态多变的市场，产品更新日益加快，生产模式则朝着多品种、小批量、单件化、柔性化、生产周期大幅度缩短等方面发展；另一方面全球性产业结构调整步伐加快。制造业的进步和发展，使更多的国家参与到世界经济发展中，形成全球性的大市场，生产能力在世界范围内迅速提高和扩散并形成全球性的激烈竞争格局，经济全球化正在将越来越多的国家带进世界经济范围。随着生产力的国际扩散，产业之间和产业内部的国际分工已成为一股不可阻挡的发展趋势。制造商着眼于全球市场激烈竞争的同时，也着力于实力与信誉基础上的合作和协作。

在这样的社会经济背景下，制造业需要更新现有技术，使制造企业在交货周期、产品质量、产品成本、客户服务及环境友善性等诸多方面全面满足消费者需求，主动适应并快速响应市场变化，以赢得市场竞争，获取更大的企业利润。

2. 科学技术发展背景

传统的机械制造是各种机械制造方法和过程的总称，以机械制造中的加工工艺问题为研究对象的一门应用技术学科。制造业从 20 世纪初开始逐渐走上科学发展的道路。近几十年来制造业不断吸取机械、电子、信息、材料、能源以及现代管理等方面的成果，并将其综合应用于产品设计、制造、检测、管理、售后服务等生产制造的全过程，实现优质、高效、低耗、清洁、灵活生产，取得了理想的技术经济效果。

8

进入 20 世纪 80 年代，高新技术成果不断涌现，尤其是计算机应用技术、微电子技术、信息技术、自动化技术等应用和渗透，极大促进了制造技术在宏观（制造系统）和微观（精密超精密加工）两个方向上蓬勃发展，极大改变了现代制造业的产品结构、生产方式、工艺装备及经营管理体系，使现代制造业发展为技术密集型、知识密集型产业。

3. 可持续发展战略背景

工业经济时代，制造技术一味追求经济的高速增长，有限自然资源的消耗以及日益严峻的环境污染问题引起了国际社会的普遍关注。世界环境与发展委员会（WCED）于 1987 年向联合国 42 届大会递交的报告《我们共同的未来》正式提出了"可持续发展"的思路。其定义是："既满足当代人的需求，又不对子孙后代满足其需要的生存环境构成危害的发展。"世界资源研究所于 1992 年对可持续发展给出了更简洁明确的定义：即建立产生极少废料和污染物的工艺或技术系统。

1.2.2　先进制造技术的体系结构

先进制造技术所涉及的学科较多，包含的技术内容广泛。1994 年美国联邦科学、工程和技术协调委员会（FCCSET）下属的工业和技术委员会提出一种三位一体的先进制造技术体系结构，如图 1-3 所示。该体系结构强调"主体技术群、支撑技术群、管理技术群"三部分只有相互联系、相互促进，才能发挥整体的各功能效益，每个部分均不可或缺。

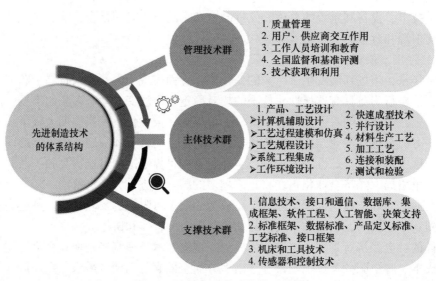

图 1-3　先进制造技术的体系结构

1.2.3　先进制造技术的构成与分类

1. 先进制造技术的构成

先进制造技术是一个多层次的技术群，如图 1-4 所示，从内层到外层分别为基础技术、新型单元技术、集成技术。

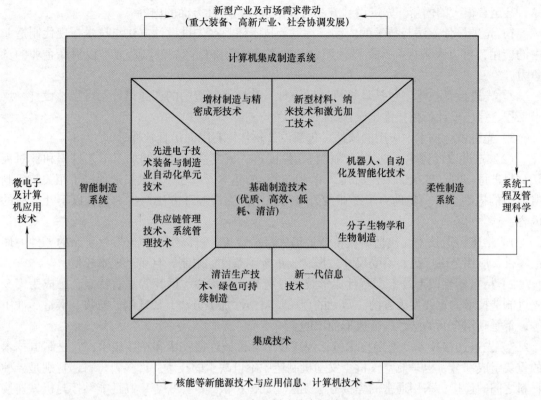

图 1-4　先进制造技术领域

（1）基础技术　第一层次是优质、高效、低耗、清洁基础制造技术。铸造、锻压、焊接、热处理、表面保护、机械加工等基础工艺至今仍是生产中大量采用、经济适用的技术，这些基础工艺经过优化而形成的优质、高效、低耗、清洁基础制造技术是先进制造技术的核心及重要组成部分。这些基础技术主要有精密下料、精密成形、精密加工、精密测量、少或无氧化热处理、气体保护焊及埋弧焊、功能性防护涂层等。

（2）新型单元技术　第二个层次是新型的先进制造单元技术。这是在市场需求及新兴产业的带动下，制造技术与电子、信息、新材料、新能源、环境科学、系统工程、现代管理等高新技术结合而形成的崭新的制造技术。例如，制造自动化单元技术、极限加工技术、质量与可靠性技术、系统管理技术、现代设计基础与方法、清洁生产技术、新材料成形与加工技术、激光与高密度能源加工技术、工艺模拟及设计优化技术等。

（3）集成技术　第三个层次是先进制造集成技术。这是应用信息、计算机和系统管理技术对上述两个层次的技术局部或系统集成而形成的先进制造技术的高级阶段。例如，柔性制造系统（FMS）、计算机集成制造系统（CIMS）、智能制造系统（IMS）等。

2. 先进制造技术的分类

根据先进制造技术的功能和研究对象，可将先进制造技术归纳为以下几个大类。

（1）先进设计方法与技术　是指融合最新科技成果，适应当今社会需求变化的、新颖的、高水平的各种设计方法和手段。在设计活动中融入新的科技成果，特别是计算机和信息技术的成果，从而使产品在性能、质量、效率、成本、环保和交货期等方面明显高于现有产品，甚至有很大的创新。先进设计方法与技术包含以下几方面的内容。

1）先进设计方法与技术的内涵、特点及技术体系。先进设计方法与技术在现代制造业中的应用，可以大幅提高产品设计质量和效率，从而降低产品的制造成本以提高企业的竞争力。

2）先进设计技术。包括计算机辅助设计、高性能制造中的产品设计、可靠性设计、反求工程、绿色设计和拓扑优化设计等。

3）先进设计技术中应用的软件。包括设计软件、有限元仿真软件等。

（2）先进成形技术　是指利用材料塑性变形、流变特征进行的加工工艺过程和针对板状材料进行切割、连接的工艺过程，是制造过程的基本形式之一，其发展促进了相关装备制造能力的提高，进一步助力了产业的升级与进步。先进设计方法与技术包含以下几方面的内容。

1）精密铸造技术。包括熔模铸造、消失模铸造等，可以生产加工形状复杂的零件毛坯或零件，应用范围广泛，不受尺寸、形状、重量等条件的限制，且生产成本较低。

2）精密塑性成形技术。塑性成形技术具有高产、优质、低耗等显著特点，已成为当今先进制造技术的重要发展方向。常见的金属材料塑性加工方法，如轧制、拉拔、锻造、冲压等，都是利用金属的塑性进行成形加工的。

3）先进连接技术。连接技术包括焊接技术、机械连接技术和粘接技术，它是制造技术的重要组成部分，也是航空飞机、发动机制造中不可缺少的技术。许多新材料，特别是异种材料之间的连接，采用通常的焊接方法无法完成，扩散焊、摩擦焊、高性能粘接与机械连接等方法应运而生，解决了许多过去无法解决的材料连接问题。

4）增材制造技术。该技术是利用三维模型数据从连续的材料中获得实体的过程。增材制造技术可以通过一系列复杂的运算和控制来实现复杂形状的产品快速制造，从而大大缩短了制造周期和成本。

（3）先进加工技术及工艺　是指利用最新的科学和工程知识，结合创新的设备和方法，对材料进行精密加工，以实现高效率、高精度和高质量的产品制造过程。包含以下几方面的内容。

1）超精密加工技术。超精密加工的精度比传统的精密加工提高了一个以上的数量级。当前精密和超精密加工精度可达到亚微米乃至纳米，在各类高技术领域具有广泛应用。

2）高速、超高速切削技术。高速加工是高速切削加工技术和高性能切削加工技术的统称，指在高速机床上使用超硬高强材料的刀具，采用较高的切削速度和进给速度以达到高材料切除率、高加工精度和加工质量的现代加工技术。

3）特种加工技术。特种加工技术是指在传统加工技术基础上发展起来的一系列高效、精密、复杂的先进制造技术。包括电火花加工、电化学加工、高能束流加工、射流加工、多场复合加工等。

4）微纳加工技术。微细加工技术是制造微型机械和微电子器件所需的各种工艺技术的总称。微细加工技术随着微机械的迫切需求和产业化应用而快速发展，并表现出巨大的应用前景，它是多学科交叉融合、互相推动的结果。

5）绿色制造技术。绿色制造技术是指在保证产品功能、质量、成本的前提下，综合考虑环境影响和资源效率的现代制造模式。

6）生物制造技术。生物制造是指运用现代制造科学和生命科学的原理及方法，通过单个细胞或细胞团簇的直接和间接受控组装，完成生命体成形和制造的技术。

（4）先进检测技术　是指运用先进的科学技术手段，对物体、材料、设备等进行精密、准确的检测和分析的技术方法。

1）先进制造中的现代精密测量技术与设备。包括了轮廓仪、激光干涉仪、三维激光扫描仪、激光跟踪仪、测量机器人，可以对加工过程中的各项参数进行高精度、实时的监测和测量，以确保产品质量和加工精度的稳定性。

2）制造现场在线检测技术。包括了柔性制造系统的监控与诊断系统、机器人检测技术、计算机视觉测试技术，可以对生产过程中的各种关键指标进行实时监测和评估，确保产品质量和生产效率的持续稳定。

3）纳米级测量技术。通过原子力显微镜等纳米尺度的测量技术，可以对纳米材料、纳米结构进行精密观测和表征。

（5）先进制造系统　是指采用先进技术与系统集成方法，通过对设备、工艺和人力资源的优化配置和协同作业，实现高效、灵活和智能化的生产制造系统。其特点是高度智能化、柔性化、快速化和绿色化。根据当前时代的发展趋势，先进制造系统主要包括智能化制造系统、效益化制造系统和生态化制造系统等。

1）智能化制造系统。通过引入先进的自动化技术、信息技术、人工智能技术等，实现生产过程智能化、自动化和数字化的一种制造体系。主要包括数字化制造、网络化制造、虚拟制造以及为智能制造提供基础支撑的各种使能技术。

2）效益化制造系统。通过消除浪费、持续改进以及优化生产流程，以实现高效和高质量生产的一种制造体系，主要包括敏捷制造、协同制造、精益生产等。

3）生态化制造系统。以可持续发展为目标，将资源节约、环境友好、循环利用等生态理念融入制造过程的生产制造体系。主要包括绿色制造、绿色再制造、低碳制造等。

（6）先进制造理念　是指在全球制造业迅速发展和不断变革的背景下，应用最新技术和理念进行优化和创新的制造模式。比较典型的前端制造理念如高性能制造和极端制造。这些特点的应用将推动制造业革新，促进了工业生产的创新和可持续性发展。

1.3　本章小结

随着全球创新实力格局不断加快重塑，围绕制造业创新的竞争已成为新焦点。中国制造业依靠人口、资源、制度等传统的发展模式的优势已成历史，低端制造业的低成本优势也越来越淡去。特别是国际金融危机之后，世界各国纷纷加紧部署发展先进制造业，通过技术创新提升制造业竞争水平。

目前，先进制造业创新格局与技术应用将呈现多极化特点。从技术应用领域来看，形成了信息技术、生物技术和能源技术的三大技术应用格局。在信息技术方面，云计算、大数据、物联网、人工智能、移动互联网、数字孪生、区块链等形成了技术主导的前沿技术群落，推动了先进制造业与新一代信息技术、现代服务业等多领域的融合发展态势。

先进制造业是国家科技和产业提升的主要阵地，也是各国竞争的焦点。目前，我国存在位于价值链较高的关键技术、材料和关键环节受制于人，产业链自主性差等问题。例如，高

12

端芯片、基础材料、工业母机等仍然主要依赖进口。但是经济规模大、产业配套强是中国制造业的重要优势，且近年来根据各地不同优势条件引导区域差异化发展，以区域和城市为主体单元，打造了一批具有区域特色的制造业产业集群；利用先进的数字和信息技术，融合强大的制造装备和工艺，实现了一批传统产业的转型升级。但还需要集中地区优势资源、培育若干世界级先进制造业集群，逐步解决区域重复建设、低水平竞争等产业结构性矛盾，构建具有分工协作的全球网络组织形态，提升制造业品牌国际影响力。逐步夯实制造业的产业基础，推进高水平对外开放，提升产业链韧性水平，促进中国制造业向全球价值链中高端发展。同时，增强供应链的本土化，提升供给效率。

参 考 文 献

[1] 王隆太.先进制造技术［M］.北京：机械工业出版社，2020.
[2] 李伟.先进制造技术［M］.北京：机械工业出版社，2005.
[3] 盛晓敏，邓朝晖.先进制造技术［M］.北京：机械工业出版社，1999.
[4] 中国电子信息产业发展研究院（赛迪研究院）.先进制造业国家战略报告［D］.北京：中国电子信息产业发展研究院，2022.
[5] 周明生，周珺.建设制造强国背景下先进制造业技术与产业发展现状与创新路径［J］.科技导报，2023，41（5）：69-77.
[6] 孙大涌.先进制造技术［M］.北京：机械工业出版社，2000.
[7] 国家制造强国建设战略咨询委员会，中国工程院战略咨询中心.智能制造［M］.北京：电子工业出版社，2016.
[8] 张洁，秦威，鲍劲松，等.制造业大数据［M］.上海：上海科学技术出版社，2016.
[9] 陈柳钦.加快发展和振兴我国高端装备制造业对策研究［J］.创新，2011，5（6）：55-62.
[10] 刘戒骄.美国促进先进制造技术创新的政策脉络与启示［J］.国家治理，2023（6）：74-80.
[11] 宋健.制造业与现代化［J］.机械工程学报，2002（12）：1-9.
[12] 王龙，林兴浩，陈岚，等.国外发展先进制造业的战略部署及启示［J］.广东科技，2022，31（2）：34-40.
[13] 张云，梁光顺.国内外先进制造技术的现状与发展趋势［J］.金属加工（冷加工），2021（9）：1-4.

"两弹一星"功勋科学家：最长的一天

第 2 章

Chapter

先进设计方法与技术

2.1 概述

先进设计技术是先进制造技术的基础，它是制造技术的第一个环节。先进设计技术是指融合最新科技成果，适应社会需求变化的各种高水平的设计方法和手段。先进设计技术的"先进"是指在设计活动中融入了新的科技成果，特别是计算机和信息技术领域的成果，从而使产品在性能、质量、效率、成本、环保和交货期等方面明显高于现有产品，甚至可以实现取代。据相关资料介绍，产品设计成本仅占产品成本的10%，却决定了产品制造成本的70%~80%，所以设计技术在制造技术中的作用和地位举足轻重。

2.1.1 先进设计技术的内涵

产品设计是指以社会需求为目标，在一定设计原则的约束下，利用设计方法和手段创造出产品结构的过程。随着社会的进步，人类的设计活动也经历了"直觉设计阶段→经验设计阶段→半理论半经验设计（传统设计）阶段"的过程。自20世纪中期以来，随着科学技术的发展和各种新材料、新工艺、新技术的出现，产品的功能与结构日趋复杂，市场竞争日益激烈，传统的产品开发方法和手段已难以满足市场需求和产品设计的要求。计算机科学及应用技术的发展，促使工程设计领域涌现出了一系列的先进设计技术。

先进设计技术是以满足产品的质量、性能、效率、成本/价格综合效益最优为目的，以计算机辅助设计技术为主体，以多种科学方法及技术为手段；是在研究、改进、创造产品的活动过程中所用到的技术群体的总称。

2.1.2 先进设计技术的特点

设计是一个不断探索、多次循环、逐步深化的求解过程。先进设计技术已扩展到产品的规划、制造、营销和回收等各个方面。先进设计技术具有以下一系列特点。

1. 先进设计技术是对传统设计理论与方法的继承、延伸与扩展

先进设计技术对传统设计理论与方法的继承、延伸与扩展不仅表现为由静态设计原理向动态设计原理的延伸，由经验的、类比的设计方法向精确的、优化的设计方法的延伸，由确定的设计模型向随机的模糊模型的延伸，由单维思维模式向多维思维模式的延伸，而且表现为设计范畴的不断扩大。例如，传统的设计通常只限于方案设计、技术设计，而先进制造技术中的面向 X 的设计（X 可以是装配、制造拆卸、回收等）、并行设计、虚拟设计、绿色设计、维修性设计、健壮设计等便是工程设计范畴扩大的集中体现。

2. 先进设计技术是多种设计技术理论与方法的交叉与融合

现代的机械产品，如数控机床、加工中心、工业机器人等，正朝着机电一体化，物质、能量、信息一体化，集成化、模块化方向发展，从而对产品的质量、可靠性、稳健性及效益等提出了更为严格的要求。因此，先进设计技术必须实现多学科的融合交叉，多种设计理论、设计方法、设计手段的综合运用，必须能够根据系统的、集成的设计概念设计出符合时代特征与综合效益最佳的产品。同时，先进设计技术利用系统的观点分析和处理设计问题，从整体上把握设计对象，考虑对象与外界（人、环境等）的联系。

3. 先进设计技术实现了设计手段的计算机化与设计结果的精确化

计算机替代传统的手工设计，已从计算机辅助计算和绘图发展到优化设计、并行设计三维特征建模、面向制造与装配的设计制造一体化，形成了计算机辅助设计、计算机辅助工艺规程设计和计算机辅助制造的集成化、网络化和可视化。

传统设计往往先建立假设的理想模型，再考虑复杂的载荷、应力和环境等影响因素，最后考虑一些影响系数，这导致了计算的结果误差较大。先进设计技术则采用可靠性设计描述载荷等随机因素的分布规律，通过采用有限元法、动态分析等分析工具和建模手段，得到符合实际工况的真实解，提高了设计的精确程度。

先进设计技术可以在设计过程中，通过优化的理论与技术，对产品进行方案优化、结构优化和参数优化，力争实现系统的整体性能最优化，以获得功能全、性能好、成本低、价值高的产品。

4. 先进设计技术实现了设计过程的并行化、智能化

并行设计是一种综合工程设计、制造、管理、经营的工作模式，其核心是在产品设计阶段就考虑产品生命周期中的所有因素，强调对产品设计及其相关过程进行并行的、集成的一体化设计，使产品开发一次成功，缩短产品开发的周期。智能 CAD 系统可模拟人脑对知识进行处理，拓展了人在设计过程中的智能活动，并将原来由人完成的设计过程转变为由人和计算机友好结合、共同完成的智能设计活动。同时，智能化设计可以在已被认识的人的思维规律的基础上，在智能工程理论的指导下以计算机为主，模仿人的智能活动，通过知识的获取、推理和运用，解决复杂的问题，设计高度智能化的产品。

5. 先进设计技术实现了面向产品全生命周期过程的可信性设计

除了要求其具有一定的功能之外，人们还对产品的安全性、可靠性、寿命、使用和维护条件与方式提出了更高的要求，并要求其符合相关标准、法律和生态环境方面的规定，这就需要对产品进行动态的、多变量的、全方位的可信性设计，以满足市场与用户对产品质量的要求。

6. 先进设计技术是对多种设计实验技术的综合运用

为了有效地验证是否达到设计目标和检验设计、制造过程的技术措施是否适宜，全面把握产品的质量信息，就需要在产品设计过程中根据不同产品的特点和要求，进行物理模型实验、动态实验、可靠性实验、产品环保性能实验等，并由此获取相应的产品参数和数据，为评定设计方案的优劣和对几种方案的比较提供一定的依据，也为开发新产品提供有效的基础数据。另外，人们还可以借助功能强大的计算机，在建立数学模型的基础上，对产品进行数字仿真实验和虚拟现实实验，预测产品的性能；也可运用快速原型制造技术，直接利用 CAD 数据，将材料快速成形为三维实体模型，直接用于设计外观评审和装配实验，或将模型转化为由工程材料制成的功能零件后再进行性能测试，以便确定和改进设计。

2.1.3　先进设计技术的技术体系

先进设计技术分支学科很多，其基本体系结构及其与相关学科的关系如图 2-1 所示。

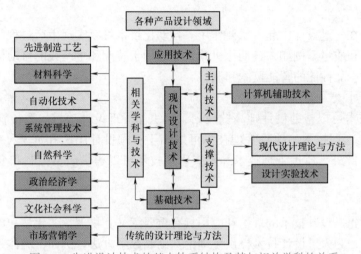

图 2-1　先进设计技术的基本体系结构及其与相关学科的关系

1. 基础技术

基础技术是指传统的设计理论与方法，包括运动学、静力学、动力学、材料力学、热力学、电磁学、工程数学等。这些基础技术为现代设计技术提供了坚实的理论基础，是现代设计技术发展的源泉。

2. 主体技术

主体技术是指计算机辅助技术，它是指计算机支持的设计技术，如计算机辅助 X（X 指产品设计、工艺设计、数控编程、工装设计等）、优化设计、有限元分析、模拟仿真、虚拟设计、工程数据库技术等，因其对数值计算和对信息与知识的独特处理能力，这些技术正在成为先进设计技术群体的主干。

3. 支撑技术

支撑技术是指现代设计方法学、可信性设计技术和设计实验技术，为设计信息的处理、加工、推理与验证提供多种理论、方法和手段的支撑，主要包括：现代设计理论与方法，如模块化设计、价值工程、逆向工程、绿色设计、面向对象的设计、工业设计、动态设计、防断裂设计、疲劳设计、耐腐蚀设计、摩擦学设计、人机工程设计、可靠性设计等；设计实验技术，如产品性能实验、可靠性实验、环保性能试验数字仿真实验和虚拟实验等。

4. 应用技术

应用技术是指针对实用目的解决各类具体产品设计领域问题的技术，如机床、汽车、工

程机械、精密机械等设计的知识和技术。

5. 先进制造工艺

先进制造工艺涵盖了各种先进的制造技术和工艺，如激光切割、电火花机加工、电子束焊接、粉末冶金、微纳加工等。这些技术可以提高产品的制造精度、生产率和质量，为先进设计技术的实施提供强有力的支持。

6. 材料科学

材料科学与先进设计技术密切相关。了解不同材料的物性、化学性质和加工性能对于选材和设计具有至关重要的意义。材料科学的研究和应用可以帮助设计师选择合适的材料，以满足产品的性能和要求。

7. 自动化技术

自动化技术在先进设计中起着重要作用。自动化技术可以实现生产过程的自动化和智能化，提高生产率和质量。例如，自动化机器人可以用于装配和生产线的自动化控制，自动化传感器可以用于产品性能的智能监测和调整。

8. 系统管理技术

系统管理技术可以帮助设计师高效规划、组织和管理设计项目。系统管理技术包括项目、质量和配置管理技术。项目管理技术可以用于管理设计团队和资源，确保项目按时、高质量地完成。此外，质量管理技术和配置管理技术可以提供质量控制和变更管理方面的支持。

9. 自然科学

自然科学对先进设计技术的理论和应用具有重要意义。物理学、化学和数学等自然科学领域的研究成果，为先进设计技术提供了理论基础和数学方法。例如，流体力学、热力学和电磁学等物理学知识可以应用于产品的流体流动、热传导和电磁性能的模拟和分析。

10. 政治经济学和市场营销学

在先进设计技术的实施过程中，政治经济学和市场营销学提供了宏观和微观的视角。政治经济学可以帮助设计师了解政策环境和经济发展趋势，为设计决策和市场定位提供参考。市场营销学可以帮助设计师了解用户需求和市场竞争，以便设计出更具竞争力的产品。

11. 文化社会科学

文化社会科学涵盖了人文、社会、心理和行为科学领域的研究，对产品设计和用户体验具有重要影响。了解不同文化和社会背景下用户的需求和偏好，可以帮助设计师开发出符合用户期望的产品。文化社会科学还可以用于产品人机交互界面的设计和用户体验测试。

2.2 先进设计技术

2.2.1 计算机辅助设计

1. 计算机辅助设计的定义

计算机辅助设计（Computer Aided Design，CAD）是自 20 世纪 50 年代以来，随着计算机技术的高速发展而随之产生与发展的一门综合性计算机应用技术。CAD 系统是指应用电子计算机及其外围设备，协助工程技术人员完成产品的设计和制造的系统。

2. CAD 系统的基本功能

完整的 CAD 系统具有图形处理、几何建模、工程分析、仿真模拟和工程数据库的管理与共享等功能。

（1）图形处理　包括图形绘制、编辑、图形变换、尺寸标注及技术文档生成等。

（2）几何建模　指在计算机上对一个三维物体进行完整几何描述。几何建模是实现计算机辅助设计的基本手段，是实现工程分析、运动模拟及自动绘图的基础。

（3）工程分析　对设计的结构进行分析计算和优化，应用范围最广、最常用的分析是利用几何模型进行质量特性和有限元分析。质量特性分析可以提供被分析物体的表面积、体积、质量、重心、转动惯性等特性；有限元分析可对设计对象进行应力和应变分析及动力学分析、热传导、结构屈服、非线性材料蠕变分析，利用优化软件，可对零部件或系统设计任务建立最优化问题的数字模型，自动解出最优设计方案。

（4）仿真模拟　在产品设计的各个阶段，对产品的运动特性、动力学特性进行数值模拟，从而得到产品的结构、参数、模型对性能等的影响情况，并提供设计依据。

（5）工程数据库的管理与共享　数据库用于存放产品的几何数据、模型数据、材料数据等工程数据，并提供对数据模型的定义、存取、检索、传输、转换。

3. CAD 系统的组成

（1）CAD 硬件　由计算机及其外围设备和网络通信环境组成。计算机按主机等级可分为大中型机系统、小型机系统、工作站和微型机系统，目前应用较多的是 CAD 工作站。工作站是用户可以进行 CAD 工作的独立硬件环境，外围设备包含鼠标、键盘、扫描仪等输入设备和显示器、打印机、绘图仪等输出设备。网络系统由中继器、位桥、路由器和网线组成。计算机及外围设备以不同的方式连接到网络上，以实现资源共享。

（2）CAD 软件　CAD 软件分为三个层次：系统软件，支撑软件和应用软件。系统软件与硬件的操作系统环境相关，支撑软件主要指各种工具软件，应用软件是指以支撑软件为基础的各种面向工程应用的软件，各种软件的功能见表 2-1。

表 2-1　CAD 软件的功能

组成		功能
系统软件	语言编译软件	CAD 技术中广泛应用的面向过程或面向问题的高级语言程序称为源程序，源程序要通过编译器编译后产生可执行的二进制机器语言码，才可以在计算机中执行，常用的高级语言有 BASIC、FORTRAN、PASCAL、C、LISP 和 PROLOG 等
操作软件		操作软件是指为控制和管理计算机的硬件和软件资源，合理组织计算机工作流程以及方便用户使用计算机而配置的程序的集合
支撑软件		图形软件：二维图形软件主要提供绘制机械制图图样的功能；三维图形软件则还具有生成透视图、轴测图、阴影浓淡外形图等功能。在 CAD 工作中，还要求能方便地在屏幕上构成设计对象的形状和尺寸，并反复做优化修改，即有构形的功能 分析软件：常用的有限元计算软件、机构运动分析和综合计算软件、优化计算软件、动力系统分析计算软件等 数据库管理软件和数据交换接口软件：CAD 过程中需要引用大量设计标准和规范数据，如设计对象的几何形状、材料热处理以及工艺参数等，数据需在设计过程中逐步确定，并根据分析结果进行优化修改。因此，CAD 系统中需要有数据库管理软件，以便对 CAD 数据库进行组织和管理
应用软件		应用软件是直接解决实际问题的软件，例如，把常用的典型的机构或零件的设计过程标准化，然后建立通用设计程序，设计者可以方便地调用，按照需要输入参数来计算应力，确定几何尺寸、质量以及设计工艺过程等

（3）设计者 设计者与CAD系统的软硬件一起组成能协同完成设计任务的人机系统。

4. CAD系统的建模技术

建模技术是CAD系统的核心，也是实现计算机辅助制造（CAM）的基本手段。它分为几何建模和特征建模两类方法。

（1）几何建模（Geometric Modelling） 几何建模是指对于现实世界中的物体，从人们的想象出发，利用交互的方式将物体的想象模型输入计算机，计算机以一定的方式将模型存储起来。目前常用的三维几何建模，根据描述的方法和存储的信息不同，可分为如图2-2所示的三种类型。

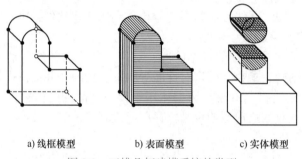

a) 线框模型　　　　b) 表面模型　　　　c) 实体模型

图2-2　三维几何建模系统的类型

1）线框模型（Wire Frame Model）。这是最早应用也是最简单的模型，物体通过棱边来描述，模型只存储有关框架线段信息。线框模型具有数据结构简单、对硬件要求不高和易于掌握等特点。但由于没有面的信息造成图形的多义性，如图2-3a所示的透视图就可以有图2-3b、c所示的两种理解。目前应用较少。

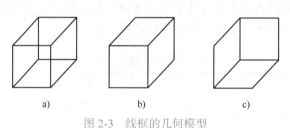

a)　　　　　　　b)　　　　　　　c)

图2-3　线框的几何模型

2）表面模型（Surface Model）。这是CAD和计算机图形学中最活跃和关键的学科分支，通过对物体各种表面或曲面进行描述的建模方法。表面模型除了存储线框线段信息外，还存储了各个外表面的几何描述信息。常用于飞机、汽车、船舶的流体动力学分析，家用电器等的工业造型设计等。

3）实体模型（Solid Model）。实体模型存储了物体完整的三维几何信息，可以区别物体的内部和外部，可以提取各部分几何位置和相互关系的信息。实体建模的典型应用是绘制真实感强的自动消去隐藏线的透视图和浓淡图，自动生成剖视图，自动计算体积、质量和重心，动态显示运动状态和进行装配干涉检验，支持有限元网格划分。

（2）特征建模 特征建模是基于产品定义的一种建模技术。特征建模不仅包含几何建模物体的几何信息与拓扑信息，还包含了物体与制造工艺相关的信息，增加了实体几何的工程意义。特征建模可大致归为特征识别、基于特征设计和特征映射三个方面。

1）特征识别。通过事先开发的特征识别模块，将几何模型中的数据与预先定义在库中的类特征数据进行匹配，标识出零件特征，建立零件特征模型，从而实现零件的特征造型。其步骤包括：①在库中搜索拓扑/几何模型；②从数据库中提取已识别的特征信息；③确定特征参数；④完成特征几何模型；⑤组合简单特征以获得高级特征。特征识别为现有几何造型系统的进一步应用提供了方法，部分解决了实体造型系统与信息系统间信息交换的不匹配问题，提高了设计的自动化程度。

2）基于特征设计。设计人员调用特征设计系统中的特征，通过增加、删除和修改等操作建立零件特征模型的建模方式，是目前特征建模研究领域中的主流。

3）特征映射。一个几何元素在不同的应用领域中可能被视为不同的特征。因此，对于CAD 系统，必须能将设计特征自动转换成针对特定应用的特征，这就需要特征映射。特征映射应该在相应的库支持下，任意特征之间可进行自由地双向转换。

5. CAD 在机械领域的应用

CAD 技术在机械设计中的应用包括零件建模和装配建模。零件建模就是确定零件所需特征的过程，设计人员通过清楚的空间想象能力，结合对零件建模的各种经验技巧，通过合理的方法构建零件的生产模型。零件与特征之间的关系是具有层次性的。产品的设计过程不仅要对组成产品的各个零件进行设计，还要建立装配结构中各种零件之间的连接关系和配合关系。通过 CAD 软件可以在计算机上对已经设计好的零件进行组合装配，形成一个完整有序的数字化装配模型的过程就是装配建模。

CAD 技术在机械制造中的应用就是利用计算机来进行生产设备的管理控制和操作。设计者可以通过人机交互界面输入零件的加工工艺路线和工序内容，CAD 系统会自动输出刀具加工时的运动轨迹以及数控加工程序。通过 CAD 技术可以大大缩短数控编程所需的时间，从而提高生产加工效率。数控除了可以在机床中得到应用以外，还能够用于控制其他设备，如线切割、等离子弧切割、激光切割等。

2.2.2 高性能制造中的产品设计

1. 定义

高性能制造中的产品设计，即根据性能关联模型进行的正向求解设计，是根据模型及产品性能要求确定最佳方案的产品初始设计（概念设计、方案设计等），以及包括具体的材料、结构和几何参量的详细设计（包括结构设计、敏度分析和精度设计等）。包括面向性能的设计（Design for performance，DFP）和面向制造的设计（Design for manufacturing，DFM）两部分。其中，DFP 是按性能要求获得的最佳设计方案，求解出理想或理论设计参量（材料、结构、运动形式等参量），而 DFM 则需要对 DFP 完成的设计，依据产品性能与材料、结构、几何、制造工艺、使役工况等参量之间的关系及敏度分析，确定出最为可行的制造工艺，并合理分配各环节的制造允差（即依据制造工艺能力科学合理地确定各几何参量的允差）。高性能制造中的产品设计如图 2-4 所示。

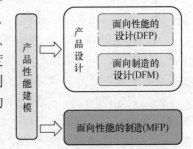

图 2-4　高性能制造中的产品设计

2. 特征

高性能制造是由几何精度为主的制造上升到以产品性

能的精准保证为目标的制造，是从以体现制造技术先进性，扩展到以产品性能为核心、体现设计优化性和制造经济性的"高性能制造"，也是以性能建模为核心，通过求解、分析及优化获得设计制造参量，体现科学和精准的制造。

3. 关键技术

（1）性能建模技术　近年来，单一的机构构型建模已经发展到考虑机构速度、精度、刚度和动态性能等的功能 - 构型 - 结构综合解空间建模。性能建模技术正逐渐从关注几何设计的 CAD 建模发展到关注物理性能的 CAE 建模，从稳态静力学建模转为瞬态、时变的动力学建模，从单一零件建模发展为刚柔耦合的多体动力学建模，从结构应力的单一物理场建模跨入流、固、热多场耦合建模，从宏观单尺度建模拓展到宏、微多尺度建模，从均质连续性建模到非均质离散、连续混合建模，从全数字虚拟建模发展为虚实融合的半实物建模。

（2）计算反求技术　面向性能的计算反求技术是获取设计方案、结构设计参量和制造工艺参量等的必备技术与手段，已在装备的运动方案设计、结构优化设计、加工调整参量修正、制造系统模型参量辨识、载荷等边界条件反演、工件材料属性识别、加工余量分布求解和定域、定量、定式制造参量确定等方面获得一些应用。随着性能要求的不断提高，材料、结构、工艺等耦合参量数目急剧增多，性能关联模型复杂性剧增，非线性程度加强，面向性能的计算反求技术同样面临诸多问题，包括反求解的不适定问题、无正向解析解的求逆难题及反求效率问题等。

（3）仿真优化技术　构建具有高效性与高保真度的多领域、多尺度设计仿真优化技术，可以快速、精确模拟加工制造过程与结果，从而指导完善真实过程，是实现高性能制造的有效工具。目前，从单零件仿真到考虑单元匹配性的部件 / 系统级仿真优化等，已成为实现高性能制造的重要手段。面向制造的主流仿真技术仍以结构仿真为主，缺乏机、电、液、控等多学科联合仿真。在优化方面，仍以拓扑优化、尺寸优化，以及相对简单的面向装备综合性能提升的多目标耦合优化技术为主。

2.2.3　可靠性设计

1. 可靠性的定义

可靠性工程是指为了达到产品可靠性要求而进行的设计、管理、实验和生产等一系列工作的总和，与产品全生命周期内的全部可靠性活动有关。可靠性常用度量参数包括可靠度、失效率、平均故障间隔时间、可靠寿命等。

从上述定义可以得出产品可靠性的概念包含以下五个要素：

（1）产品　产品是可靠性工程研究的对象，它可以是零部件、元器件、设备、分系统和系统，也可以是硬件或软件。不同的产品对可靠性的要求是不同的。

（2）规定的条件　指产品在完成规定功能过程中所处的环境条件、使用条件和维护条件等。环境条件包含温度、压力、振动等；使用条件包含使用时的应力条件，操作人员的技术水平等；维护条件包含维护方法、存储条件等。

（3）规定的时间　产品完成规定功能所需要的时间，随产品对象和目标功能的不同而不同。总体来说，产品随着任务时间的延长，发生故障的概率也将增加，产品的可靠性将下降，所以分析系统可靠性必须指出是在多长规定时间的可靠性。

（4）规定的功能　规定的功能是指产品规定的、必须具备的功能及其技术指标。规定的功能有明确的定义后，才能对产品是否发生故障有一个确切的判断。同一产品规定不同的功能或技术指标，其可靠性指标会有一定的区别。

（5）能力 指产品完成其规定功能的可能性。产品在规定的条件和规定的时间内，可能完成任务，也可能完不成任务，这是一个随机事件，随机事件可以用概率来描述。因此，通常用概率来衡量产品的可靠性。

2. 可靠性设计的主要内容

可靠性设计的任务就是确定产品质量指标的变化规律，在此基础上确定如何用最少的费用保证产品应有的工作寿命和可靠度，建立最优的设计方案，实现所要求的产品可靠性水平。可靠性设计的主要内容有以下几个方面。

（1）可靠性水平的确定 可靠性设计的根本任务是使产品达到预期的可靠性水平。随着世界经济的一体化形成，产品的竞争成为国际市场之间的竞争。所以，根据国际标准和规范，制定相关产品的可靠性水平等级，对于提高企业的管理水平和市场竞争能力有十分重要的意义。此外，统一的可靠性指标可以为产品的可靠性设计提供依据，有利于产品的标准化和系列化。

（2）故障机理和故障模型研究 产品在使用过程中受到载荷、速度、温度、振动等各种随机因素的影响，致使元件材料逐渐老化、丧失原有的性能，从而发生故障或失效。因此，掌握材料老化规律，揭示影响老化的根本因素，找出引起故障的根本原因，用统计分析方法建立故障或失效的机理模型，进而较确切地计算分析产品在使用条件下的状态和寿命，这是解决可靠性问题的基础所在。

（3）可靠性实验技术研究 表征机械零件工作能力的功能参数是设计变量和几何参数的随机函数，若从数学的角度推导这些功能参数的分布规律较为困难，所以需要通过可靠性实验来获取。可靠性实验是取得可靠性数据的主要来源之一，通过可靠性实验发现产品设计和研制阶段的问题，确定是否需要修改设计。

3. 可靠性设计的常用指标

可靠性设计就是要将可靠性及相关指标量化，具有可操作性，用以指导产品的开发过程。可靠性设计的常用指标如下。

（1）可靠度（Reliability） 可靠度是指零件（系统）在规定的运行条件下、在规定的工作时间内能正常工作的概率。可靠度越大，产品完成规定功能的可靠性越大。

一般情况下，产品的可靠度是时间的函数，用 $R(t)$ 表示，称为可靠性函数。该函数是累积分布函数，表示在规定的时间内圆满工作的产品占全部工作产品累积起来的百分数。设有 N 个相同的产品在相同的条件下工作，到任一给定的工作时间 t 时，产品发生故障的个数为 $n(t)$，当 N 足够大时，在时间 t 的可靠度 $R(t)$ 表示为

$$R(t) = \frac{N - n(t)}{N}$$

式中，N 为产品总数；$n(t)$ 为 N 个产品到 t 时刻的失效数。

如果随机失效按指数分布规律，则可靠度为

$$R(t) = e^{-\int_0^t \lambda(t) d(t)} = e^{-\lambda \int_0^t dt} = e^{-\lambda t}$$

（2）失效率（Failure Rate） 失效率又称故障率，它表示产品工作到某一时刻后，在单位时间内发生故障的概率，用 $\lambda(t)$ 表示。失效率是衡量产品可靠性的一个重要指标，故障

率越低，产品的可靠性越高。其数学表达公式为

$$\lambda(t) = \lim_{\Delta t \to 0} \frac{n(t+\Delta t)-n(t)}{[N-n(t)]\Delta t} = \frac{\mathrm{d}n(t)}{[N-n(t)]\Delta t}$$

式中，N 为产品总数；$n(t)$ 为 N 个产品到 t 时刻的失效数；$n(t+\Delta t)$ 为 N 个产品工作到 $t+\Delta t$ 时刻的失效数。

失效率是一个时间的函数，若以二维图形进行描述，可以得到如图 2-5 所示的典型失效率曲线，图中实线为机械产品的失效率曲线，虚线为电子产品的失效率曲线。

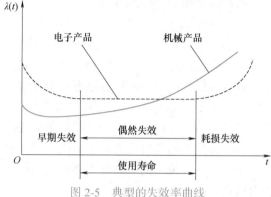

图 2-5　典型的失效率曲线

从图 2-5 中可以看出，电子产品的失效率呈浴盆状，俗称浴盆曲线，由该曲线可以明显看出产品失效的三个阶段：

1）早期失效期。在产品的试制或开始投入使用后的阶段，由于工艺过程造成的缺陷，某些元件很快失效，表现出高的失效率。

2）偶然失效期（正常使用期）。当有缺陷的元件被淘汰后，产品失效率明显下降并趋于稳定，仅仅是由于工作过程中偶然因素导致失效。

3）耗损失效期。一般情况下，产品元件表现为耗损、疲劳或老化所致的失效，失效率迅速上升。

机械产品与电子产品的失效率曲线有较大的差异。因为机械产品的主要失效形式是疲劳、磨损、腐蚀等典型的损伤累计失效，而且一些失效的随机因素也很复杂，所以随着时间的推移，失效率呈递增趋势。在试机或使用的早期阶段，少数零件由于材料存在缺陷或工艺过程造成的应力集中等，使得部分零件很快失效，出现较高的失效率。在正常使用期后，由于损伤累积，失效率将不断增加。

（3）平均寿命（Mean Life）　平均寿命有两种情况：对于可修复的产品，是指相邻两次故障间工作时间的平均值 MTBF（Mean Time Between Failure），称为平均失效间隔时间，即平均无故障工作时间；对于不可修复的产品，是指从开始使用到发生故障前工作时间的平均值 MTTF（Mean Time To Failure），称为平均失效前时间。平均寿命可由下式计算

$$\text{MTBF（或 MTTF）} = \frac{1}{N}\sum_{i=1}^{N} t_i$$

式中，N 对不可修复产品而言为试验品数，对可修复产品而言为总故障次数；t_i 对不可修复产品为第 i 个产品失效前的工作时间，对可修复产品为第 i 次故障前的无故障工作时间。

4. 系统的可靠性设计

系统的可靠性设计包含两层含义，其一是可靠性预测，其二是可靠性分配。

可靠性预测是按系统的组成形式，根据已知的单元和子系统的可靠度计算求得的。它是一种合成方法，是按单元→子系统→系统自下而上地落实可靠性指标。可靠性分配是将已知系统的可靠性指标合理地分配到其组成的各子系统和单元上去，从而求出各单元应具有的可靠度。它是一种分解方法，是按系统→子系统→单元自上而下地落实可靠性指标。

不管是可靠性预测还是可靠性分配，计算系统的可靠度都需要系统的可靠性模型。

（1）系统的可靠性模型（系统）

1）串联系统。由若干个单元（零、部件）或子系统（为了简略，后文子系统均略）组成的系统中，当任一个单元失效时都会导致整个系统失效，或者说只有系统中每个单元都正常工作时系统才正常，如图 2-6 所示。

2）并联系统。由若干单元组成的系统中，只要一个单元在发挥其功能，系统就能维护其功能，或者说只有当所有单元都失效时系统才失效，如图 2-7 所示。

图 2-6　串联系统可靠性模型

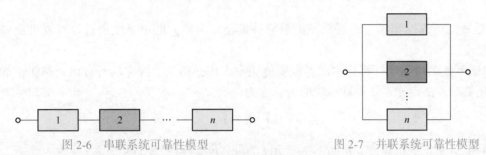

图 2-7　并联系统可靠性模型

3）混联系统。由串联的单元和并联的单元组合而成，它可分为串 - 并联系统（先串联再并联的系统）和并 - 串联系统（先并联再串联的系统），如图 2-8 所示。

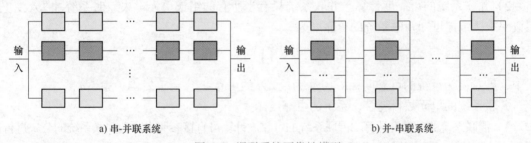

a) 串-并联系统　　　　　　　　b) 并-串联系统

图 2-8　混联系统可靠性模型

4）旁联系统（备用冗余系统）。一般来说，是在产品或系统的构成中，把同功能单元或部件重复配置以作备用。当其中一个单元或部件失效时，用备用的来替代（自动或手动切换）以继续维持其功能，如图 2-9 所示。该系统明显特点是有一些并联系统，但它们在同一时刻并不是全部投入运行。

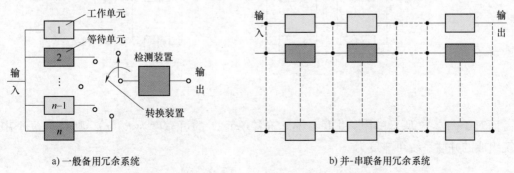

a) 一般备用冗余系统　　　　　　　　b) 并-串联备用冗余系统

图 2-9　备用冗余系统模型

5）复杂系统。非串 - 并联备用冗余系统和桥式网络系统都属于复杂系统，如图 2-10 所示。

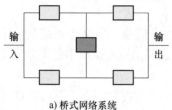 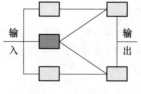 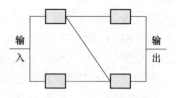

a) 桥式网络系统　　　　b) 非串-并联备用冗余系统(1)　　　　c) 非串-并联备用冗余系统(2)

图 2-10　复杂系统模型

（2）系统的可靠性预测　根据系统的可靠性模型，由单元的可靠度通过计算就可预测系统的可靠度。

1）串联系统的可靠度计算。串联系统要能正常工作必须是组成它的所有单元都能正常工作，应用概率乘法定律可知串联系统的可靠度为

$$R_s(t) = \prod_{i=1}^{n} R_i(t)$$

式中，$R_s(t)$ 为系统的可靠度；$R_i(t)$ 为单元 i 的可靠度，i=1，2，3，…，n。

由于串联系统的可靠度随其组成单元数的增加而降低，且其值要比可靠度最低的那个单元还要低，所以最好采用等可靠度单元组成系统，并且组成单元越少越好。

2）并联系统的可靠度计算。并联系统只有当所有的组成单元都失效时系统才失效，应用概率乘法定律可知并联系统的可靠度为

$$R_s(t) = 1 - \prod_{i=1}^{n} [1 - R_i(t)]$$

式中，$R_s(t)$ 为系统的可靠度；$R_i(t)$ 为单元 i 的可靠度，i=1，2，3，…，n。

并联系统的单元数目越多，系统的可靠度越大。

3）混联系统的可靠度计算。混联系统的可靠度计算可直接参照串联和并联系统的公式进行。例如，对于图 2-11 所示的并-串联系统，若各单元 A_i 的可靠度为 $R_i(t)$，则系统的可靠度为

$$R_{s1}(t) = \prod_{i=1}^{n} \{1 - [1 - R_i(t)]^m\}$$

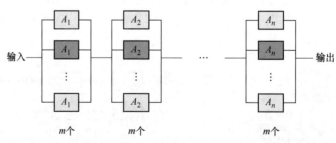

图 2-11　并-串联系统

而对于图 2-12 所示的串-并联系统，若各单元 A_i 的可靠度为 $R_i(t)$，则对于 m 个串联系统组成的并联系统可靠度为

$$R_{s2}(t) = 1 - \left[1 - \prod_{i=1}^{n} R_i(t)\right]^n$$

这两种系统的功能相同，但可靠度却不同。也可以采用等效单元的办法进行计算，即先

把其中的串联和并联系统分别计算，得出等效单元的可靠度，然后再就等效单元组成的系统进行综合计算，从而得到系统的可靠度。

5. 可靠性评估

可靠性评估所需要的数据可以通过记录现场失效情况获得，也可以通过可靠性实验获得。下面主要介绍如何评估可靠性数据。

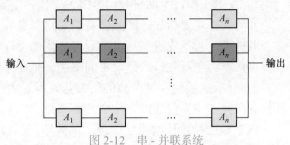

图 2-12　串 - 并联系统

（1）常用分布函数　产品的可靠性参数都是随机变量，需要运用概率论的理论和方法来研究这些随机变量的规律。虽然概率分布能很好地描述随机变量的性质，但在工程中人们往往不清楚随机变量的分布属于哪一种类型，需要用概率纸或计算机对可靠性随机变量进行统计，以确定其服从某种分布。随机变量分为离散型随机变量和连续型随机变量两种类型，大多数产品的寿命是连续型随机变量。常用的连续型分布类型有指数分布、正态分布、对数正态分布和威布尔分布。

（2）参数估计　随机变量的概率分布虽然能很好地描述随机变量，但通常不能对研究对象的总体都进行观测和实验，只能从总体中随机地抽取一部分子样进行观察和实验，然后对总体的分布类型和参数进行推断，该过程即为参数估计。分布参数估计分为点估计和区间估计。

分布参数点估计是用一个统计量的单一值去估计一个未知参数的数值。点估计的解析法有矩法、最小二乘法、极大似然法、最好线性无偏估计、最好线性不变估计等多种，其中极大似然法适用于所有情况，且精度最好。分布参数区间估计是在点估计的基础上，给出总体参数估计的一个区间范围，该区间通常由样本统计量加减估计误差得到。

（3）分布的假设检验　分布的假设检验是指通过产品的寿命实验数据来推断产品的寿命分布，推断的主要方法是拟合优度检验法。拟合优度检验分为作图法和解析法，作图法检验结果往往因人而异，判断不精确，故常用解析法进行拟合优度检验。在解析法中，有 χ^2 检验法、k-s 检验法、相关系数检验法、似然比检验法、F 检验法等多种检验方法。

2.2.4　反求工程

1. 反求工程的含义

反求工程又称逆向工程或反求设计，反求工程类似于反向推理，属于逆向思维体系。它以社会方法学为指导，以现代设计理论、方法、技术为基础，运用各种专业人员的工程设计经验、知识和创新思维，对已有的产品进行解剖、分析、重构和再创造，表 2-2 所列是反求工程的优缺点。

表 2-2　反求工程的优缺点

优点	缺点
能够快速建立设计图样和 3D 模型	执行难度大，需要高精度的设备和技术
可降低设计时间和成本，提高设计效率	成本高，需要购买专业的测量设备和软件
精度高、准确性高，可以确保生产制造的质量	数模与实物不一定完全一致，需要进行模拟和验证
可以在不拆卸现有设备的情况下进行测量，不会对原设备产生影响	需要充分的技术和理论知识支持

2. 反求工程的研究内容

1）反求工程技术的研究内容多种多样，主要可以分为以下三大类。

实物类：主要指先进产品设备的实物本身。

软件类：包括先进产品设备程序、技术文件等。

影像类：包括先进产品设备的图片、照片等以影像形式出现的资料。

2）反求工程包含对产品的研究与发展、生产制造过程、管理和市场组成的完整系统的分析和研究。主要包括以下几个方面。

探索原产品设计的指导思想。掌握原产品设计的指导思想是分析整个产品设计的前提。例如微型汽车的消费群体是普通百姓，其设计的指导思想则是在满足一般功能的前提下，尽可能降低成本，所以结构上通常是较简化的。

探索原产品原理方案的设计。各种产品都是按规定的使用要求设计的，而满足同样要求的产品，可能有多种不同的形式，所以产品的目标功能是产品设计的核心问题。产品的功能即是能量、物料信号的转换。例如，一般动力机构的功能通常是能量转换，工作机的功能通常是物料转换，仪器仪表通常是信号转换。

研究产品的结构设计。产品中零部件的具体结构是实现产品功能目标的基础，对保证产品的性能、工作能力、经济性、寿命和可靠性有着密切关系。

确定产品的零部件形体尺寸。由外至内、由部件至零件分解产品实物，通过测绘与计算确定零部件形体尺寸，并用图样及技术文件方式表达出来，这是反求设计中工作量很大的一部分工作。

确定产品中零件的精度（即公差设计），是反求设计中的难点之一。精度是衡量反求对象性能的重要指标，是评价反求设计产品质量的主要技术参数之一。科学合理地进行精度分配，对提高产品的装配精度和力学性能至关重要。

确定产品中零件的材料可通过零件的外观比较、质量测量、力学性能测定、化学分析、光谱分析、金相分析等实验方法，对材料的物理性能、化学成分、热处理等情况进行全面鉴定，在此基础上遵循立足国内的方针，同时考虑资源及成本，尽量选择适用的国产材料，或参照同类产品的材料牌号，选择满足力学性能及化学性能的国产材料代用。

确定产品的造型。对外观构型、色彩设计等进行分析，从美学原则、顾客需求心理、商品价值等角度进行色彩设计。

确定产品的维护与管理。分析产品的维护和管理方式，了解重要零部件及易损零部件的性质，有助于维修及设计的改进和创新。

3. 反求工程的关键技术和相关技术

（1）关键技术

1）实物原型的数字化技术。实物样件的数字化是指通过特定的测量设备和测量方法，获取零件表面离散点的几何坐标数据的过程。随着传感技术、控制技术、制造技术等相关技术的发展，出现了各种各样的数字化技术。

2）数据点云的预处理技术。获得的点云数据一般不能直接用于曲面重构，此外对于接触式测量，受测头半径的影响，必须对数据点云进行半径补偿；在测量过程中，不可避免会带进噪声、误差等，必须去除这些点；对于海量点云数据，对其进行精简也是必要的。包括：半径补偿、数据插补、数据平滑、点云数据精简、不同坐标点云的归一化。

3）三维重构基本方法。复杂曲面的 CAD 重构是逆向工程研究的重点。对于复杂曲面产品来说，其实体模型可由曲面模型经过一定的计算演变而来，因此曲面重构是复杂产品逆向工程的关键。曲面重构的方法包括：多项式插值法、双三次 Bspline 法、Coons 法、三边 Bezier 曲面法、BP 神经网络法等。

4）曲线曲面光顺技术。在基于实物数字化的逆向工程中，由于缺乏必要的特征信息，以及存在数字化误差，光顺操作在产品外形设计中尤为重要。根据每次调整的型值点的数值不同，曲线／曲面的光顺方法和手段主要分为整体修改和局部修改。光顺效果取决于所使用方法的原理准则，方法有：最小二乘法、能量法、回弹法、基于小波的光顺技术。

5）逆向工程的误差分析与品质分析。

（2）相关技术　反求工程中常用的测量方法，一般分成两类：接触式与非接触式。

1）接触式测量方法。

① 坐标测量机法：坐标测量机是一种大型精密的三坐标测量仪器，可以对具有复杂形状的工件的空间尺寸进行逆向工程测量，如图 2-13 所示。坐标测量机一般采用触发式接触测量头，一次采样只能获取一个点的三维坐标值。

② 层析法：层析法是一种逆向工程技术。将研究的零件原型填充后，采用逐层铣削和逐层光扫描相结合的方法获取零件原型不同位置截面的内外轮廓数据，并将其组合起来获得零件的三维数据。层析法可以对任意形状，任意结构零件的内外轮廓进行测量，但测量方式是破坏性的。

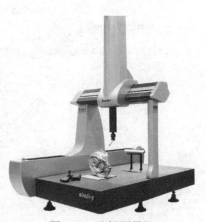

图 2-13　坐标测量机

2）非接触式测量方法。非接触式测量根据测量原理的不同，大致有光学测量、超声测量、电磁测量等方式。下面仅介绍在反求工程中最为常用也较为成熟的光学测量方法（含数字图像处理方法）。

① 基于光学三角形原理的逆向工程扫描法。这种测量方法根据光学三角形测量原理，以激光作为光源，其结构模式可以分为光点、光条等。将激光投射到被测物体表面，并采用光电敏感元件在另一位置接收激光的反射能量，根据光点或光条在物体上成像的偏移，获取被测物体基平面、像点、像距等之间的深度信息。

② 基于相位偏移测量原理的莫尔条纹法。这种测量方法将光栅条纹投射到被测物体表面，光栅条纹受物体表面形状的调制，其条纹间的相位关系会发生变化，用数字图像处理的方法解析出光栅条纹图像的相位变化量来获取被测物体表面的三维信息。

③ 工业 CT 断层扫描法。这种测量方法通过对被测物体进行断层截面扫描，以 X 射线的衰减系数为依据，经处理重建断层截面图像，根据不同位置的断层图像建立物体的三维信息，如图 2-14 所示。

④ 立体视觉测量方法。该测量法是根据同一个三维空间点在不同空间位置的两个（多个）摄像机拍摄的图像中的视差，以及摄像机之间位置的空间几何关系来获取该点的三维坐标值。立体视觉测量方法可以对处于两个（多个）摄像机共同视野内的目标特征点进行测量，而无需伺服机构等扫描装置。立体视觉测量面临的最大困难是空间特征点在多幅数字图

像中提取、匹配的精度及准确性等问题。近来出现的将具有空间编码特征的结构光投射到被测物体表面制造测量特征的方法，有效解决了测量特征提取和匹配的问题，但在测量精度与测量点的数量上仍需改进。

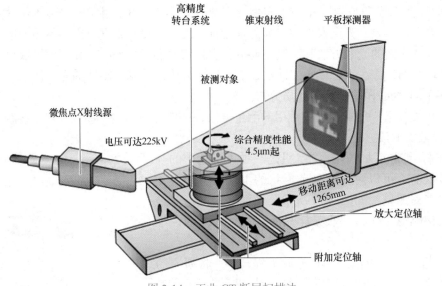

图 2-14　工业 CT 断层扫描法

2.2.5　绿色设计

1. 绿色设计的概念和内涵

绿色设计（也称为面向环境的设计，Design for environment）是指系统地考虑环境影响并集成到产品最初设计过程中的技术和方法。绿色设计概念的核心是从整个产品系统的角度考虑，在整个产品的生命周期内，原材料的提取、制造、运输、使用到废弃等各个阶段对环境产生的影响。绿色设计要求在满足产品的功能、质量和成本的同时，优化各有关设计因素，使产品在整个生命周期过程中对环境的影响减少到最小。

绿色设计所关心的目标除传统设计的基本目标外，还有两个：一是防止影响环境的废弃物产生；二是良好的材料管理。也就是说，避免废弃物产生，用加工技术或废弃物管理方法协调产品设计，使零件或材料在产品达到寿命周期时，以最高的附加值回收并重复利用。

绿色设计与传统设计的根本区别在于：绿色设计要求设计人员在设计构思阶段就要把降低能耗、易于拆卸、再生利用和保护生态环境与保证产品的性能、质量、寿命、成本的要求列为同等重要的设计目标，并在生产过程中保证其能够顺利实施。绿色制造是指在制造过程中减少对环境的负面影响，提高资源利用效率，降低能源消耗和废弃物的生成，实现绿色、环保、可持续的制造过程。绿色制造是现代制造业的标志，符合人们对可持续发展的要求。

2. 绿色设计原则及其主要内容

（1）绿色设计原则　如图 2-15 所示。

（2）产品绿色设计的主要内容　产品绿色设计主要包括：材料的选择、面向拆卸设计、回收性设计、面向制造和装配设计、绿色产品的长寿命设计等。

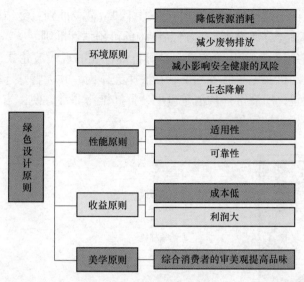

图 2-15 绿色设计原则

1）产品的绿色材料选择。产品的绿色设计要求设计人员改进传统的选材方法，选材时不仅要考虑产品的使用、性能要求，更要考虑材料对环境的影响，应尽可能选用无毒、无污染、易回收、可再用或易降解的材料，如用可降解的快餐纸盒代替不易降解的塑料餐具。

绿色材料的选择是一个系统性和综合性很强的复杂问题。美国卡耐基梅龙大学的 Rosy 提出了一种将环境因素融入材料选择的方法，该方法在满足功能、几何形状、材料等特性和环境要求的前提下，使零件的成本最低。该材料选择方法的流程图如图 2-16 所示。

2）产品的面向拆卸设计。产品的面向拆卸设计也称拆卸设计，是指在设计时将可拆卸性作为结构设计的一个评价准则，使设计的产品易于拆卸，使不同的材料可以很方便地分离开，以利于循环再利用、再生或降解。对于应用多种不同材料的复杂产品，只有通过产品拆卸和分类才能较彻底地进行材料回收和零部件的循环再利用。

可拆卸性是产品的固有属性，单靠计算和分析是设计不出好的可拆卸性能的，需要根据设计、使用、回收中的经验，拟定准

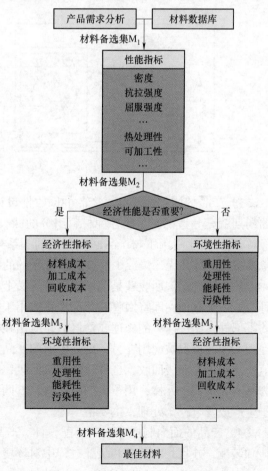

图 2-16 材料选择方法的流程图

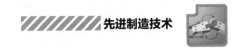

则，用以指导设计。拆卸设计的设计准则有：①拆卸量最少准则；②结构可拆卸准则；③拆卸易于操作准则；④易于分离准则；⑤产品结构的可预估性准则。

图 2-17 所示是德国某公司开发的具有良好拆卸性能的现代波轮式洗衣机。其中所有高技术部件，如泵、电动机及电子装置均安装在底座壳体内，并无特殊连接结构，只要将洗衣机箱体倾斜到适当位置，所有部件均清楚可见，拆卸维修非常方便；当将箱体转动到正常位置时，所有部件又都相应被定位。

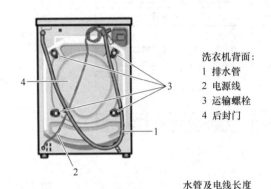

洗衣机背面：
1 排水管
2 电源线
3 运输螺栓
4 后封门

水管及电线长度

左侧连接

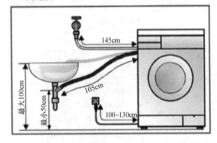

右侧连接

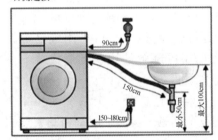

图 2-17　具有良好拆卸性能的洗衣机

3）产品的回收性设计。产品的回收性设计也称面向回收的设计，是指在产品绿色设计的初期就充分考虑产品的各种材料组分的回收再利用可能性、回收处理方法及工艺（再生、降解等）、回收费用等与产品回收有关的一系列问题，从而达到精简回收处理过程、减少资源浪费、对环境无污染或少污染的设计目的的绿色设计方法。

这里所说的"回收"是区别于通常意义上的废旧产品回收的一种广义回收。它有如下几种方式。①重用，即将回收的零部件直接用于另一种用途，如电动机等；②再加工，指回收的零部件在经过简单的修理或检修后，应用在相同或不同的场合；③高级回收，指经过重新处理的零件材料被应用在另一更高价值的产品中；④次级回收，指将回收的零部件用于低价值产品中；⑤三级回收，也称化学分解回收，指将回收的零部件的聚合物通过化学方式分解为基本元素或单元体，用于生产新材料；⑥四级回收，也称燃烧回收，即燃烧回收的材料用于生产或发电；⑦处理，主要指填埋。

4）产品的面向制造和面向装配设计。产品的面向制造和面向装配设计使产品更容易制造和装配，并且是在制造和装配过程中对环境无污染或少污染、所需能源和资源更少的一种设计方法。

5）产品的长寿命设计。产品的长寿命设计是指在对产品功能和经济性进行分析的基础上，采用各种先进的设计理论和工具，使设计出的产品能满足当前和将来相当长一段时间内的市场需求。该设计方法并非一味地延长产品的生命周期，而是利用模块化设计、开放性设计、可维修性设计、可重构性设计和技术预测等设计理论和方法，最大限度地减少产品过时的可能性、节约资源、减轻环境的压力。

2.2.6　拓扑优化设计

1. 拓扑优化设计的概念和内涵

拓扑优化是指根据指定的负载情况、约束条件和性能指标，在给定的区域内对材料分布进行优化的数学方法，是结构优化的一种。其目标是通过对设计范围内的外力、荷载条件、边界条件、约束以及材料属性等因素进行数学建模和优化，从而最大限度地提高零件的性能。拓扑优化设计示意图如图 2-18 所示。

拓扑优化的研究领域主要分为连续体拓扑优化和离散结构拓扑优化，不论哪个领域都要依赖于有限元方法。传统的拓扑优化使用有限元分析来评估设计性能并生成满足以下目标的结构：降低刚度重量比、具有更好的应变能重量比、降低材料体积及安全系数的比例以及自然频率重量比。拓扑优化在工程产品设计中，主要用于新产品的设计阶段，以提高其刚度重量比。

由拓扑优化生成的自由形式的设计通常难以用传统工业制造手段进行制造，但是在 3D 打印技术支持下，拓扑优化的设计输出可以直接交给 3D 打印机来完成，极大地加速了拓扑优化的工业化进程。拓扑优化设计应用如图 2-19 所示。

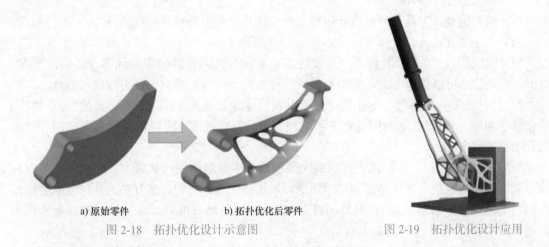

a）原始零件　　　　b）拓扑优化后零件
图 2-18　拓扑优化设计示意图　　　　图 2-19　拓扑优化设计应用

常用的拓扑优化需要用户提供设计模型、外力、约束条件以及材料属性等输入信息，然后通过有限元分析去除多余的零件材料以生成优化的结果。拓扑优化需要工程产品设计者提供初始模型，由于初始模型的存在，大大限制了工程师重新设计零件的可能性以及创新性。

另一种拓扑优化又被称为衍生式设计。衍生式设计基于拓扑优化，但不依赖初始模型，使得设计过程更加的自由。衍生式设计通过获取设计空间、力或荷载、约束条件等输入信息来进行建模，然后使用形状优化来分析和创建多个设计方案供设计师选择和评估。Creo 以

及 Autodesk 等高级衍生式设计软件都可以自动生成大量设计方案，并将其与预设的规则条件集进行比较。这个过程允许设计师快速迭代数百种甚至数千种可能的设计解决方案，以从海量的备选方案中选出最合适的优化方案。

2. 拓扑优化设计过程

首先，设计人员确定零件所需的最小设计空间；定义外部荷载、边界条件、约束条件以及材料属性等输入信息；利用有限元分析考虑最小集合设计网络，并将设计空间分解为更小的区域，如应用负载点、安装位置以及约束区域；其次，使用有限元创建这个较小设计区域的基本网格，并通过有限元分析评估网格的应力分布和应变能，以找到每个有限元可以处理的最佳载荷或者应力；拓扑优化程序以数字方式从各个角度对设计施加应力，评价其结构完整性，并找到不需要的材料区域；根据定义的要求测试每个有限元的刚度、柔度、应力、挠度，确定多余的材料区域；最后，有限元分析将各个部件编织在一起组成设计终稿。如图 2-20 所示。

图 2-20　拓扑优化设计过程

3. 拓扑优化设计的优缺点

与任何其他设计工具或产品设计过程一样，拓扑优化也有自己的优缺点。

（1）其主要优点

1）优化设计。大多数时候，产品设计需要平衡各类因素并确定最佳的设计解决方案。由于有限元仿真可以提前考虑各类因素，所以可以极大程度上避免设计失败的可能性。

2）材料使用的最小化。拓扑优化最吸引人的地方就是其可以减少不必要的重量。特别是在航空领域，每增加 1g 的配重就需要增加大量的设计成本。更轻的重量和更小的尺寸也就意味着更少的能耗。

3）具有成本效益。拓扑优化可以最大限度地减少材料的使用和成本，并且还可节省其他要素，例如，包装，更少的移动和运输能源。拓扑优化产生的许多复杂的几何形状会使标准制造工艺变得"难以实现"，但是随着 3D 打印技术的越发成熟，这种设计实现起来也不是那么困难了。

4）减少对环境的影响。由于拓扑优化能够最大限度地减少材料的使用，所以其可以被定义为可持续设计。

（2）主要缺点

1）成本提高。大多数拓扑优化设计只能适用于 3D 打印，所以跟一般传统制造方法相比，成本并不能减少。

2）强度降低。在某些情况下，减少材料的用量也就意味着结构整体强度无法跟优化之前的结果相提并论。

2.3　先进设计技术中应用的软件

2.3.1　设计软件

1. AutoCAD

AutoCAD（图 2-21）是由美国欧特克有限公司（Autodesk）出品的一款计算机辅助设计软件，可以用于二维制图和基本三维设计。AutoCAD 的基本功能主要包括平面绘图、图形编辑、三维绘图。平面绘图能以多种方式创建直线、圆、椭圆、多边形、样条曲线等基本图形对象，同时提供了正交、对象捕捉、极轴追踪、捕捉追踪等绘图辅助工具。正交功能使用户可以很方便地绘制水平、竖直直线，对象捕捉可帮助拾取几何对象上的特殊点，追踪功能使画斜线及沿不同方向定位点变得更加容易；图形编辑可以移动、复制、旋转、阵列、拉伸、延长、修剪、缩放对象等，同时还可以标注尺寸、书写文字以及进行图层管理；三维绘图可创建 3D 实体及表面模型，能对实体本身进行编辑。AutoCAD 尽管有强大的图形功能，但表格处理功能相对较弱，而在实际工作中，往往需要在 AutoCAD 中制作各种表格，如工程数量表等。未来 AutoCAD 技术将向着标准化、开放式、集成化、智能化方向发展。

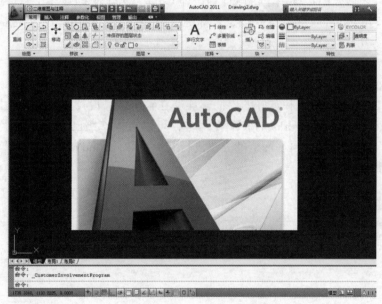

图 2-21　AutoCAD

2. Pro/Engineer

Pro/Engineer（图 2-22）是美国 PTC 公司旗下的 CAD/CAM/CAE 一体化的三维软件。Pro/Engineer 软件以参数化著称，是参数化技术的最早应用者。Pro/Engineer 作为当今世界机械 CAD/CAE/CAM 领域的新标准而得到业界的认可和推广，是现今主流的 CAD/CAM/CAE 软件之一。Pro/Engineer 第一个提出了参数化设计的概念，并且采用了单一数据库来解决特征的相关性问题。另外，它采用了模块方式，可以分别进行草图绘制、零件制作、装配设计、钣金设计、加工处理等。

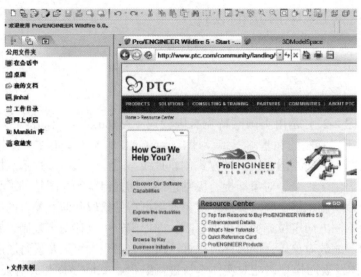

图 2-22 Pro/Engineer

Pro/Engineer 最早进入中国市场的版本大概是 ProE18 版，其后经过了十几年的发展和完善。ProE 5.0 之后，PTC 推出了闪电计划，即 Creo。Creo 是 PTC 多个软件进行整合之后的总称，其中 Pro/Engineer 也包含在内，名称更改为 Creo parametric，主要包括造型、装配、工程图、加工等功能。

3. SolidWorks

SolidWorks 是达索系统（Dassault Systems）研发的基于 Windows 系统下的原创的三维设计软件（图 2-23）。其易用和友好的界面，能够在整个产品设计中完全自动捕捉设计意图和引导设计修改。在 SolidWorks 的装配设计中，可以直接参照已有的零件生成新的零件。不论用自顶而下方法，还是自底而上的方法进行装配设计，SolidWorks 都将以其易用的操作大幅度地提高设计的效率。

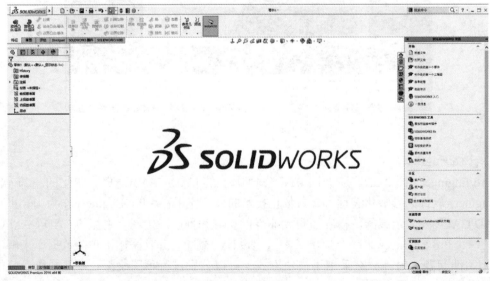

图 2-23 SolidWorks

除此之外 SolidWorks 还拥有功能强大的模块，如钣金、焊件、模具，曲面等，极大地丰富了设计的可能性。SolidWorks Simulation 仿真插件能够帮助用户对产品进行仿真分析，使得在设计阶段就能完成设计验证；SolidWorks Motion 能够对产品做运动仿真；SolidWorks 还拥有丰富的标准件库，避免了标准件重新建模的麻烦。SolidWorks 公司的研发部门设法从不同的角度对大型装配体的加载速度进行了改进，包括分布式数据的处理和图形压缩技术的运用，使得大型装配体的性能提高了几十倍。

4. Unigraphics NX

UG（Unigraphics NX）是 Siemens PLMSoftware 公司出品的一个产品工程解决方案（图 2-24），它为用户的产品设计及加工过程提供了数字化造型和验证手段。该软件可以轻松实现各种复杂实体及造型的建构，适用于对大型汽车、飞机等产品建立复杂的数学模型。它在诞生之初主要是基于工作站，但随着 PC 硬件的发展和个人用户的迅速增长，在 PC 上的应用取得了迅猛的增长，已经成为模具行业三维设计的一个主流应用软件。

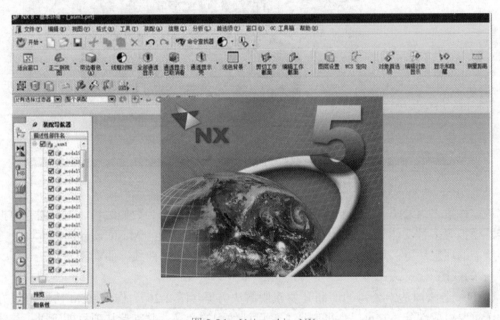

图 2-24　Unigraphics NX

Unigraphics NX 针对用户的虚拟产品设计和工艺设计的需求，提供了经过实践验证的解决方案。其主要功能包括工业设计、产品设计、仿真优化、CNC 加工。UG 为那些具有创造性和产品技术革新的工业设计和风格提供了强有力的解决方案。利用 UG 建模，工业设计师能够迅速地建立和改进复杂的产品形状，并且使用先进的渲染和可视化工具来最大限度地满足设计概念的审美要求。UG 包括了世界上最强大、最广泛的产品设计应用模块，具有高性能的机械设计和制图功能，为制造设计提供了高性能和灵活性，从而满足客户设计任何复杂产品的需要；UG 允许制造商以数字化的方式仿真、确认和优化产品及其开发过程。通过在开发周期中较早地运用数字化仿真功能，制造商可以改善产品质量，同时减少或消除对物理样机的昂贵耗时的设计、构建，以及对变更周期的依赖；UG 加工基础模块提供了连接 UG 所有加工模块的基础框架，该框架为 UG 所有加工模块提供了一个相同的、界面友好的图形

化窗口环境，用户可以在图形方式下观测刀具沿轨迹运动的情况并可对其进行图形化修改，如对刀具轨迹进行延伸、缩短等。

5. Mastercam

Mastercam 是美国 CNCSoftware 公司开发的基于 PC 平台的 CAD/CAM 软件（图 2-25）。包括美国在内的各工业大国皆一致采用该系统作为设计、加工制造的标准。以美国和加拿大教育单位为例，共计有 2500 多所高中、专科大学院校使用此软件进行机械制造及数控编程。

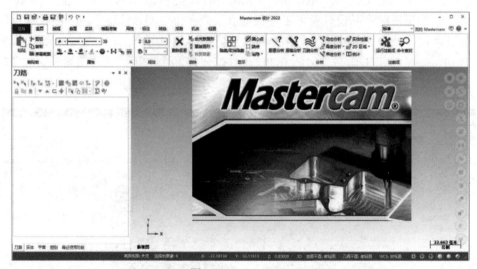

图 2-25　Mastercam

该软件集二维绘图、三维实体造型、曲面设计、体素拼合、数控编程、刀具路径模拟及真实感模拟等多种功能于一身，具有方便直观的几何造型功能。Mastercam 提供了设计零件外形所需的理想环境，其强大稳定的造型功能可设计出复杂的曲线、曲面零件。

6. CATIA

CATIA 是法国达索公司的产品开发旗舰解决方案（图 2-26）。作为 PLM 协同解决方案的一个重要组成部分，它可以帮助制造厂商设计他们的产品，并支持从项目前阶段、具体的设计、分析、模拟、组装到维护在内的全部工业设计流程。自 1999 年以来，市场上广泛采用它的数字样机流程，从而使之成为世界上最常用的产品开发系统。

CATIA 是一个一体化的多学科设计平台，可以集成多个设计工具，包括机械设计、电气设计、建筑设计、流体力学分析等，可以更好地支持跨学科的设计需求。模块化的 CATIA 系列产品提供产品的风格和外型设计、机械设计、设备与系统工程、管理数字样机、机械加工、分析和模拟。CATIA 产品基于开放式可扩展的 V5 架构，提供了智能化的树结构，无论是实体建模还是曲面造型，用户都可方便快捷地对产品进行重复修改。即使是在设计的最后阶段需要做重大的修改，或者是对原有方案的更新换代，对于 CATIA 来说都是非常容易的事。

CATIA 提供了完备的设计能力：从产品的概念设计到最终产品的形成，以其精确可靠的解决方案提供了完整的 2D、3D、参数化混合建模及数据管理手段，从单个零件的设计到最终数字样机的建立。同时，作为一个完全集成化的软件系统，CATIA 将机械设计，工程分析及仿真，数控加工和 CATweb 网络应用解决方案有机结合在一起，为用户提供了严密的无纸工作环境，特别是 CATIA 中针对汽车、摩托车行业的专用模块。

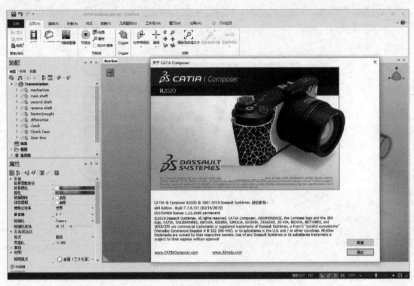

图 2-26　CATIA

此外，CATIA 专注于大型装配体的设计和管理，可以处理超过 100000 个部件的大型装配体。CATIA 拥有强大的曲面建模工具，特别是在汽车和航空领域的曲面设计中得到广泛应用。CATIA 的曲面工具可以实现更高级别的几何形状建模，并且能够更好地处理复杂的曲面结构。

2.3.2　有限元仿真软件

1. ANSYS

ANSYS 软件是美国 ANSYS 公司研制的大型通用有限元分析（FEA）软件（图 2-27），是世界范围内增长最快的计算机辅助工程（CAE）软件，能与多数计算机辅助设计软件对接，实现数据的共享和交换，如 Creo、NASTRAN、Algor、I—DEAS、AutoCAD 等，是融结构、流体、电场、磁场、声场分析于一体的大型通用有限元分析软件。ANSYS 软件的应用领域非常广泛，可应用于建筑、勘查、地质、水利、交通、电力、测绘、国土、环境、林业、冶金等领域。

ANSYS 功能强大，操作简单方便，已成为国际最流行的有限元分析软件，在历年的 FEA 评比中都名列第一。

2. ABAQUS

ABAQUS 是适用于解决从简单（线性）到高度复杂工程问题（多物理场非线性）的一套具有全面仿真计算能力的有限元软件（图 2-28）。ABAQUS 前处理模块包括丰富的单元、材料模型类型，可以高精度地实现包括金属、橡胶、高分子材料、复合材料、钢筋混凝土、可压缩超弹性泡沫材料以及土壤和岩石等地质材料的工程仿真计算。在多物理场计算方面，

先进制造技术

ABAQUS 不仅能求解结构（应力 / 位移）问题，还可以高精度进行热传导、质量扩散、热电耦合分析，声学分析、电磁分析、岩土力学分析及压电介质分析。

图 2-27 ANSYS

ABAQUS 主要包括静态应力 / 位移分析、动态分析、非线性动态应力 / 位移分析、黏弹性 / 黏塑性响应分析、热传导分析、退火成形过程分析、质量扩散分析、准静态分析、耦合分析、海洋工程结构分析、瞬态温度 / 位移耦合分析、疲劳分析、水下冲击分析、设计灵敏度分析等功能。ABAQUS 分析基本流程包括前处理、求解器和后处理三个过程。

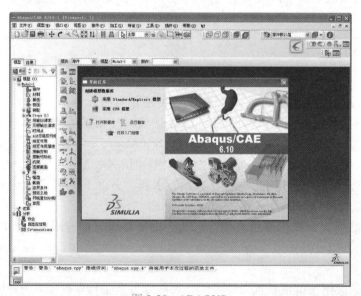

图 2-28 ABAQUS

ABAQUS/Standard 和 ABAQUS/Explicit 求解器为用户提供两种互补的分析工具。ABAQUS/Standard 是一个通用分析模块，它能求解广泛领域的线性和非线性问题，包括静力学、动力学、构件的热和电响应。适用于模拟响应周期较长的问题。ABAQUS/Explicit 采用显式动力学有限元格式,适用于模拟短暂、瞬时的动态事件。求解器可以分析复杂的固体力学、结构力学系统,特别是能够驾驭非常庞大复杂的问题和模拟高度非线性问题。

3. ADINA

ADINA 软件出现于 20 世纪 70 年代,以有限元理论为基础,通过求解力学线性、非线性方程组的方式获得固体力学、结构力学、温度场问题的数值解(图 2-29)。ADINA 作为一款基于力学的计算软件,逐步开发了 CFD 流体动力学求解模块、电磁场 EM 求解模块、耦合求解模块,在全球有众多知名用户将其用于产品设计、科学研究。ADINA 在机械行业的应用十分广泛,例如,在往复式活塞泵、往复式压缩机、轴承、减速机、工程机械类、冶金机械类、矿山机械类产品设计中都有不同程度的应用,尤其在离心泵等流体机械中的流固耦合分析计算中应用最广。

ADINA 系统是一个单机系统的程序,用于进行固体、结构、流体以及结构相互作用的流体的复杂有限元分析。借助 ADINA 系统,用户无需使用一套有限元程序进行线性动态与静态的结构分析,而是用另外的程序进行非线性结构分析,再用其他基于流量的有限元程序进行流体分析。

ADINA 是近年来发展最快的有限元软件,它独创了许多特殊解法,如劲度稳定法、自动步进法、外力 - 变位同步控制法以及 BFGS 梯度矩阵更新法,使得复杂的非线性问题(如接触,塑性及破坏等)具有快速且几乎绝对收敛的特性,且程式具有稳定的自动参数计算,用户无需调整各项参数。另外值得一提的是它开放了源代码,可以对程序进行改造,可满足特殊的需求。

4. COMSOL Multiphysics

COMSOL Multiphysics 是由 COMSOL 集团于 1998 年发布的大型高级数值仿真软件(图 2-30)。它包括了多个应用领域的专业模块,如力学、电磁场、流体、传热、化工、MEMS、声学等。同时也包含了一系列与第三方软件的接口软件,其中包含常用 CAD 软件、MATLAB 和 Excel 软件等的同步链接产品,使得 COMSOL Multiphysics 软件能够与主流 CAD 软件工具无缝集成。

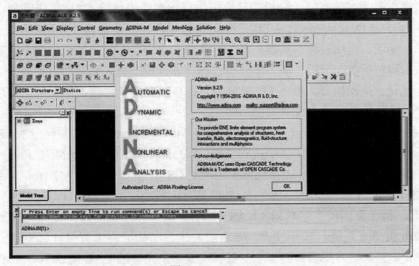

图 2-29 ADINA

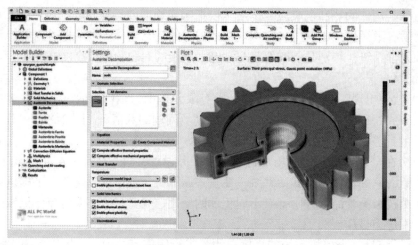

图 2-30　COMSOL Multiphysics

COMSOL Multiphysics 是以有限元法为基础，通过求解偏微分方程（单场）或偏微分方程组（多场）来实现真实物理现象的仿真，用数学方法求解真实世界的物理现象。拥有大量预定义的物理应用模式，范围涵盖从流体流动、热传导到结构力学、电磁分析等多种物理场，用户可以快速的建立模型。COMSOL 中定义模型非常灵活，材料属性、源项以及边界条件等可以是常数、任意变量的函数、逻辑表达式或者直接是一个代表实测数据的插值函数等。预定义的多物理场应用模式，能够解决许多常见的物理问题。同时，用户也可以自主选择需要的物理场并定义他们之间的相互关系。当然，用户也可以输入自己的偏微分方程（PDEs），并指定其与其他方程或物理之间的关系。

COMSOL 产品主要面向技术型企业、研发中心、国家实验室以及高等院校的广大工程师和科研人员。通过模拟真实世界中的多物理场现象，帮助工程师开发出更好的技术和产品。

5. MSC 系列

MSC 系列有限元仿真软件由 MSC.Software 公司（MSCSoftware Corporation，MSC）设计，该公司是世界著名的有限元分析和计算机仿真预测应用软件 CAE 供应商和虚拟产品开发（Virtual Product Development，VPD）概念的倡导者。该系列软件应用广泛，包括航空、航天、汽车、船舶、通用机械、兵器、电子、核能、土木、医疗器械、生物力学、铁道、运输等，涉及内容包括静态分析、动力学分析、热传导分析、显式瞬态动力学分析、疲劳寿命分析、拓扑优化、运动仿真、噪声／声场分析、材料数据库及管理、仿真数据管理和控制系统仿真等，其产品为世界众多著名大公司使用。

MSC 系列产品众多，包括 MSC.Patran、MSC.Nastran、MSC.Marc、MSC.Thermal、MSC.FEA、MSC.AFEA、MSC.Dytran、MSC.Adams、MSC.Easy5.MSC.Fatigue、MSC.Optishape、MSC.Akusmod、MSC.Explore、MSC.GS-Mesher、MSC.Mvision、MSC.Actran等。其中 MSC.Patran 和 MSC.Nastran 是 MSC 系列的核心产品。MSC.Patran 诞生于 20 世纪 80 年代初期，是在美国国家宇航局（NASA）的资助下，产生的新一代并行框架式有限元前后处理及分析仿真系统。其开放式、多功能的体系结构可将工程设计、工程分析、结果评估、用户化设计和交互图形界面集于一身，构成一个完整的 CAE 集成环境。MSC.Nastran

是世界上应用最为广泛的有限元软件。

MSC 软件在动力学仿真方面表现突出，尤其是在机械系统动力学仿真方面具有很高的准确性和稳定性。MSC.Nastran 作为 MSC 软件的核心模块，具有非常丰富的求解器库和模型库，适用范围非常广泛，能够进行复杂的线性和非线性分析、热分析、疲劳分析等。MSC.Patran 后处理分析功能非常强大，能够快速生成各种报告和图表。然而，MSC 软件在计算流体力学方面的性能和功能相对较弱。MSC 软件的学习曲线比较陡峭，需要花费一定的时间学习和掌握。

2.3.3　我国在先进设计软件方面的现状、制约以及发展趋势

1. 我国先进设计软件现状

全球设计软件行业市场规模庞大。自 2014 年以来，全球先进设计软件市场规模以每年 5%~6% 左右速度增长。发达国家在工业软件领域有着较强的先发优势，在全球率先建立了较为完整的工业体系，工业软件市场份额主要被北美和欧洲占据。随着工业软件技术趋于成熟，为了更好地发展，先进设计软件提供商需要向发展中国家和地区渗透。

近几年，各类核心设计软件均已出现本土企业，诸如 CAD、CAE、PLM、EDA 等，我国都已经出现了本土企业的身影，如中望软件、天河智能、安怀信、华天软件、芯禾科技等企业陆续崛起。以中望软件为例，其坚持走自主研发与创新道路，最终发展为国内首家横跨二维 CAD、三维 CAD / CAM 及仿真 CAE 的国产工业软件厂商，并在 2021 年 3 月份在上交所科创板成功上市，具备了与国际软件巨头竞争的实力。而在关键核心技术上，中望软件拥有自主三维几何建模内核（内核是发展工业软件的最大壁垒，其他几何引擎几乎都掌握在国外巨头手中），让中国工业软件摆脱对国外技术的"依赖"成为了可能，增强产业发展的自主性。

2. 我国先进设计软件制约

相较于西方发达国家而言，我国先进设计软件技术起步较晚，先进设计软件技术本身更新换代迅速，而技术积累和人才培养都需要时间，使得当前仍存在不少制约我国先进设计软件技术发展的因素。

首先是高端技术人才的匮乏。我国目前不少高校开设了软件技术相关专业，每年有大批软件专业人才毕业，为适应国家发展需要大多走向了基层的应用领域，投入到深层次的软件开发和应用研究的高端人才严重不足，造成了基层人才扎堆，中层人才断代，高层人才严重不足的现状。

其次是市场环境的混乱无序。设计软件技术的知识产权得不到有效的保护，各种恶意抄袭和复制极大地打击了软件开发企业的积极性；各中小企业为了抢占市场单独发展，没有形成规模化和集约化效应，能够带动先进设计软件技术产业发展的龙头企业数量相对较少，规模相对较小，研发投入不足，软件开发也没有同市场需要实现无缝对接。

最后是核心技术的不足。当前我国在核心设计软件及操作系统软件开发应用上仍然存在很大的问题，在核心技术的研究和开发上同西方发达国家相比仍然存在不小的差距，在技术基础、成本投入、长远规划上等都有很大的发展空间。

3. 我国先进设计软件发展趋势

未来，我国的设计软件会越来越智能化和自动化。随着计算机硬件性能的提升，设计软

件可以处理更加复杂的图像和数据，同时也可以更加准确地识别和分析数据。设计软件的发展趋势主要体现在以下几个方面。

（1）自动化设计　设计软件可以根据输入的参数自动生成设计方案，减少设计师的劳动量和时间成本。未来的设计软件会越来越注重自动化设计，帮助设计师更加快速和高效地完成设计任务。

（2）AI辅助设计　未来的设计软件会更加注重人工智能的应用，例如，通过深度学习算法，实现更加准确的图像识别和分析，从而提供更加智能的设计建议。

（3）跨平台协作　未来的设计软件会越来越注重跨平台协作，例如，设计师可以在多个设备和操作系统上进行设计，并通过云服务实现协作和共享。

（4）3D打印和虚拟现实　未来的设计软件也会越来越注重与3D打印和虚拟现实技术的结合，设计师可以通过软件直接生成3D打印模型或虚拟现实场景，帮助客户更好地理解和感受设计效果。

总的来说，未来的设计软件会越来越注重自动化、智能化和协作化，设计师可以更加高效地完成设计任务，并为客户提供更加精准的设计方案。

2.4　本章小结

本章深入探讨了先进设计技术的核心理念、独特属性及其构建的技术体系。其中，详细剖析了计算机辅助设计技术、面向制造的优化设计、可靠性设计、反求工程、绿色设计以及拓扑优化设计等关键领域。在现代制造业的舞台上，这些技术和方法的应用已经上升到了举足轻重的地位。它们不仅显著提升了产品设计的品质与效率，还有效缩减了产品的制造成本，从而为企业注入了强大的竞争力。然而，我们也不得不正视我国在先进设计技术方面所面临的一些限制。为了在技术水平和市场竞争力上取得更大的突破，我们必须加大研发力度，推动这些技术的实际应用与广泛传播。

参 考 文 献

［1］戴庆辉，等.先进制造系统［M］.北京：机械工业出版社，2019.
［2］刘忠伟，邓剑英，陈维克，等.先进制造技术［M］.北京：电子工业出版社，2017.
［3］贾晓浒，等.计算机辅助技术［M］.北京：中国建材工业出版社，2016.
［4］刘林，等.计算机辅助技术［M］.广州：华南理工大学出版社，2015.
［5］郭东明.高性能制造［J］.机械工程学报，2022，58（21）：225-242.
［6］高峰，等.并联机器人型综合的GF集理论［M］.北京：科学出版社，2011.
［7］KLOCKE F，STRAUBE A. Virtual process engineering-an approach to integrate VR，FEM，and simulation tools in the manufacturing chain［J］. Mechanics & Industry，2004，5：199-205.
［8］SODERBERG R，WARMEFJORD K.Toward a digital twin for real-time geometry assurance in individualized production［J］.CIRP Annals，2017，66：137-140.
［9］宋学官，来孝楠，何西旺，等.重大装备形性一体化数字孪生关键技术［J］.机械工程学报，2022，58（10）：298-325.
［10］何国伟.可靠性设计［M］.北京：机械工业出版社，1993.
［11］刘之生，等.反求工程技术［M］.北京：机械工业出版社，1992.
［12］张济明，等.反求工程［M］.重庆：重庆大学出版社，2019.

［13］许彧青.绿色设计［M］.北京：北京理工大学出版社，2007.

［14］BENDSOE M P，KIJUCHI N. Generating optimal topologies in structural design using a homogenization method［J］. Computer Methods in Applied Mechanics and Engineering. 1988，71（2）：197-224.

［15］BENDSOE M P. Optimal shape design as a material distribution problem［J］. Structural optimization，1989，1：193-202.

［16］武建伟，苑晓晨，樊建勋.CAD/CAM 技术在机械设计与制造中的应用［J］.湖北农机化，2019（11）：39.

［17］李君英，薛文博.工程设计软件发展趋势分析［J］.应用能源技术，1999（2）：34-35.

［18］刘娜.谈谈 AutoCAD 的发展以及应用［J］.科技展望，2016，26（20）：149.

［19］宋军平，陈亚军.有限元仿真软件在我国企业生产中的应用研究［J］.南方农机，2023，54（11）：149-151.

［20］唐荣锡.CAD 产业发展回顾与思考（之四）Pro/E 引导参数设计新天地［J］.现代制造，2003（23）：71.

［21］齐健.SOLIDWORKS World 2017：从软件到平台，从生产到创新［J］.智能制造，2017（3）：11-15.

［22］王林峰，毕长飞.UG 技术的应用及发展［J］.机械，2010，37（7）：51-54.

［23］陈国平.Moldflow 在实际中的应用［J］.科技与创新，2020（13）：153-154.

［24］孙全平，何磊，廖文和.Cimatron 软件的应用与研究［J］.机械制造与自动化，2003（2）：4.

［25］陈海波.浅谈 MasterCAM9.0［J］.科协论坛，2009（10）：63.

［26］任艳艳.浅谈 CATIA 的优势与发展前景［J］.网络财富，2009（11）：212-213.

［27］杜学飞.浅谈中望 3D 软件功能应用［J］.内蒙古科技与经济，2016（4）：100+115.

［28］何彦田.安全自主可控的国产三维 CAD/CAM 设计软件 SINOVATION［J］.科技创新与品牌，2019（10）：48-51.

［29］闫兴宝.浅析 Ansys 软件原理及工程应用［J］.建材与装饰，2017（32）：296-297.

［30］白春彤.非线性技术在中国的发展——ABAQUS 高层访谈［J］.CAD/CAM 与制造业信息化，2004（11）：20-21.

"两弹一星"功勋科学家：王大珩

第 3 章

Chapter

先进成形技术

3.1 先进成形技术概述

　　制造技术一直是创造物质产品的基础。制造技术的不断发展，不断推动生产力的发展，从而满足不断更新的社会需求。狭义的制造过程，指针对材料的加工过程，根据加工材料的形态变化，生产中一般将加工工艺分为两类：即机械加工工艺和材料成形工艺，其中的材料成形工艺主要是指利用材料的塑性变形、流变特征进行的加工工艺过程和针对板状材料进行的切割、连接工艺过程，是制造过程的基本形式之一。由于材料成形工艺直接决定了产品的几何、物理属性，不论是对金属还是非金属材料，成形工艺一般都用来对材料进行深度加工。成形工艺的材料利用率高，最终产品的材料性能优良，因此广泛应用于机械、航空、航天等各个领域。为适应制造业市场、产品、技术及企业特征发展的需要，材料成形技术将向精密化、柔性化、网络化、虚拟化、数字化、智能化、清洁化和集成化等方向发展。具体来说，当前先进成形技术的主要研究方向有：无余量精密成形技术、大件成形与成形加工的细微化、新材料和成形加工新技术、成形加工的智能化、数字化成形技术以及成形技术的可持续发展。先进成形技术在发展的过程中不断吸收高新技术的优秀成果并且相互渗透、融合和衍生。同时，先进成形技术的发展促进了相关装备制造能力的提高。

　　目前应用较为广泛的成形技术包括精密铸造技术、精密塑性成形技术、先进连接技术、增材制造技术等，其中又可以细分为模具制造、铸造、锻压、焊接、板料成形以及绿色成形技术等。

1. 模具制造

　　传统的模具制造技术主要是根据设计图样用仿形机床加工成形，然后经磨削以及电火花加工等方法来制造模具。而现代模具的制造则不同，它不仅形状与结构十分复杂而且技术要求更高，用传统的模具制造方法显然难于制造，必须借助于现代科学技术的发展采用先进制造技术才能达到它的技术要求。当前整个工业生产的发展特点是产品品种多、更新快、市场

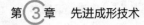

竞争剧烈。为了适应市场对模具制造的短交货期、高精度、低成本的迫切要求模具制造将有如下发展趋势：

1）越来越高的模具精度。10年前精密模具的精度一般为5μm，现在已达2~3μm，不久1μm精度的模具即将上市。随着零件微型化及精度要求的提高，有些模具的加工精度要求在1μm以内。

2）日趋大型化的模具。一方面是由于用模具成形的零件日渐大型化，另一方面也是由于高生产率要求的一模多腔（现在有的已达一模几百腔）所致。

3）扩大应用热流道技术。由于采用热流道技术的模具可提高制件的生产率和质量，并能大幅度节约制件的原材料，因此在国外许多塑料模具厂生产的塑料模具50%以上采用了热流道技术，效果十分明显。热流道模具在国内也已用于生产，有些企业使用率高达20%~30%。

4）进一步发展多功能复合模具。一副多功能模具除了冲压成形零件外还担负着叠压、攻螺纹、铆接和锁紧等组装任务，这种多功能复合模具生产出来的不再是单个零件，而是成批的组件，可大大缩短产品的生产及装配周期，对模具材料的性能要求也越来越高。

2. 铸造

铸造是将液态金属充填到与成形零件的形状和尺寸相适应的铸型空腔中，待其冷却凝固，以获得所需形状的零件或毛坯的一种材料成形方法。与其他成形方法相比，铸造具有下列优点：能够获得形状非常复杂（特别是具有复杂内腔）及大小不限的各种铸件，外形尺寸可从数毫米到数十米，质量可从数克到数百吨。铸件与零件的形状尺寸很接近，目前已经可以实现无余量精密铸造和精确成形铸造。用铸造方法成形的零件成本低，投资少，经济上具有明显优势。长期以来，应用最广泛的是普通砂型铸造。虽然这种铸造方法生产准备简单，具有很大的灵活性，但也存在着不少缺点，如铸件的表面粗糙度值较高、尺寸精度差、工艺过程复杂、铸件质量不易控制、生产率低、劳动强度大、工作环境恶劣等。随着科学技术的不断发展和生产水平的不断提高，以及人类生活的需要，对铸造生产提出了一系列更新、更高的要求。

为此，数十年来铸造工作者在继承、发展传统铸造技术和应用近代科学技术成就的基础上，开创和发展了许多新的特种铸造方法和工艺，如熔模铸造、金属型铸造、压力铸造、离心铸造、陶瓷型铸造、特种砂型铸造、电磁铸造、半固态铸造等。与普通砂型铸造相比，这些铸造方法的共同优点是精密、洁净、高效。具体表现在以下几个方面：可以大量地生产同类型、高质量的铸件，且铸件尺寸精度较高，表面粗糙度值较小，从而实现少切削或无切削加工；能进一步简化生产工艺过程，缩短生产周期，便于实现生产工艺过程的机械化、自动化，提高劳动生产率，改善劳动条件，使铸造工厂（车间）绿色化；可大量减少生产原材料的消耗，降低生产成本，获得良好的经济效益和社会效益。目前，特种铸造方法已发展到数十种，其中，较为先进的技术有熔模铸造、金属型铸造、压力铸造、消失模铸造等。目前，美国铝业公司、英国考斯洪斯公司、德国KMAB公司、意大利PROCECME公司采用真空增压技术，生产战车轮毂、火炮摇架及托架、巡航导弹舱体、战机空心叶片等复杂铸件，真空度、疏松度稳定地达到1级。在汽车工业中Cosworth铸造（采用锆砂砂芯组合并用电磁泵控制浇注）、消失模铸造及压力铸造已成为新一代汽车薄壁、高质量轻合金缸体铸件的三种主要精确铸造成形方法。

3. 锻压

锻造是利用锻压机械和模具对金属坯料施加压力，使其产生塑性变形，以获得具有一定力学性能、一定形状和尺寸的锻件的加工方法。锻造和冲压同属塑性加工性质，统称锻压。锻造是机械制造中常用的成形方法。与其他加工工艺（如铸造、机械加工）相比，通过锻造能消除金属的铸态疏松、焊合孔洞。锻件的韧性好，纤维组织合理，并且通过高温变形后，原材料的内部缺陷得以消除，晶粒度及内部组织得到明显改善。因此，锻造对很多零件是一种既质量高又经济实用的制坯方法。特别是对于传递动力的零件，由于性能要求高，受力大，锻造在其毛坯制造中有着不可替代的作用。机械中负载高、工作条件严峻的重要零件，除形状较简单的可用轧制的板材、型材或焊接件方法成形外，多采用锻件。锻造的零部件广泛应用于机械、冶金、航空、航天、航海和兵器等行业，为推动人类社会的发展进步起到了至关重要的作用，在国民经济中占有重要位置。

据统计，锻造的能源耗用约占机械系统总能耗的 7%~8%。因此，世界各国，尤其是工业比较发达的国家，都很重视锻造工业的发展。随着工业生产对锻件的高精度和少切削或无切削加工的要求，近年来发展了一些高效率、高精度的锻造设备和锻造技术，如精锻机、冷镦机、热镦机、高速锤，以及热精锻、冷温锻、等温锻、挤压、液态模锻和粉末锻造等新技术。净形精密锻造技术、CAD/CAM/CAE 技术、复合塑性成形技术等，已成为锻造技术的发展趋势。美国普拉特惠特尼公司采用等温模锻生产 Ti-6Al-4V 钛合金叶片，由于模锻精度较高，连榫槽也能锻出，基本上不需要机械加工。采用黑色金属冷锻精密塑性成形技术——中空径向分流冷锻技术、多工位温 - 冷复合成形技术等，其锻件的径向精度可达到 0.02mm，形位公差小于 0.04mm，机加工余量为 0.15mm，省去了大量的车、铣等粗切削加工，真正实现了净形成形。

4. 焊接

焊接技术作为一种连接金属材料的常用方法，通过加热、高温或高压的方式将金属或其他热塑性材料结合起来。已经经历了数百年的发展历程。从最初的手工锤击焊接到现代的高科技自动焊接，焊接技术在不断进步和创新中得到了广泛的应用。19 世纪末，随着电力技术的发展，电弧焊作为一种新的焊接方法开始被人们研究和应用。电弧焊是利用电弧产生高温，使金属材料熔化并连接在一起。最早的电弧焊设备是由碳棒和电源组成，而目前在激光 - 电弧复合焊方面，围绕着碳钢、不锈钢、铝合金等金属材料薄板和中等厚度板进行了相关的工艺研究和设备开发，研

图 3-1　焊接机器人

究成果已应用到了汽车、造船等领域。如图 3-1 所示为焊接机器人，到目前为止，我国已基本掌握精密切焊、气体保护焊接、埋弧自动焊等先进技术，焊接成套设备、焊接机器人、焊接生产线和柔性制造系统也得到实际应用。

我国在近净成形技术领域起步较晚，近几年重点发展了熔模精密铸造、陶瓷型精密铸造、热锻、冷精压、成形轧制、精冲和超塑成形、电子束焊接、水下焊接和切割、逆变焊接

电源及药芯焊丝制造等新技术。随着科技的进步和创新，焊接技术在不断演变和完善，为各行各业的发展做出了重要的贡献。

5. 板料成形

板料成形是一类典型的金属加工工艺，它是利用模具通过压力机的作用使金属板料（主要是板材、带材、管材和型材等）因塑性变形而改变形状和尺寸，获得所需产品的加工方法。由于板料成形过程中材料的变形，在宏观上表现为模具的冲、压作用，所以板料成形工艺一般又简称为冲压工艺。冲压既能够制造尺寸很小的仪表零件、电子产品精密零件，又能够制造诸如汽车大梁、压力容器、封头一类的大型零件；既能够制造一般尺寸公差等级和形状的零件，又能够制造精密（公差在微米级）和复杂形状的零件。占全世界钢产量 60%~70% 的板材、管材及其他型材，其中大部分经过冲压制成成品。冲压在汽车、机械、家用电器、电机、仪表、航空航天、兵器等领域中具有十分重要的地位。冲压件的质量轻，厚度薄，刚度好。其尺寸公差主要由模具来保证，所以质量稳定，一般不需再经切削加工即可使用。冲压件力学性能优于原始坯料，表面光滑美观。目前广泛应用的特种冲压成形，是相对冲裁、弯曲、拉伸等普通冲压工艺而言的。其特殊性既有表现在成形设备方面的，也有表现在成形介质方面的，还有表现为成形的能量方面的。特种成形方法很多，诸如旋压成形、软模成形、喷丸成形、高能率成形等，其中旋压成形与软模成形技术应用较为广泛。

6. 绿色成形技术

绿色成形技术是面向材料、设计、制造等考虑环境影响与资源效率的先进制造技术。为了改善人类生存环境，绿色成形技术以及再制造技术也在不断发展。绿色成形与改性技术是采用无机、无害的原材料和辅助材料，清洁的能源以及高效、节能的先进工艺与设备，使得材料成形与改性过程资源消耗极小，环境负面影响极小，职业健康危害最小。例如：纳米技术的逐步成熟推动了一些绿色成形技术的应用。运用纳米技术开发的润滑剂，既能在物体表面形成半永久性的固态膜，产生极好的润滑作用，大大降低机器设备运转时的噪声，又能延长它的使用寿命。纳米材料涂层能大大提高遮挡电磁波和紫外线的能力。砂型数控切削技术是建立在数控技术、铸造技术、计算机技术等多学科技术成果基础之上的一种无模铸型加工技术。它采用数控切削方法，利用三维造型软件设计 CAD 模型，通过接口软件转化为可以直接驱动数控切削成形机的数控指令，成形机根据数控指令直接加工复杂大型的砂铸型。该技术省去了模具制造环节，提高了铸型的加工精度，同时使铸件厚度降低、刚度提高、重量减轻，非常适合于单件小批量铸件的无模制造，尤其是大型复杂铸件的制造。整个加工过程是在封闭的环境中进行的，无废气或粉尘污染，解决了传统铸型加工车间废气、粉尘污染严重的问题，而且使用该方法切削产生的废料还可以二次利用，作为下批铸型的制造原料，节约了原材料。

未来的先进成形技术与装备将遵循以下原则。

1）管理信息化。信息化技术在制造全过程的作用越来越重要，随着网络协同和集成技术的进一步发展，先进成形产业将实现管理的全程信息化，使信息资源能够有效共享。

2）成形数字化。数字成形作为新的成形技术和成形模式，已成为推动 21 世纪制造业发展的强大动力。

3）控制智能化。随着人工智能技术的不断发展，为满足制造业生产柔性化、制造自动

47

化的发展需求，成形技术智能化程度不断提高，实现控制过程智能化和提高成形质量是成形控制的发展趋势。

4）环境友好化。先进成形技术将更加注意环境保护，提倡绿色节能成形加工技术，各种节能节材以及少、无污染成形与改性技术、循环再利用技术将获得较快发展。

5）产品精密化。成形精度正从近净成形向净成形，即近无余量成形、直接制成工件的方向发展，以减少资源的消耗。

3.2 精密铸造技术

铸造工艺从古代就开始得到应用，我国最早的铸造工艺可以追溯到距今约 6000 年前。传统的铸造工艺，主要是指将一定性能的原砂作为主要造型材料，并用原砂进行铸造的工艺方法。传统的铸造流程为：铸造工艺→激冷系统→铸造系统→出气孔→补缩系统→特种铸造工艺。精密铸造指的是获得精准尺寸铸件工艺的总称。

精密铸造的特点主要有：

（1）优点　①可以生产形状复杂的零件毛坯或零件；②铸件的应用范围广泛，不受尺寸、形状、重量的限制；③铸造生产成本较低；④铸件切削加工量较少，可减少加工成本。

（2）缺点　①铸件组织不够致密，存在缩孔、气孔、渣、裂纹等缺陷，晶粒粗细不均，铸件力学性能较低，耐冲击能力较低；②铸造生产工序较多，工艺过程控制较繁琐，易于产生废品。

如图 3-2 所示为全球铸造产能分布，我国精密铸造技术除厂点多、从业人员多、产量大以外，与发达国家相比，在质量、效率、能源与材料消耗、劳动条件与环境保护等方面都存在差距。当前世界上工业发达国家精密铸造技术的发展归纳起来大致有四个目标：①提高铸件质量和可靠性，生产优质终形铸件；②缩短交货期；③保护环境，减少以至消除污染；④降低生产成本。

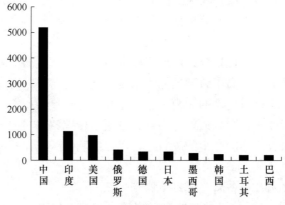

图 3-2　全球铸造产能分布

3.2.1 熔模铸造

熔模铸造，也称失蜡铸造。包括压蜡、修蜡、组树、沾浆、熔蜡、浇注金属液及后处理等工序。熔模铸造是用蜡制作所要铸成零件的模样，然后在蜡模上涂以泥浆，形成型壳，硬化后，放入热水中将内部蜡模熔化。将熔化完蜡模的泥模型壳取出再进行焙烧。一般制蜡模时就留下了浇注口，再从浇注口灌入金属熔液，冷却后，所需的零件就制成了。熔模铸造获得的产品精密、复杂，接近零件的最后形状，可不加工或很少加工就直接使用，是一种近净成形的先进工艺，应用非常广泛。

失蜡法在我国至迟起源于春秋时期。河南淅川下寺 2 号楚墓出土的春秋时代的铜禁是迄今所知的最早的失蜡法铸件，如图 3-3 所示。此铜禁四边及侧面均装饰透雕云纹，四周有十二个立雕状伏兽，体下共有十个立雕状的兽足。透雕纹饰繁复多变，外形华丽而庄重，反映出春秋中期我国的失蜡法已经比较成熟。战国、秦汉以后，失蜡法更为流行，尤其是隋唐至明、清期间，铸造青铜器多采用的是失蜡法。

熔模铸造不仅适用于各种类型合金的铸造，而且生产出的铸件尺寸精度、表面质量比采用其他铸造方法生产出的要高。其他铸造方法难以铸得的复杂、耐高温、不易于加工的铸件，也均可采用熔模铸造方法制造。如图 3-4 所示为熔模铸造工艺流程。可用熔模铸造法生产

图 3-3　熔模铸造样品

的合金种类有碳素钢、合金钢、耐热合金、不锈钢、精密合金、永磁合金、轴承合金、铜合金、铝合金、钛合金和球墨铸铁等。熔模精密铸造技术作为目前国内外精密铸件的重要成形工艺，涉及航空航天、电子、工程机械、汽车、医疗交通、能源、五金等行业，可为高端装备制造业提供关键零部件。

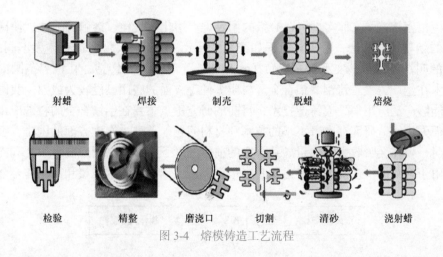

射蜡　　焊接　　制壳　　脱蜡　　焙烧

检验　　精整　　磨浇口　　切割　　清砂　　浇射蜡

图 3-4　熔模铸造工艺流程

1942 年，美国首次用牙科金属材料 Vitallium（Co-27Cr-5Mo-0.5Ti）制造涡轮增压器叶片，并于 1943 年开发了铸造钴基高温合金 HS-21 用于 J-33 发动机涡轮增压叶片的铸造。熔模铸造技术弥补了传统锻造技术的不足，到 20 世纪 60 年代已成为高温合金涡轮叶片的主要制造方法。从多余量到无余量，从简单形状到复杂形状，从实心到空心，高温合金涡轮叶片的发展推动了熔模铸造技术的不断革新与进步，其中先进耐火材料与型芯的研发制备发挥了

49

关键的作用。

熔模精密铸造的主要特点是：熔模铸造不仅能生产小型铸件，而且能生产较大的铸件。最大的熔模铸件的轮廓尺寸已近 2 m，而最小壁厚却不到 2mm。

熔模铸件尺寸精度较高，一般可达 CT4~6（砂型铸造为 CT10~13，压铸为 CT5~7），由于熔模铸造的工艺过程复杂，影响铸件尺寸精度的因素较多，例如模料的收缩、熔模的变形、型壳在加热和冷却过程中的线量变化、合金的收缩率以及在凝固过程中铸件的变形等，所以普通熔模铸件的尺寸精度虽然较高，但其一致性仍需提高（采用中、高温蜡料的铸件尺寸一致性要提高很多）。

压制熔模时，采用型腔表面光洁度高的压型，因此，熔模的表面光洁度也比较高。此外，型壳由耐高温的特殊粘结剂和耐火材料配制成的涂料涂挂在熔模上制成，与熔融金属直接接触的型腔内表面光洁度高。所以，熔模铸件的表面光洁度比一般铸造件的高，一般可达 Ra 1.6~3.2μm。

熔模铸造最大的优点就是由于熔模铸件有着很高的尺寸精度和表面光洁度，所以可减少机械加工工作，只是在零件上要求较高的部位留少许加工余量即可，甚至某些铸件只留打磨、抛光余量，不必机械加工即可使用。由此可见，采用熔模铸造方法可大量节省机床设备和加工工时，大幅度节约金属原材料。

熔模铸造方法的另一优点是，它可以铸造各种合金的复杂的铸件，特别可以铸造高温合金铸件。如喷气式发动机的叶片，其流线型外廓与冷却用内腔，用机械加工工艺几乎无法形成。用熔模铸造工艺生产不仅可以做到批量生产，保证了铸件的一致性，而且避免了机械加工后残留刀纹的应力集中。

3.2.2 消失模铸造

消失模精密铸造（又称实型铸造）指的用燃烧、熔化、气化、溶解等方法，使模样从铸型内消失的新型铸造方法，其工艺流程如图 3-5 所示。对于消失模铸造有许多不同的叫法，国内主要的叫法还有干砂实型铸造、负压实型铸造，简称 EPS 铸造。在世界范围内，消失模铸造技术在生产铸铁、铸钢、铝合金等材质零件等方面的应用已经较为成熟。我国在铸铁和铸钢上能够广泛应用消失模铸造技术，目前的研究重点主要在铝镁合金的特殊应用上。铝镁合金的消失模铸造研究存在着不小的技术和材料问题。首先是充型方面的困难，金属液在充型浇注时，模样会吸收大量热量导致合金的前沿温度下降，容易形成皮下气孔和冷隔等缺陷。而且由于合金的浇注温度比普通型腔高很多，造成铝合金严重吸氢和加剧镁合金氧化燃

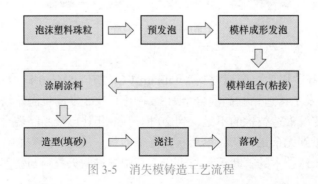

图 3-5　消失模铸造工艺流程

烧，容易导致铸件针孔或缩松缺陷的增多。其次，对铝镁合金采用消失模铸造技术，需要的是低温气化的泡沫模样材料和强度高透气好的涂料，这也是重点研究的方向。

与传统的铸造技术相比，消失模铸造技术具有无与伦比的优势，被国内外铸造界称为"21 世纪的铸造技术"和"铸造工业的绿色革命"。表 3-1 详细介绍了传统砂型铸造与消失模铸造的比较分析。消失模铸造技术具备以下特点：①铸件质量好，成本低；②铸件材质不限，大小皆宜；③铸件精度高、表面光洁、减少清理；④铸件组织紧密、内部缺陷大大减少；⑤可实现大规模、大批量生产加工；⑥适用于人工操作与自动化流水线生产运行控制；⑦生产线的生产状态符合环保技术参数指标要求；⑧可以大大改善铸造生产线的工作环境与生产条件、降低劳动强度、减少能源消耗。

表 3-1　传统砂型铸造与消失模铸造的比较分析

项目		传统砂型铸造	实型铸造
模样工艺	分模	分模以便于造型	无须分模
	拔模斜度	必须有一定斜度	基本没有或者很小
	组成	外型和芯	单一模样
	应用次数	多次使用	一次
	材质	金属或木材	泡沫塑料
造型工艺	铸型型腔	由铸型和型芯装配	实型
	涂料层	砂型表面	刷于模样表面
浇注工艺	充型特点	只填充空腔	金属与模型发生物理化学作用
	充型速度影响因子	浇注系统及温度	主要受型内气体压力状态、浇注系统、浇注温度的影响
清理	清理	需要打磨飞边毛刺及内浇道	只需要打磨内浇道，无飞边毛刺

在选择是否采用消失模铸造工艺的时候，要综合分析产品结构、批量大小、铸件材质、质量要求、投资大小等因素。对于结构不太复杂、批量要求较大的箱体件、管件等，采用消失模铸造工艺是比较成功的。

下面从三个方面介绍消失模铸造中应注意的问题。

1. 模样

模样材料通常称为珠粒，消失模铸造采用的珠粒一般分为三种：EPS（聚苯乙烯）、STMMA（共聚树脂）和 EPMMA（聚甲基丙烯酸甲酯）。三者都属于高分子材料。对于低碳钢铸件，模样材料中的碳容易使铸件表面产生积碳现象，导致碳缺陷。其中的 EPS（含碳量92%）、STMMA（含碳量 60%~90%）和 EPMMA（含碳量 60%）对铸件碳缺陷的影响程度依次减小。此外，模样密度是其发气量的重要控制参数，上述三种材料的发气量从小到大依次为 EPS、STMMA 和 EPMMA。同时，珠粒尺寸应根据所生产铸件的壁厚进行选择，一般情况下，厚大铸件选用较粗粒径的珠粒，薄壁铸件选用较细粒径的珠粒，使铸件最薄部位保持三个珠粒以上为宜。

珠粒的预发和成形是消失模铸造工艺成功的关键之一。一般情况下，预发珠粒密度控制

在约 0.018~0.025g/cm，其体积约为原珠粒体积的 30~40 倍。成形模样的密度基本上就是预发珠粒的密度，所以珠粒预发的控制是保证模样质量的关键。

现有的中小铸造企业模样制作有以下几种方式：

1）用包装 EPS 板材切割、粘接而成。

2）自制模具，委托外厂加工。

3）自制简易的预发成形设备。

采用上述方法制作模样，普遍存在不重视模样密度变化的现象，特别是模样在委托加工时水分不易控制，经常出现浇注时铁水从浇口中反喷或铸件出现冷隔等现象。为此在生产过程中应加强对模样密度的检验，增加对模样的烘干时间等方法，EPS 珠粒经工艺试验选定后，不能随意改变原料生产厂家，预发时用称量工具控制珠粒密度，改变凭人工经验控制珠粒密度的方法。对于 STMMA 珠粒和 EPMMA 珠粒，应当采用相应的预发设备，尽量不使用 EPS 专用预发机。

2. 涂料

涂料可提高消失模模样的刚度和强度，并使模样与干砂铸型隔离，防止金属液进入铸型产生粘砂及铸型塌陷，同时模样气化后产生的高温分解产物要通过涂料层逸出，所以涂层要有良好的透气性。涂料一般由耐火骨料、粘结剂、悬浮剂和附加物等组成，选择不同的配方和组分，各组成物的比例对涂料性能影响很大，涂料的性能直接关系到铸件的质量。

有的企业一味追求低成本，采用质量差的原料配制涂料，最后生产出的铸件废品率高，得不偿失。有些企业对涂料组成的作用不十分清楚，随意改动涂料配方，或由于缺少某组成物时继续配制使用，导致涂料性能大大下降。

对于铸铁件和铸钢件，应根据铸件的具体情况加以选择。在涂料配制和混制过程中，应尽量使用合理的配比，使骨料和粘结剂及其他添加剂混合均匀。涂料泥制工艺对性能也有较大影响，只进行简单搅拌对保证涂料性能极为不利，采用混碾或球磨可使涂料混制均匀，并充分发挥涂料胶质性能的特点，防止骨料沉淀造成不均匀。

除了涂料性能达到要求外，涂敷和烘干工艺对生产也具有一定影响。生产上多采用浸涂，最好是一次完成。也可以分两次涂敷，但应每次涂敷后进行烘干，烘干时注意烘干温度的均匀性和烘干时间，保证涂层干燥彻底不开裂。有些企业在模样浸涂烘干工序中为了缩短时间，在第一次涂料未干的情况下就进行下一次浸涂，在夏季只采用晾晒方法对涂料进行干燥，导致涂层内部未充分干燥，其中存在着大量水分，浇注时水分气化加剧了铸件气孔缺陷甚至造成浇注反喷。涂层厚度应根据铸件材质、大小、壁厚、浇注温度和铁水压头的变化进行调整。

3. 铸造工艺

消失模铸造工艺包括浇口系统设计、浇注温度控制、浇注操作控制等。在消失模铸造工艺中十分重要，是生产合格产品的关键因素之一。

在浇注过程中模样气化需要吸收热量，所以浇注温度应略高于砂型铸造。对于不同的合金材料，与砂型铸造相比，消失模铸造浇注速度一般控制在高于砂型铸造 30~50℃。这样多出的金属液热量可以满足模样气化需要。浇注温度过低铸件容易产生浇不足、冷隔、皱皮等缺陷。浇注温度过高容易产生粘砂等缺陷。

在浇注时，为了排出气体和模样气化残渣，直浇道要有足够的高度使金属液有足够的压头以推动金属液流稳定快速充型，确保铸件表面完整清晰。在实践中有些企业采用原有砂型铸造用的浇口杯，由于尺寸较小，易出现液流不平稳导致铸件报废。可改用较大浇口杯，直浇道模样做成中空可减少发气或反喷，增大开始浇注时的压头。消失模铸造浇注操作最忌讳的是断续浇注，这样容易造成铸件产生冷隔缺陷，即先浇入的金属液温度降低，与后浇注的金属液之间产生分界面。另外，消失模铸造浇注系统多采用开放式浇注系统，以保持浇注的平稳性。对此，浇口杯的形式与浇注操作是否平稳关系密切，浇注时应保持流口杯内液面稳定，使浇注动压头平稳。

3.3 精密塑性成形技术

塑性成形是材料加工方法之一。它是利用材料的塑性使材料在外力作用下成形的一种加工方法。应该说凡是具有塑性的材料都可以采用塑性成形的方法对其进行成形加工。但应该指出，由于材料的发展，促使人类进入了文明社会，特别是产业革命以后，以钢为代表的金属材料构成了材料的主流。因此，本章重点介绍金属材料的塑性成形工艺。由于非金属材料的加工方法在许多方面与金属材料相通，故非金属材料塑性成形工艺未在介绍之中。

塑性成形技术具有高产、优质、低耗等显著特点，已成为当今先进制造技术的重要发展方向。据国际生产技术协会预测，21 世纪机械制造工业零件粗加工的 75% 和精加工的 50% 都将采用塑性成形的方式实现。工业部门的广泛需求为塑性成形新工艺新设备的发展提供了强大的原动力和空前的机遇。金属及非金属材料的塑性成形过程都是在模具型腔中完成的。因此模具工业已成为国民经济的重要基础工业。塑性成形新工艺和新设备不断地涌现，掌握塑性成形技术的现状和发展趋势有助于及时研究、推广和应用高新技术推动塑性成形技术的持续发展。实施塑性成形技术的最终形式就是模具产品，而模具工业发展的关键是模具技术进步，模具技术又涉及到多学科的交叉。模具作为一种高附加值产品和技术密集型产品，其技术水平的高低已成为衡量一个国家制造业水平的重要标志之一。图 3-6、图 3-7 所示分别为挤压示意图、冲压（拉伸）示意图。

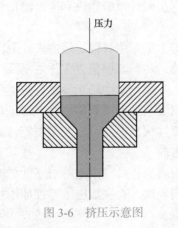

图 3-6 挤压示意图

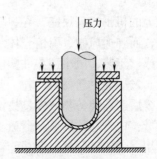

图 3-7 冲压（拉伸）示意图

常见的金属材料塑性加工方法，如轧制、拉拔、锻造、冲压等，都是利用金属的塑性而进行成形加工的。通常，轧制、拉拔、挤压是生产型材、板材、管材和线材等金属材料的加

53

工方法，也称为一次加工，属冶金工业领域。而锻造、冲压通常是利用金属材料来制造机器零件的加工方法，属于机械制造工业领域，是二次加工工艺。由于科学技术的发展，工业领域学科互相渗透，界限变得模糊不清。目前应用广泛的有液压成形、无模液压成形、径向轴向环件轧制等技术。

同样，高分子材料中的塑料、橡胶等也同样可以利用其塑性进行加工成形，如压缩模塑、传递模塑、吹塑、吸塑、压延等工艺方法。无机非金属材料中的陶瓷、玻璃，也可以用雕塑、拉坯、旋压、滚压、挤制、压制、吹制等工艺方法实现塑性成形。

精密塑性成形技术的主要特点有：材料利用率高、零件产品性能好、零件产品尺寸规格的一致性好、可实现零件产品质量的有效控制、生产率高。目前，精密塑性成形技术广泛运用在航空航天、建筑等重要领域。

航空航天领域：导弹、运载火箭、飞机上需要的大型回转体零件越来越多，这些构件的共同特点就是壁薄、直径大、结构复杂，零件采用的是高强度钢、超高强度钢、钛合金、高温合金等特殊材料。从结构完整性、强度、精度和效率方面考虑，强力旋压是成形回转体零件最有效的工艺方法。在航空模锻件方面，结构钢锻件和高温合金锻件的需求量相对稳定，而钛合金锻件作为新型飞机的部件有相当大的市场需求量。飞行器中的封闭截面整体构件采用内高压成形是首选技术。

建筑领域：很多重大建筑项目及工程中对能够加工出高质量三维曲面件的先进制造技术都具有迫切需求。多点成形技术可广泛应用于建筑三维曲面件数字化成形，并能抑制板类曲面成形件成形过程中的起皱、回弹等缺陷的发生，提高三维曲面件成形的加工精度，实现三维曲面件的高质量成形，降低异形建筑与各种装饰用三维曲面件的成本，以促进建筑用三维曲面件数字化成形技术的发展。

能源领域：我国能源重型装备中关键的环件，具有尺寸大、形状复杂、性能要求高等特点，需要无缝成形且组织细密，精密热轧环成形则是无可取代的成形制造技术。火力发电机组中汽轮机高、中、低压转子，汽轮机缸体、水轮机大轴、转轮体，核反应堆压力容器、蒸发器等大型模锻件是能源产业装备的关键基础零部件，需要大锻件成形加工技术完成制造。海上平台用的张力腿锻件，大型锻造节点、石油钻探用锻件及结构件和大型输油管道等必将有较大的需求量，是不可忽视的市场。

军工领域：坦克上履带板、齿轮、负重轮，火炮上的牵引杆体、定向弧、万向联轴器等零件，枪械上的机匣、表尺座，导弹喷管、炮弹弹体、药筒、引信等零件主要采用模锻和挤压成形工艺；而弹体风帽、引信壳体、坦克摩擦片、军用汽车摩托车等多种板类零件，则主要采用冲压成形工艺，微小型零件塑性成形工艺，以及超高强度钢的塑性成形工艺的需求也将不断增大。发展满足新材料、新工艺要求的精密塑性成形模具，以及微型零件的塑性成形模具，将是今后武器装备领域模具技术的主要发展方向。

其他领域：电子通信、医疗器械、轻工业以及餐具、饰品、家电等对塑性加工技术也有着大量的应用。近年已开始向多功能化和智能化方向发展，在完成电子零件冲压生产同时还可实现所加工零件的装配、焊接以及在线检测等功能。

3.3.1 液压成形

液压成形（Hydroforming）是指利用液体压力和模具使工件成形的一种塑形加工技术，

也称液力成形。仅需要凹模或凸模，液体介质相应地作为凸模或凹模，省去一般模具费用和加工时间，而且液体作为凸模可以成形很多刚性模具无法成形的复杂零件。

1. 液压成形工艺

与传统成形工艺不同的是，液压成形中用液体来代替模具或用液体辅助成形。此种方法是在凹模中充以液体，凸模下行时，凹模液压室中的液体被压缩产生相对压力将毛坯紧紧的贴在凸模上，形成有力的摩擦保持效果，使工件完全按凸模形状成形。另外，在凹模与板料下表面之间产生流体润滑，减少有害的摩擦阻力，这样不仅使板料的成形极限大大的提高，而且可以减少传统拉伸时可能产生的局部缺陷，从而成形出精度高、表面质量好的零件。液压成形是指采用液态的水、油或黏性物质作传力介质，代替刚性的凹模或凸模，使坯料在传力介质的压力作用下贴合凸模或凹模而成形，它是一种柔性成形技术。根据成形对象的不同，液压成形技术可以分为壳液压成形、板液压成形和管液压成形 3 类。近年来，由于汽车和航空工业的快速发展，大量冷成形性能差的新材料和结构复杂的零件得到了越来越多的应用，这为液压成形技术的发展提供了机遇。表 3-2 介绍了典型液压成形技术比较。

液压成形作为一种先进的加工工艺，具有模具成本低、模具制造周期短、成形极限高等特点，与传统工艺相比，液压成形既节约了能源，降低了成本，又适应了当今产品的小批量、多品种的柔性发展方向，受到世界各国学者的一致关注。

表 3-2 典型液压成形技术比较

类型	所用坯料	传力介质	成形压力
壳液压成形	壳体	纯水	50MPa
板液压成形	板料	液压油	100MPa
管液压成形	管材	乳化液	400MPa

2. 液压成形设备

在国内外液压成形设备中，按其结构形式可分为四柱式液压机、框架式液压机、单柱液压机（C 型机）。一般在制品的拉伸工艺中大多数企业使用四柱式液压机，由于其在对称结构制品生产中具有较强的性能价格比而获得广泛的应用。在国防工业和民用工业中，液压设备占有极其重要的地位，其发展水平、拥有量和构成比不仅对塑性加工起关键作用，而且在一定程度上反映一个国家的工业水平。由于液压设备具有压力和速度可在大范围内无级调整，可在任意位置输出全部功率和保持所需压力、结构布局灵活，各执行机构可很方便地达到所希望的动作配合等优点。因此，液压机在我国国民经济的各行各业，尤其是塑性加工领域得到了日益广泛的应用。

从总体上看，板材液压成形设备的结构主要有 3 种形式：①双动液压机：由内、外滑块及顶出器构成，凸模装在内滑块上，压边圈装在外滑块上，凹模兼作液压室。具有供液装置、液压自动控制装置、压边力自动控制装置、送料装置、取件装置等。采用这种设备实现模具的快速闭合，需要高容量的液压装置。②单动压力机：模具的固定及坯料压边由机械装置实现，模具的闭合由液压装置实现（如在单动机械压力机横梁上配备倒置的内有可动柱塞的液压装置）。③单动液压机：具有液压压边装置，上模的工作行程由机械装置上的定位架确定，下模底部有数个短行程柱塞缸提供压边力，液压缸的位置可根据需要重新布置，液压

力可单独控制或成组控制，故可得到按成形过程变化的压边力。如图 3-8 所示，是一台薄板液压机。

图 3-8　薄板液压机

我国制造液压机的厂家众多，企业知名度和设计技术、制造水平、产品质量、生产规模、加工能力均处于国内同行业领先地位的有：合肥锻压机床股份有限公司、天津市锻压机床总厂、徐州锻压机床厂等。

3. 板液压成形

板液压成形原理是采用液体作为传力介质以代替刚性的凸模或凹模来传递载荷，使板料在液体压力作用下贴靠凹模或凸模，从而实现金属板材零件的成形。板液压成形工艺分为充液拉伸成形和液体凸模拉伸成形。如图 3-9 所示为充液拉伸成形示意图，其拉伸过程是将薄板放置于凹模上，用压边圈压紧板料，使凹模型腔形成密封状态。当凸模下行进入型腔时，型腔内的液体由于受到压缩而产生高压，最终使毛坯紧紧贴向凸模而成形。如果成形初期对液体压力要求较高时，可在成形一开始

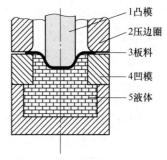

图 3-9　充液拉伸成形示意图

使用液压泵，实行强制增压，使液体压力达到一定值，以满足成形要求。

板液压成形技术具备以下的优点：

1）成形极限高。由于液压的作用，拉伸时坯料与凸模紧紧贴合，产生摩擦保持效果，提高了传力区的承载能力。由于反向液压的作用可消除悬空区，坯料与模具之间建立起有益摩擦使得凸模底部圆角处坯料的径向拉应力减小，因而大幅度提高成形极限，而传统拉伸时易产生拉裂。

2）尺寸精度高、表面质量好。液体从板材与凹模表面间溢出形成流体润滑，有利于板材进入凹模，减少零件表面划伤，所成型零件外表面得以保持原始板材的表面质量，尤其适合镀锌板等带涂层的薄板成形。

3）简化工序过程。板液压拉伸复杂薄壳零件时，不需要中间再结晶退火工序。成形复杂形状的零件时，由于残余应力小，零件可不必进行去应力退火工序。

4）成本低。复杂零件在一道工序内完成，减少了多道工序成形所需模具的设计和制造，使生产成本降低。

3.3.2　无模液压成形

自 1910 年美国建成世界上第一台工业用球形容器以来，在世界各地一直沿用的工艺流程为：下料、压型、组焊、检验，即"先成形后焊接"的工艺路线。传统的模压成形工艺需要大工作台面压力机和大型模具，工艺复杂、生产周期长，生产成本高。

无模液压成形技术的基本原理是：先由平板或经过辊弯的单曲率壳板组焊成封闭多面壳体，然后在封闭多面壳体内加压，在内部压力作用下，壳体产生塑性变形而逐渐趋向于球壳。该种成形工艺的主要工序为：下料→弯卷→组装焊接→液压胀形，如图 3-10 所示。

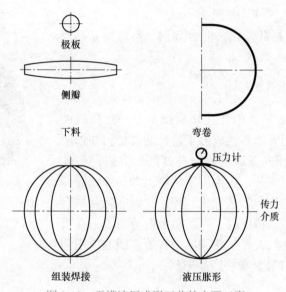

图 3-10　无模液压成形工艺的主要工序

从理论上讲，无模液压成形的基本依据：一是在"趋球力矩"的作用下壳体将随着成形压力的增加而逐渐变成球壳，在壳体任一部位如果曲率半径相对大一些，则该处在加载时就先变形，相应地曲率半径就会变小而停止变形，原曲率半径相对小的部位此时变成相对大些而开始变形，如此循环最终各处的曲率半径相等就变成了球壳；二是金属材料塑性变形的自动调节性，在成形过程中，先满足屈服条件的部位首先开始塑性变形，随着变形量的增加而强化，使塑性变形向其他较弱的区域转移，而原来相对较强的区域变为相对较弱的区域又发生塑性变形，如此循环调节，最终成形的球壳厚度分布较为均匀。如图 3-11 所示为液压胀形前多面壳体的结构。

无模液压成形工艺的优点主要有如下几点：

1）不需要大型的模具和压力机，产品初期投资少，因而可以大大降低生产成本。

2）生产周期短，产品变更容易，下料组装简单快捷。

3）经过超载胀形，有效降低了焊接残余应力，安全性高。

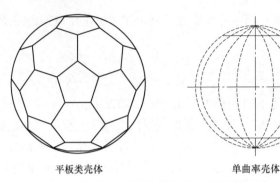

平板类壳体　　　　　　单曲率壳体

图 3-11　液压胀形前多面壳体的结构

　　无模液压成形技术自 1985 年发明以来，在实际工程应用中先后开发了三大系列产品：①球形水塔和供水罐，如图 3-12 所示；②压力容器和液化气罐；③建筑装饰球。其中最大直径达到 9.4m，最大壁厚达到 24mm，最高使用压力 1.77MPa。应用材料包括低碳钢、低合金钢、不锈钢、铝合金、铜合金等。

3.3.3　径向轴向环件轧制

　　径向轴向环件轧制是利用环件轧制设备——扎环机使环件壁厚减小，直径增大的塑性成形工艺，通过径向和轴向两个孔型同时对环件径向壁厚和轴向高度两个方向进行轧制，它是一种多向轧制工艺，主要用于轧制大型环件。与传统的大型环件自由锻造生产工艺相比，环件径轴向轧制具有节能、节材、生产率高、精度高、产品质量好等特点，在机械、汽车、火车、航空航天等工业领域中有着广阔的应用前景。图 3-13 介绍了环件轧制典型产品形状。

图 3-12　球形水塔

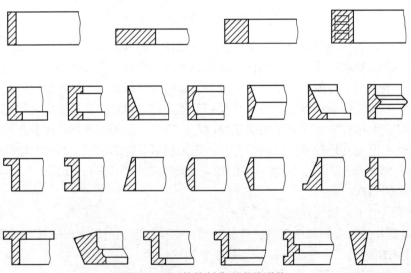

图 3-13　环件轧制典型产品形状

环件轧制可以分为径向轧制和径 - 轴向轧制。图 3-14 所示为单导向辊立式轧环机上进行的径向轧制原理图，其中驱动辊为主动辊，同时进行旋转轧制和直线进给运动，芯辊为被动辊，做从动旋转轧制运动，导向辊和信号辊均可自由转动。在驱动辊作用下，环件通过驱动辊与芯辊构成的轧制孔型产生连续的局部塑性变形。经多转轧制变形，环件直径扩大到预定尺寸时，环件外圆表面与信号辊接触，环件轧制过程结束。驱动辊旋转轧制运动由电动机提供动力，直线进给运动由液压或气动装置提供动力，其他轧辊在与环件的摩擦作用下运动。图 3-14b 所示为双导向辊卧式轧环机上进行径向轧制的原理图。中大型轧环机多采用此种结构，这种轧环机结构简单、价格低、工艺控制容易、适用广泛，一般用于矩形截面、沟槽形截面环件的生产。

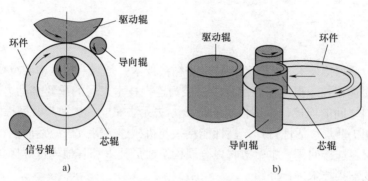

图 3-14　径向轧制的基本原理

径轴向环件轧制主要用于生产大型环件。图 3-15 所示为径轴向轧制的基本原理图。为改善轧制环件的端面质量，轧制成形复杂截面轮廓的环件，在径向环件轧制设备的基础上，增加了一对轴向端面轧辊，对环件的径向和轴向同时进行轧制，使径向轧制产生的环件端面凹陷再经过轴向端面轧制而得以修复平整，且轴向端面轧制还可以使环件获得复杂的截面轮廓形状。在径轴向轧制过程中，驱动辊做旋转轧制运动，芯辊做径向直线进给运动，端面轧辊做旋转端面轧制运动和轴向进给运动。环件产生径向壁厚减小、轴向高度减小、内外直径扩大、截面轮廓成形的连续局部塑性变形，当环件经反复多转轧制使直径达到预定值时，芯辊的径向进给运动和端面辊的轴向进给运动停止，环件径轴向轧制变形结束。目前，只有较先进的大中型轧环机采用径轴向联合轧制工艺，径轴向轧环机适用于壁厚大、大轧制比或截面复杂的环件加工，生产率高。

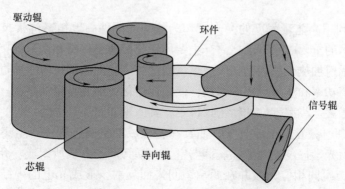

图 3-15　径轴向轧制的基本原理

适用于径轴向轧制的材料包括碳钢、合金钢、铝合金、钛合金、钴合金、镍基合金等。一般环件轧制采用轧制棒材或挤压棒材，特大环件直接采用铸锭。按照形状可以分为棒料和方胚。

径轴向轧制相比于其他环件锻造方式具有以下突出的优点。首先，径轴向轧制不需要模具，在一定程度上节约了生产加工成本。其次，环件精度高、余量少，材料利用率高。轧制成形的环件几何精度与模锻环件相当，制胚冲孔连皮小，无飞边消耗。此外，环件内部质量较好、内部晶粒小、组织致密，纤维沿圆周方向排列。在加工过程中，选用的设备吨位小、投资小、加工范围大。径轴向轧制还具备生产率高、生产成本低的优点，比起自由锻环件，材料消耗降低 40%~50%，生产成本降低 75%。

3.4 先进连接技术

连接技术包括焊接技术、机械连接技术和粘接技术，是制造技术中的重要组成部分。新型材料的出现对连接技术提出了新的要求，成为连接技术发展的重要推动力。许多新材料，特别是异种材料之间的连接，采用传统的焊接方法无法完成，扩散焊、摩擦焊、超塑成形、扩散连接、液相扩散焊、活性钎焊、高性能粘接与机械连接等方法应运而生，解决了许多过去无法解决的材料连接问题。本章节将以金属构筑成形技术和其他先进焊接技术为主要介绍对象，对先进的连接技术进行介绍。

3.4.1 先进焊接技术

焊接是两种或两类以上同类或异类材料通过原子或分子之间的结合和扩散连接成一体的工艺过程。促使原子和分子之间产生结合和扩散的方法是加热或加压，或同时加热又加压。

现代焊接的能量来源有很多种，包括气体焰、电弧、激光、电子束、摩擦和超声波等。除了在工厂中使用外，焊接还可以在多种环境下进行，如野外、水下、太空等。就我国现阶段的工业化发展情况而言，焊接广泛应用于多种材料的连接，而随着高新技术的不断发展，原有的传统焊接方式也转化为激光焊、电子束焊等先进的焊接技术。先进焊接技术相较于传统焊接技术而言，常采用自动焊，拥有更高的焊接速度和质量，高效焊接的同时能够保证焊接的质量。以下对激光焊接技术、激光复合焊接技术、超声波金属焊接、搅拌摩擦焊、电子束焊接展开介绍。

1. 激光焊接技术

激光焊接是利用高能量密度的激光束作为热源的一种高效精密焊接技术。激光焊接是激光材料加工技术的重要应用方法之一，主要用于焊接薄壁材料和低速焊接，焊接过程属热传导型，即激光辐射加热工件表面，表面热量通过热传导向内部扩散，通过控制激光脉冲的宽度、能量、峰值功率和重复频率等参数，使工件熔化，形成特定的熔池。由于其独特的优点，已成功应用于微、小型零件的精密焊接中，其原理如图 3-16 所示。

（1）技术原理 激发电子或分子，使其在转换成能量的过程中产生集中且相位相同的光束，这些光束由光学振荡器及放在震荡器空穴两端镜间的介质所组成。介质被激发至高能量状态时，开始产生同相位光波并在两端镜间来回反射，形成光电的串结效应，将光波放大，并获得足够能量而开始发出激光。激光器亦可解释成将电能、化学能、热能、光能或核能等原始能源转换成某些特定光频（紫外光、可见光或红外光）的光束的一种设备，转换形态在某些固态、液态或气态介质中很容易进行。当这些介质以原子或分子形态被激发，便产生相位几乎相同且近乎单一波长的光束——激光。由于具有同相位及单一波长，差异角均非常小，在被高度集中以完成焊接、切割及热处理等功能前可传送的距离相当长。

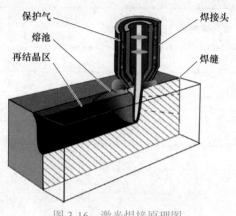

图 3-16　激光焊接原理图

激光焊接可以采用连续或脉冲激光束实现，激光焊接的原理可分为热传导型焊接和激光深熔焊接。功率密度 $10^4\sim10^5\text{W/cm}^2$ 时为热传导焊，此时熔深浅、焊接速度慢；功率密度为 $10^5\sim10^7\text{W/cm}^2$ 时，金属表面受热作用下凹成"孔穴"，形成深熔焊，具有焊接速度快、深宽比大的特点。其中热传导型激光焊接原理为：激光辐射加热待焊接表面，表面热量通过热传导向内部扩散，通过控制激光脉冲的宽度、能量、峰功率和重复频率等激光参数，使工件熔化，形成特定的熔池。

激光深熔焊接一般采用连续激光光束完成材料的连接，其冶金物理过程与电子束焊接极为相似，即能量转换机制是通过"小孔"结构来完成的。在足够高的功率密度激光照射下，材料产生蒸发并形成小孔。这个充满蒸气的小孔，几乎能吸收全部能量的入射光束，孔腔内平均温度高达 2500℃，热量从这个高温孔腔外壁向周围传递出来，使包围着这个孔腔四周的金属熔化。小孔内充满在光束照射下壁体材料连续蒸发产生的高温蒸汽，小孔四壁包围着熔融金属，液态金属四周包围着固体材料（而在大多数常规焊接过程和激光传导焊接中，能量首先沉积于工件表面，然后靠传递输送到内部）。孔壁外液体流动和壁层表面张力与孔腔内连续产生的蒸汽压力相持并保持着动态平衡。光束不断进入小孔，小孔外的材料在连续流动，随着光束移动，小孔始终处于流动的稳定状态。小孔和围着孔壁的熔融金属随着前导光束前进速度向前移动，熔融金属充填着小孔移开后留下的空隙并随之冷凝，焊缝形成。

（2）激光焊接特性

1）属于熔融焊接，以激光束为能源，冲击在焊件接头上。

2）激光束可由平面光学元件（如镜子）导引，随后再以反射聚焦元件或镜片将光束投射在焊缝上。

3）激光焊接属非接触式焊接，作业过程不需加压，但需使用惰性气体保护以防熔池氧化，填料金属偶有使用。

4）激光焊可以与熔化极惰性气体保护焊组成激光熔化极惰性气体保护复合焊，实现大

熔深焊接，同时热输入量比熔化极惰性气体保护焊大为减小。

（3）工艺对比　传感器密封焊接采用的方法有：电阻焊、氩弧焊、电子束焊、等离子弧焊等，不同焊接工艺与激光焊的对比见表3-3。

表3-3　不同焊接工艺与激光焊的对比

对比项目	激光焊接	电子束焊接	钨极惰性气体保护电弧焊	熔化极惰性气体保护焊	电阻焊
焊接效率	0	0	-	-	+
大深度比	+	+	-	-	-
小热影响区	+	+	+	-	0
高焊接速率	+	+	+	+	-
焊缝断面形貌	+	+	0	0	0
大气压下施焊	+	-	+	+	+
焊接高反射率材料	-	+	+	+	+
使用填充材料	0	+	+	+	+
自动加工	+	+	-	0	+
成本	-	-	+	+	+
操作成本	0	0	+	+	+
可靠性	+	-	+	+	+
组装	+	+	-	-	-

注："+"表示优势；"-"表示劣势；"0"表示适中。

1）电阻焊：主要用来焊接薄金属件，在两个电极间夹紧被焊工件通过大的电流熔化电极接触的表面，即通过工件电阻发热来实施焊接。电阻焊通过接头两边焊合，工件易变形，而激光焊接只从单边进行。电阻焊所用电极需经常维护以清除氧化物和从工件上清除粘连着的金属，激光焊接薄金属搭接接头时并不接触工件，再者，光束还可进入常规焊难以焊及的区域，焊接速度快。

2）氩弧焊：使用非消耗电极与保护气体，常用来焊接薄工件，但焊接速度较慢，且热输入比激光焊接大很多，易产生变形。

3）等离子弧焊：与氩弧焊类似，但其焊炬会产生压缩电弧，以提高弧温和能量密度，它比氩弧焊速度快、熔深大，但逊于激光焊。

4）电子束焊：它靠一束加速高能密度电子流撞击工件，在工件表面很小面积内产生巨大的热，形成"小孔"效应，从而实施深熔焊接。电子束焊的主要缺点是需要高真空环境以防止电子散射，设备复杂，焊件尺寸和形状受到真空室的限制，对焊件装配质量要求严格，非真空电子束焊也可实施，但由于电子散射而聚焦不好影响效果。电子束焊有磁偏移和X射线问题，由于电子带电，会受磁场偏转影响，故要求电子束焊在焊接前要对工件做去磁处理。X射线在高压下特别强，需对操作人员实施保护。激光焊接则不需要真空室和对工件焊前进行去磁处理，它可在大气中进行，也没有防 X 射线问题，所以可在生产线内联机操作，也可焊接磁性材料。

（4）优缺点　激光焊接的优点可以总结为以下几点：

1）可将入热量降到最低的需要量，热影响区金相变化范围小，且因热传导所导致的变形亦最低。

2）激光束易于聚焦、对准及用光学仪器导引，可将焊接设备放置在离工件适当的距离，且可在工件周围的部件或障碍间再导引，其他焊接方法则因受到空间限制而无法使用。

3）工件可放置在封闭的空间（经抽真空或内部气体环境可控）。

4）激光束可聚焦在很小的区域，可焊接小型且间隔很近的部件。

5）可焊材质种类范围大，亦可焊接各种异质材料。

激光焊接的缺点有以下几点：

1）焊件位置需非常精确，务必在激光束的聚焦范围内。

2）焊件需使用夹具时，必须确保焊件的最终位置与激光束将冲击的焊点对准。

3）最大可焊厚度受到限制，渗透厚度远超过 19mm 的工件，生产线上不适合使用激光焊接。

4）高反射性及高导热性材料如铝、铜及其合金等，焊接性会因激光而改变。

5）当进行中能量至高能量的激光束焊接时，需使用等离子控制器将熔池周围的离子化气体驱除，以确保焊道的再现。

为了消除或减少激光焊接的缺陷，更好地应用这一优秀的焊接方法，研究者们提出了一些用其他热源与激光进行复合焊接的工艺，主要有激光与电弧焊接、激光与等离子弧焊接、激光与感应热源复合焊接、双激光束焊接以及多光束激光焊接等。此外还提出了各种辅助工艺措施，如激光填丝焊（可细分为冷丝焊和热丝焊）、外加磁场辅助增强激光焊、保护气控制熔池深度激光焊、激光辅助搅拌摩擦焊等。

（5）应用

1）制造业。激光拼焊（Tailored Bland Laser Welding）技术在轿车制造中得到广泛的应用。日本以 CO_2 激光焊代替了闪光对焊，进行轧钢卷材的连接，在超薄板焊接的研究方面，如板厚 100μm 以下的箔片，无法熔焊，但可以通过有特殊输出功率波形的高能脉冲激光焊接，显示了激光焊的广阔前途。日本还成功将高能脉冲激光焊用于核反应堆中蒸汽发生器细管的维修。在国内苏宝蓉等人也研发了齿轮的激光焊接技术。

2）粉末冶金。随着科学技术的不断发展，许多工业技术对材料提出了特殊要求，应用冶铸方法制造的材料已不能满足需要。由于粉末冶金材料具有特殊的性能和制造优点，在某些领域如汽车、飞机、工具刃具制造业中正在取代传统的冶铸材料。随着粉末冶金材料的日益发展，其与其他零件的连接问题显得日益突出，使粉末冶金材料的应用受到限制。在 20 世纪 80 年代初期，激光焊以其独特的优点进入粉末冶金材料加工领域，为粉末冶金材料的应用开辟了新的前景，如采用粉末冶金材料连接中常用的钎焊的方法焊接金刚石，由于结合强度低，热影响区宽特别是不能适应高温及高强度要求高从而引起钎料熔化脱落，采用激光焊接可以提高焊接强度以及耐高温性能。

3）电子工业。激光焊接在电子工业中，特别是微电子工业中得到了广泛的应用。由于激光焊接热影响区小、加热集中迅速、热应力低，因而在集成电路和半导体器件壳体的

封装中显示出独特的优越性，在真空器件的研制中，激光焊接也得到了应用，如钼聚焦极头与不锈钢支持环、快热阴极灯丝组件等。传感器或温控器中的弹性薄壁波纹片其厚度在0.05~0.1mm，采用传统焊接方法难以解决，钨极氩弧焊容易焊穿，等离子焊接稳定性差，影响因素多，而采用激光焊接效果很好，得到广泛的应用。

近年来激光焊接又逐渐应用到印制电路板的装联过程中。随着电路的集成度越来越高，零件尺寸越来越小，引脚间距也变得更小，以往的工具已经很难在细小的空间操作。激光由于不需要接触到零件即可实现焊接，很好的解决了这个问题，受到电路板制造商的重视。

4）生物医学。用激光焊接输卵管和血管的成功，使更多研究者尝试焊接各种生物组织，并推广到其他人体组织的焊接。有关激光焊接神经方面国内外的研究主要集中在激光波长、功率及其对功能恢复以及激光焊料的选择等方面的研究。激光焊接方法与传统的缝合方法相比，激光焊接具有愈合速度快，愈合过程中没有异物反应，保持焊接部位的力学特性，被修复组织按其原生物力学性状生长等优点。

2. 激光复合焊接技术

激光复合焊接是将激光焊接与电弧焊接技术相结合，获得更佳焊接效果，快速且具有焊缝搭桥能力，是当前非常先进的一种焊接方法。激光复合焊接不同于激光焊接，除通过激光向焊缝金属输入热量外，电弧也向焊接区输入能量。激光复合焊技术并不是两种焊接方法依次作用，而是两种焊接方法同时作用于焊接区，激光和电弧充分发挥各自优势，形成一种新的高效焊接热源。在激光复合焊接时，蒸发不仅发生在工件的表面，同时也发生在填充焊丝上，具有更多的金属蒸发，从而使激光的能量传输更加容易，同时也保证了焊接过程的完整性。

（1）激光复合焊接的原理　在激光复合焊接过程中，激光束和电弧在一个共同的熔池中相互作用，如图3-17所示，它们的协同作用产生了深而窄的焊缝，从而提高了生产率。

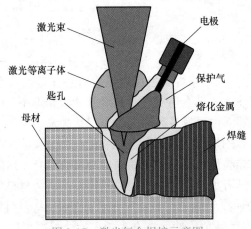

图3-17　激光复合焊接示意图

激光焊接热影响区非常窄，能够产生狭窄而深的焊缝，因为激光束可以聚焦在很小的区域上。光束的紧密聚焦可实现更高的焊接速度，从而减少了热量输入并降低了焊接零件的热变形几率。然而，对于大多数用于焊接的激光系统而言，激光焊接系统较昂贵并且电效率非常差。激光焊接的缝隙桥接能力差，因此在工件装配和边缘准备中要求很高的精度。激光焊接铝、铜、金等高反射率材料也非常困难。与此相反，电弧焊工艺具有出色的间隙桥接能力、高电效率，并且可以有效地焊接具有高反射率的材料。电弧焊接系统比同等容量的激光焊接系统便宜。但是，电弧焊过程中的低能量密度会使焊接过程变慢，从而在焊接区域产生大量的热量输入，导致焊接零件的热变形。激光焊接和电弧焊在同一焊接池中使用时，混合效应弥补了各自工艺的缺陷，发挥了各自的优势。

使用激光和电弧进行焊接有两种不同的方法。第一种方法称为激光辅助电弧焊接工艺，其中激光仅用于预热将要通过电弧焊工艺焊接的金属。在该过程中，通常使用低功率激光源来增强电弧焊过程。因此，焊缝熔深和焊接速度的提高并不明显。在第二种方法中，使用高功率激光束进行深熔焊。在这个过程中，具有高能量密度的激光束和具有高能量效率的电弧的协同作用被用于焊接。该过程被称为电弧增强激光焊接过程，通常被称为激光电弧复合焊过程。

（2）激光复合焊接的特点　激光复合焊的特点在于电源成本低、焊缝桥接性好、电弧稳定性好、易于通过填充金属改善焊缝结构。激光束焊的特点在于熔深大、焊接速度高、热输入低、焊缝窄，但焊接更厚的材料需要更大功率的焊接激光器。而激光复合焊接的熔池较小，焊接过程中工件变形小，大大减少了焊后纠正焊接变形的工作。激光复合焊接会产生两个独立的熔池，后面电弧输入的热量具有焊后回火处理的作用，降低焊缝硬度。由于激光复合焊接的焊接速度非常高，因此可以减少生产时间和降低生产成本。

（3）优缺点　优点为①焊接表面光滑平整，没有发黑发黄现象，无裂纹，密封性良好；②相对于传统焊接，复合焊接速度可以提升 2~3 倍；③采用复合焊接，比单纯的单光束激光焊接所用加工功率明显降低 30% 左右；④复合焊接良率明显提升；⑤焊接过程中要注意保护气的使用；⑥焊接壳体时如有杂质易产生炸点现象，可补焊；⑦复合焊接对焊接轨迹容错性比单光束激光焊接得到明显提升。缺点为①价格太贵；②对焊件加工、组装、定位要求高；③光能转换率低（10%~20%）。

（4）应用　激光复合焊接具有比激光焊接变形小、比电弧焊熔深大、焊缝成形好、焊接速度快、热输入小、焊接强度损失小等多重优点，在航空航天、轨道交通、船舶、建筑、汽车、能源等领域有着良好的发展前景。

3. 超声波金属焊接

超声波金属焊接是利用超声频率的机械振动能量，连接同种金属或异种金属的一种特殊方法。金属在进行超声波焊接时，既不向工件输送电流，也不向工件施以高温热源，只是在静压力之下，将机械能转变为内能、形变能及有限的温升，两母材在再结晶温度下发生的固相焊接。因此它有效地克服了电阻焊接时所产生的飞溅和氧化等现象。

（1）技术原理　如图 3-18 所示，要完成超声波金属焊接，需要在焊缝界面处产生摩擦，生成热量。摩擦生热需要以下 3 个基本条件：持续的振动能量、激活材料原子活性的振幅、挤压工件产生塑性变形所需要的力。

超声波焊接影响因素包括以下方面：

1）振幅。振幅对于需要焊接的材料来说是一个关键参数，相当于铬铁的温度，温度达不到就会熔接不上，温度过高就会使原材料烧焦或导致结构破坏而强度变差。选择的超声波换能器不同，换能器输出的振幅都不同，经过适配不同变比的超声波变幅器及焊头，能够校正焊头的工作振幅以符合要求。通常换能器的输出振幅为 10~20μm，而工作振幅一般为 30μm

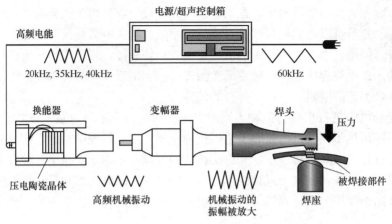

图 3-18 超声波焊接示意图

左右，变幅器及焊头的变比同变幅器及焊头的形状、前后面积比等因素有关。从形状来说如指数型变幅、函数型变幅、阶梯型变幅等，变幅的形状对变比影响很大，前后面积比与总变比成正比。制作超声波焊接机的焊头时，最简单的方法是按已工作的焊头的比例尺寸制作，能有效保证振幅参数的稳定。

2）频率。任何的超声波焊接机都有一个中心频率，例如 20kHz、40kHz 等，焊接机的工作频率主要由超声波换能器（Transducer）、超声波变幅器（Booster）和焊头（Horn）的机械共振频率所决定。超声波发生器的频率根据机械共振频率调整，以达到一致，使焊头工作在谐振状态，每一个部份都设计成一个半波长的谐振体。超声波发生器及机械共振频率都有一个谐振工作范围。一般误差设定为 ±0.5kHz，在此范围内焊接机基本都能正常工作，我们制作每一个焊头时，都会对谐振频率进行调整，要求做到谐振频率与设计频率误差小于0.1kHz。以 20kHz 焊头为例，焊头的频率应控制在 19.90~20.10kHz，误差小于 5‰。

3）节点。节点、焊头、超声波变幅器均被设计为一个工作频率的半波长谐振体，在工作状态下，两个端面的振幅最大，应力最小，而相当于中间位置的节点振幅为零，应力最大。节点位置一般设计为固定位，但通常的固定位设计时厚度要大于 3mm，或者是凹槽固定，所以固定位并不是一定为零振幅，这样就会引致一些噪声和一部分的能量损失，对于噪声通常用橡胶圈等部件隔离，或采用隔声材料进行屏蔽。

4）网纹。超声波金属焊接通常会在焊接位表面，底座表面设计网纹，网纹设计的目地在于防止金属件的滑动，尽可能将能量传递到焊接位。网纹设计一般有方形、菱形、条形网纹。黄金手饰等金属包覆焊头与底座根据要求不能设计纹路，网纹的大小与深浅根据具体的焊接材料要求来确定。

5）换能器。供金属焊接装置使用的换能器和供塑料焊接装置使用的换能器没有很大的区别，特殊性在于焊接金属具有更高质量的要求，因为在焊接金属时往往需要很大的瞬间功率，要求换能器有高的功率容量和低的阻抗，不能使用塑料焊接装置使用的换能器。

6）电源。金属焊接装置使用的超声波电源和供塑料焊接装置使用的超声波电源没有很大的区别。特殊性在于焊接金属具有更高的要求，为了满足金属焊接的需要，必需使用智能化的超声波电源——超声波发生器。超声波发生器具有频率自动跟踪系统，在焊接过程中机械装置或电子元件的工作情况发生变化会引起振动频率的改变，超声波发生器将跟踪振动系统的频率，使发生器和振动系统之间一直处于谐振状态，频率自动跟踪系统能够补偿在焊接过程中出现的工作状态改变，使系统重新处于谐振状态并保正焊接参数的稳定，重点是振幅的稳定，这对于金属焊接具有非常重要的意义。

（2）特点　超声金属焊机能对铜、银、铝、镍等有色金属的细丝或薄片材料进行单点焊接、多点焊接和短条状焊接。超声波金属焊接有焊接材料不熔融，不减弱金属特性；焊接后导电性好，电阻率极低或近乎零；对焊接金属表面要求低，氧化或电镀均可焊接；焊接时间短，不需任何助焊剂、气体、焊料；焊接无火花，环保安全等优点。可广泛应用于晶闸管引线、熔断器片、电器引线、锂电池极片的焊接。

（3）优缺点　优点：①超声波金属焊接压力小，能耗低，且能焊接异种金属材料。基于这些特点，可利用超声波金属焊接技术和数控技术使金属工件快速成形。并在成形过程中埋植功能器件制作智能金属基复合材料等。②金属超声波焊接可进行定位焊、连续焊，焊接速度非常快，在使用范围方面，即便是材料不同，物理性能相差悬殊，也能进行焊接，还可以把其他方法无法奏效的金属箔片、细丝、微小的器件及厚薄悬殊、多层金属片的产品进行焊接。③超声波金属焊接焊点强度高、稳定性好、具有高度抗疲劳性能。④焊接过程无需采用水冷和气体保护，被焊工件基本无变形。焊接完成后工件无需进行退火等热处理。超声波金属焊接过程本身包含着对焊接件表面氧化层的破碎清理作用。焊面清洁美观，不用像其他焊接方法那样进行焊后清理。⑤金属的超声波焊接不用焊条，焊接区不通电，不直接对被焊金属加热，焊接同一工件金属，与焊条电弧焊、气焊相比，能耗要小得多。⑥由于不需要添加焊剂，不污染被加工件，不产生任何焊渣、污水、有害气体等废物污染，因而是一种节能环保的焊接方法。⑦由于超声波发生器是功率电子线路，易于实现电气控制，能很好地与计算机配合进行焊接控制，从而达到高精度的焊接，并且易于实现焊接的信息化和自动化。

缺点：①把超声波应用于金属材料焊接中，虽然可以得到很好的焊接效果，但是超声波发生器和声学系统与机械系统相结合的整个系统，其稳定性、可操作性、可靠性等方面还存在问题。所以声学系统（换能器、变幅器、连接部分）的设计，以及声学系统与工件的连接方式等，都是十分关键的问题。②对金属超声波焊接机理的认识不足。超声波金属焊接是否无金属熔化，仅仅是一种固相焊接方法，或者说是金属间的"键和"过程，还有待进一步研究。③由于焊接所需的功率随工件厚度及硬度的提高呈指数增加，而大功率超声波焊机的制造困难，且成本很高。随着焊接功率的进一步提高，不仅在声学系统的设计及制造方面将会面临一系列较难解决的问题，而且未必能取得预期的工艺效果。因此目前仅限于焊接丝、箔、片等细薄件。④超声波焊机的模具比较小，工件的伸入尺寸也不能超过焊接系统所允许的范围。接头形式目前只限于搭接接头。⑤焊点表面容易因高频机械振动引起边缘的疲劳破坏，对焊接硬而脆的材料不利。⑥目前来讲，对超声波焊接的焊接质量的检测比较难实现，无损检测设备还没有普及，常用方法无法用来监控，这也给大批量生产造成一定困难。

（4）应用　超声波焊接技术有很多应用，尤其是那些使用复杂、精细或微小部件的行业领域。

1）新能源汽车行业。现在流行的电动汽车的锂电池组上的极耳焊接，以及汽车内部的线束和线束的焊接，线束和端子的焊接通常采用超声波焊接。因为这些焊接材料往往是导电率高的铜或铝，无法采用传统的电阻焊。另外，超声波金属焊接热影响区域小，干净无火星

飞溅，是一种非常安全的焊接工艺。

2）医疗行业。最典型应用是医疗设备中的集成电路的引脚焊接。连接过程不需要胶水或者粘合剂，只是利用本体材料进行连接。例如心脏起搏器以及植入体内的传感器。另外，超声波焊接还广泛应用在静脉导管、血液/气体过滤器、透析机、阀门和过滤器的制造过程中。

3）电子及计算机工业。微电子元件上电线和电路的最佳连接工艺就是超声波焊接，应用在芯片、电机、电容、闪存、微处理器、变压器等产品上。整个焊接过程将薄金属（通常是铝或铜）与厚材料焊接起来，无缝地连接电线和电路。它可以毫不费力地将电路板上的电路连接起来，非常适合智能手机和电脑行业。

4）航天工业。在制造发动机部件时，将有色金属材料如铝焊接到钢上，焊接后组件拉拔强度大，尺寸精确，外形美观。它还能满足密闭舱室焊接后的密封性能和耐冲击性能的要求。

5）制冷行业。冰箱和空调冷却系统组成一直使用铜管。由于铜材料昂贵，也开始用铝管代替。但是不管使用铜管或铝管，都可以用超声波来进行薄板焊接或封口。

超声波焊接方法可以得到高质量的产品，是一种被证明非常可靠的连接技术。未来，超声波焊接有望在更多工业领域得到应用。

4. 搅拌摩擦焊技术

搅拌摩擦焊是指利用高速旋转的焊具与工件摩擦产生的热量使被焊材料局部塑性化，当焊具沿着焊接界面向前移动时，被塑性化的材料在焊具的转动摩擦力作用下由焊具的前部流向后部，并在焊具的挤压下形成致密的固相焊缝。

（1）技术原理 搅拌摩擦焊的原理如图 3-19 所示。高速旋转的搅拌头扎入被焊工件内，旋转的搅拌针与被焊材料发生摩擦并使其发生塑化，轴肩与工件表面摩擦生热并用于防止塑性状态的材料溢出。在焊接过程中，工件要刚性固定在背部垫板上，搅拌头边高速旋转边沿工件的接缝与工件相对移动，在搅拌头锻压力的作用下形成焊缝，最终实现被焊工件的冶金结合。为方便理解，以下对常用术语进行简单解释：

1）前进侧（Advancing Side，AS）和后退侧（Retreating Side，RS）：以搅拌摩擦焊缝中心为界，焊缝分为两侧，它由焊具的旋转方向和前进方向所决定。在焊缝的前进侧，焊具的旋转方向与焊具的前进方向相一致；而在焊缝的后退侧，焊具的旋转方向与焊具的前进方

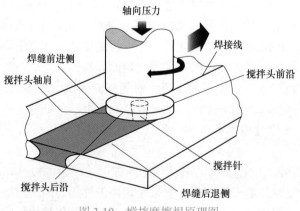

图 3-19 搅拌摩擦焊原理图

向相反。在前进侧有部分材料向前流动，也有部分材料向后流动，并在该侧发生较大的混合；而在后退侧的材料只是向后流动，且有部分材料进入前进侧。焊具前上部区域的塑化金属主要向下流动，焊具前下部区域的塑化金属主要沿焊具由后退侧向前进侧流动；焊具后部区域上层的塑化金属有向前、向上流动的趋势，焊具附近中下部区域的塑化金属向下、向后流动。

2）焊具或搅拌头（Welding Tool）：用于搅拌摩擦焊接的特制焊接工具称为搅拌摩擦焊具，简称焊具或搅拌头。搅拌摩擦焊具由针部（Pin）和肩部（Shoulder）组成，二者又称搅拌针和轴肩。轴肩通过摩擦提供焊接区材料塑化所需的热能。轴肩端部形状是内凹的，可保证其下方的软化材料在焊接过程中受到向内的作用力并发生聚集，防止已经塑性化的材料从焊接区中溢出，并对搅拌针后方所形成的空腔进行填充，保证焊缝良好成形。搅拌针—除了通过摩擦提供焊接所需的一部分热量外，主要是机械地破坏待焊母材原有的对接面，并使附近区域受到强烈的搅拌，使对接表面及其附近材料充分混合，形成具有大变形特征且由细小等轴晶粒组成的焊核。

3）焊核区（Weld Nugget Zone，WNZ）：焊缝中心部分称为焊核区，该区域在焊具强烈搅拌摩擦作用下发生显著的塑性变形和完全的动态再结晶，形成细小、等轴晶粒的微观组织。

4）热力影响区（Thermal-Mechanically Affected Zone，TMAZ）：邻近焊核区的外围区域为热力影响区在焊具的热力作用下发生塑性变形和部分再结晶，形成由弯曲而拉长晶粒组成的微观组织。

5）热影响区（Heat Affected Zone，HAZ）：热力影响区以外的部分区域为热影响区，没有受到焊具的机械搅拌作用，只在摩擦热的作用下发生晶粒长大现象，形成较为粗大的微观组织。

（2）搅拌摩擦焊的特点　焊缝经由塑性变形和动态再结晶形成，其微观组织细密、晶粒细小、不含熔焊的树枝晶。与传统的熔焊方法相比，没有飞溅和烟尘，没有合金元素烧损、裂纹和气孔等缺陷，不需要添加焊丝和保护气体；在焊接接头力学性能方面，比钨极氩弧焊和熔化极惰性气体保护焊具有明显的优越性；对于有色金属材料（如铝、镁、锌、铜等）的连接，在焊接方法、接头力学性能以及生产率等方面，搅拌摩擦焊都显现出其他焊接方法无可比拟的优越性。

（3）搅拌摩擦焊的应用　目前应用搅拌摩擦焊成功连接的材料有铝合金、镁合金、铅、锌、铜、不锈钢、低碳钢等同种或异种材料，搅拌摩擦焊主要应用在航天、航空、船舶、车辆和核能等领域。

1）航空：波音公司首次投资 1500 万美元，由熔化极气体保护焊接工艺转向搅拌摩擦焊工艺，焊接缺陷率降低为 1/10，产品性能提高 30% 以上。

2）船舶：北京赛福斯特技术有限公司自主研发成功了我国第一台船舶带筋壁板搅拌摩擦焊设备，该设备可以焊接长度 12m、宽度 6m、厚度 12mm 的铝合金带筋壁板，满足了新型舰艇的研制需求。

3）汽车工业：轿车车门的连接已经采用搅拌摩擦焊技术连接，效果良好。

（4）搅拌摩擦焊的发展方向

1）搅拌摩擦焊接复合技术。包括复合运动式、热源辅助式、随焊激冷式。往复式搅拌

摩擦焊的原理是搅拌头在搅拌摩擦焊接过程中周期性地进行正转与反转的往复运动；歪斜式搅拌摩擦焊的原理是利用不对称的搅拌头实现搅拌摩擦焊接。焊接过程中，搅拌头中心轴与焊机旋转中心轴存在一个倾角，从而对焊缝实现歪斜式搅拌。

2）搅拌摩擦改性技术。包括表面直接改性和铸造材料改性等。表面直接改性的原理为利用只有轴肩而没有搅拌针的搅拌头对工件表面进行摩擦，搅拌头所经过的区域即形成了一道表面改性层，多道搭接即可实现表面改性的目的。

5. 电子束焊接技术

电子束焊接是指利用加速和聚焦的电子束轰击置于真空或非真空中的焊接面，使被焊工件熔化实现焊接。真空电子束焊是应用最广的电子束焊。电子束焊接因具有不用焊条、不易氧化、工艺重复性好及热变形量小的优点而广泛应用于航空航天、原子能、国防军工、汽车和电气电工仪表等众多行业。

（1）技术原理　电子束焊接的基本原理是电子枪中的阴极由于直接或间接加热而发射电子，该电子在高压静电场的加速下再通过电磁场的聚焦就可以形成能量密度极高的电子束，用此电子束去轰击工件，巨大的动能转化为热能，使焊接处工件熔化，形成熔池，从而实现对工件的焊接，如图3-20所示。

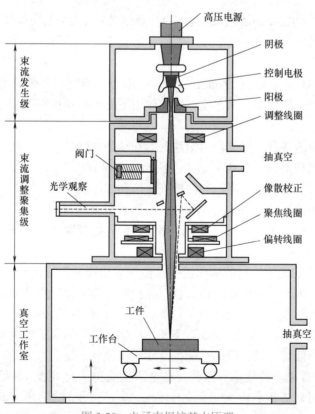

图 3-20　电子束焊接基本原理

1）高压电源的系统。电源为典型的串联型直接在高压侧调节的高压直流稳压电源，其主电路主要由过流抑制电路、高压升压整流变压器、高压整流电路、高压滤波及阻容和过压、过流保护电路、高压真空电子管调节电路等组成。高压升压整流变压器、高压整流电路、高压滤波及阻容和过压、过流保护电路都放在油箱内，油箱内充满变压器油，保证电源本体在工作时的绝缘和散热需要。由于高压电源需连续工作，为确保工作时的热量能及时散出，油箱内部还设计了水冷却系统。

电源各电路的组成和作用如下：过流抑制电路由三相桥式整流电路和扼流电感器组成，如果负载出现过流或电源由于突然合闸在变压器内引起电磁暂态过程而出现大电流等现象时，过流抑制电路能有效限制电源内部出现过电流，以保护电源不受损坏。其原理主要是利用电感电流不能突变的特性限制过电流，确保高压变压器不损坏。正常时，三相电流平衡，流入过流抑制电路的电流很小。高压调整管的调节原理是其阴极由于加热而发射电子。电子在阳极高压的加速下，分别到达第二阳极和阳极，如果第二阳极的电压很高，受加速的电子就会全部到达第二阳极，此时电子管处于高阻状态，电源上的电压全加在调整管上。只要调节第二阳极电压的大小，调整管上的电压也得以调节，这样加在电子枪上的高压也得以调节，最终实现对高压输出的稳定调节。

2）电子束焊接控制电路。控制电路由反馈信号隔离电路、PI 给定调节电路、自动重加高压电路、功率放大电路及其附属电路等组成，各电路的组成及工作原理如下：

电子束焊接反馈电路由高压电阻分压器、信号隔离电路、过压过流抑制元件等组成。高压电阻分压器由两路相互独立的精密金属膜电阻制成，一路用来测量高压，一路提供反馈信号给控制电路用以控制和调节高压。高压电阻分压器放置在由有机玻璃制成的支架上，考虑到绝缘和散热的需要将其放在高压油箱里，以保证电源工作时电阻值的稳定，最终保证取样信号的稳定。

电子束焊接 PI 调节电路由运算放大器及外接电阻、电容元件组成，可以把给定信号与反馈信号进行比较，其差值经放大后给放大管，以控制放大管的输出。在 PI 调节电路中还设置了调试给定电路，其目的是用于高压电源调试。

（2）特点

1）功率密度高。电子束焊接时常用的加速电压范围为 30~150kV，电子束电流 20~1000mA，电子束焦点直径约为 0.1~1mm，这样，电子束功率密度可达 10^6 W/cm² 以上。

2）精确、快速的可控性。作为物质基本粒子的电子具有极小的质量（9.1×10^{-31} kg）和一定的负电荷（1.6×10^{-19} C），电子的荷质比高达 1.76×10^{11} C/kg，能通过电场、磁场对电子束实现快速而精确的控制。电子束的这一特点明显地优于激光束，后者只能用透镜和反射镜控制，难度大。

（3）优缺点　优点：①电子束穿透能力强，焊缝深宽比大。目前，电子束的焊缝深宽比可达 60：1。焊接厚板时可以不开坡口实现单道焊，比电弧焊更节省辅助材料和能源；②焊接速度快，热影响区小，焊接变形小。对精加工的工件焊后仍能保持足够高的精度；③真空电子束焊接不仅可以防止熔化金属受到氧、氮等有害气体的污染，而且有利于焊缝金属的除气和净化，因而特别适于活泼金属的焊接。电子束也常用于焊接真空密封元件，焊后元件内部仍保持在真空状态；④电子束在真空中可以传到较远的位置上进行焊接，因而也可以焊接难以接近部位的接缝；⑤通过控制电子束的偏移，可以实现复杂接缝的自动焊接。可以通过电子束扫描熔池来消除缺陷，提高接头质量。

缺点：①设备比较复杂、比较昂贵；②焊接前对接头加工、装配要求严格，以保证接头

位置准确、间隙小而且均匀；③真空电子束焊接时，被焊工件尺寸和形状常常受到工作室的限制；④电子束易受杂散电磁场的干扰，影响焊接质量；⑤电子束焊接时产生的 X 射线需要严加防护以保证操作人员的健康和安全。

（4）应用前景

1）在大批量生产中将有较大的发展。例如：在汽车工业中，采用电子束焊接技术焊接汽车的齿轮和后桥，可以提高工效、降低成本、减轻零件的质量。

2）在航空航天工业中，电子束焊技术将继续扩大应用，并发展电子束焊在线检测技术。

3）由于电子束在厚大件焊接中独树一帜，所以在能源、重工业中大有用武之地。

4）在修复领域，电子束焊接技术将是有价值的工艺方法之一。

5）电子束焊的焊接设备将趋向多功能及柔性化。电子束焊已属成熟技术，随着应用领域的扩大，出于经济方面的考虑，多功能电子束焊的焊接设备和集成工艺以及电子束焊接柔性化将越来越显得重要。

6）电子束焊将是实现空间结构焊接的强有力工具。宇航技术中所用的各类火箭、卫星、飞船、星球车、空间站、太阳能电站等的结构件、发动机以及各种仪器均需用焊接技术，而电子束焊是满足其需求的强有力的工具。

宇航零部件所用电子束焊的焊接设备可分为两类：一类是常规的电子束焊机，用来焊接可以在地面进行装配的零部件；另一类是在太空条件下所用的电子束焊机，需要宇航员到太空进行焊接操作，因此要适应太空的特殊环境。

6. 焊接技术的发展趋势

随着新兴工业的不断发展，焊接技术也随之进步并不断衍生出多种先进焊接技术。热源的研究与开发是推动焊接工艺发展的根本动力，除此之外，焊接技术的节能减排问题以及自动化、智能化发展同样也有着越来越高的要求。在将来，更多新型先进焊接技术将公之于世，在此之前仍需我们不断努力拓宽焊接技术的发展方向。焊接技术的发展趋势可以总结为以下几点：

1）提高焊接生产率是推动焊接技术发展的重要驱动力。提高生产率的途径有二：第一提高焊接熔敷率。采用小断面坡口，背后设置挡板或衬垫，50~60mm 的钢板可一次焊透成形，焊接速度可达到 0.4m/min 以上，其熔敷率与焊条电弧焊相比在 100 倍以上。第二个途径则是减少坡口断面及金属熔敷，最突出的成果是窄间隙焊接。窄间隙焊接采用气体保护焊为基础，利用单丝、双丝、三丝进行焊接，无论接头厚度如何，均可采用对接形式，例如钢板厚度为 50~300mm，间隙均可设计为 13mm 左右，因此所需熔敷金属量成数倍、数十倍降低，从而大大提高生产率。最新开发成功的激光复合焊接方法可以提高焊接速度，如 5mm 的钢板或铝板，焊接速度可达 2~3m/min，获得好的成形质量，焊接变形小。

2）提高准备车间的机械化、自动化水平是当前世界先进工业国家的重点发展方向。焊接过程自动化、智能化是提高焊接质量稳定性，解决恶劣劳动条件的重要方向。为了提高焊接结构的生产率和质量，仅仅从焊接工艺着手有一定的局限性，因而世界各国特别重视车间的技术改造。准备车间的主要工序包括材料运输、材料表面去油、喷砂、涂保护漆、钢板划线、切割、开坡口、部件组装及定位焊。以上工序在现代化的工厂中均已采用机械化、自动化。不仅提高了产品的生产率，也提高了产品的质量。

3）新兴工业的发展不断推动焊接技术的前进。焊接技术自发明至今已有百多年历史，它几乎可以满足当前工业中一切重要产品生产制造的需要。但是新兴工业的发展仍然迫使焊接技术不断前进。微电子工业的发展促进微型连接工艺和设备的发展；陶瓷材料和复合材料的发展促进了真空钎焊、真空扩散焊；宇航技术的发展也将促进空间焊接技术的发展。

4）热源的研究与开发是推动焊接工艺发展的根本动力。焊接工艺几乎运用了世界上一切可以利用的热源，包括火焰、电弧、电阻、超声波、摩擦、等离子、电子束、激光束、微波等，历史上每一种热源的出现，都伴有新的焊接工艺的出现。至今焊接热源的开发与研究仍未终止。

5）节能技术是普遍关注的问题。众所周知，焊接消耗能量甚大，以焊条电弧焊为例，每台约 10kW，埋弧焊机每台 90kW，电阻焊机可高达上千 kW，不少新技术的出现就是为了实现节能这一目标。在电阻点焊中，利用电子技术，将交流点焊机改成次级整流点焊机，可以提高焊机的功率，减少焊机容量，1000kW 的点焊机可以降低至 200kW，且仍能达到同样的焊接效果。逆变焊机的出现是另外一个成功的例子，它可以减少焊机的重量，提高焊机功率的控制性能，已广泛应用于生产。

3.4.2　构筑成形技术

1. 构筑成形技术概述

大锻件是重大装备的核心部件，在国家安全、国民经济中发挥着不可或缺的作用，如图 3-21 所示。大锻件常采用百吨级铸锭制备，由于金属凝固过程的尺寸效应，大铸锭内部常存在宏观偏析、缩孔疏松等缺陷，大型铸件的偏析现象，严重影响锻件质量，这已成为世界性难题。长期以来，大锻件的制备一直遵循"大马拉大车、小马拉小车"的原则，即锻件需采用比其自身质量更大、体积更大的铸锭作为母材，经锻轧、挤压等热成形的方式制造。在这种"减材制造"理念的指导下，大锻件均采用大钢锭制造，例如 AP1000 核电机组的转子净重 190t，往往需要 500t 以上的铸锭，这给制造企业的设备能力、技术水平均带来了极大的挑战，业内常用"7654 路线"来描述大锻件的制造工程之浩大，即冶炼 700t 钢水，浇注 600t 钢锭，锻造 500t 锻坯，成形 400t 锻件。

图 3-21　"华龙一号"转子

这种"以大制大"的思想不但装备投入大，而且造成了严重的材料和能源浪费。通常去除冒口、水口后，锻件成材率仅为 50% 左右。除了经济性之外，大锻件的冶金质量是当前面临的更为严重的问题。当前工艺下大锻件的合格率非常低，特别是一些新开发的锻件常为

"做二保一"。问题的根源是大锻件的基础母材——大型铸锭的内部冶金质量极难保障,这主要是因为大断面铸锭凝固时间长、冷却速度慢,常达几十个小时。在这种超长的凝固过程中,固、液相内的溶质再分配造成在枝晶干和枝晶间形成偏析如图 3-22 所示,凝固末期树枝晶搭接导致补缩不足形成疏松,凝固速度缓慢使晶粒长大形成粗大树枝晶。这些问题在小断面的铸坯中表现轻微,而在大断面的铸锭上表现得非常严重,存在明显的"尺寸效应"。

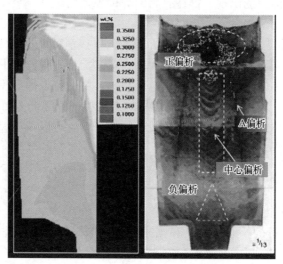

图 3-22 大型铸锭的偏析

中国科学院金属研究所在国际上率先发明金属构筑成形技术。这项技术突破了金属大构件的母材只能比其更大的传统思维,巧妙地借鉴建筑领域的"砌墙"原理,将多块均质化板坯通过表面加工、清洁处理、堆垛成形和真空封装后,在高温下施以保压锻造、多向锻造为特点的锻焊工艺,充分愈合界面,实现界面与基体的"无痕"连接。区别于 3D 打印,这种技术不是以零部件的近净成形为目的,而是以获得零部件的基础材料——大型均质化的坯料为目标,后续还将进行传统的锻造成形与热处理,以保障构件最终性能。这项技术既能减轻偏析、疏松、粗晶等缺陷,同时又有效利用了当前工业体系中成熟的原材料和成形加工装备,有助于钢铁和重机行业的转型升级。该技术以多块小尺寸均质化板坯作为基元,通过表面活化、真空封装、高温形变等手段,使构筑界面与基体在组织和性能上完全一致,进而获得大锻件所需均质化母材,实现"以小制大"的新型制造。

2. 构筑成形技术的工艺流程

金属构筑成形技术以"基材构筑、以小制大"为理念,以小型均质化铸坯作为基元,通过表面加工、清洁组坯、真空封装、高温形变等手段,获得超厚尺度均质化大锻坯,通过后续锻造与热处理,制造高质量大锻件。如图 3-23 所示为金属构筑成形技术流程图。

(1)连铸板坯 由于大型锻件存在明显的"尺寸效应",使用体积更小的连铸板坯能够避免"尺寸效应",制造出均质化的金属基材,可通过后续工艺获得整体的均质化锻件。

(2)铣削表面 在金属构筑成形技术前期小型均质化铸坯铸造完成后,小型均质化铸坯表面存在金属氧化皮、杂质、缺陷等,不能直接用于后续金属构筑成形技术的连接。因此需对上述金属表面金属氧化皮、杂质、缺陷等通过铣削去除,露出基材内部金属,使金属基材能够更好的接触、连接。本部分通常进行的操作有：表面铣削、打磨、清洗。

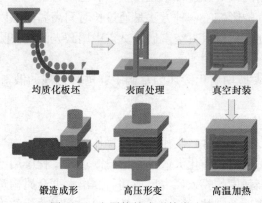

均质化板坯　　　表面处理　　　真空封装

锻造成形　　　高压形变　　　高温加热

图 3-23　金属构筑成形技术流程

（3）真空封装　在后续的构筑连接中需要对基材加热，由于金属在高温下极易氧化，金属的氧化对基材的连接极为不利。空气中的氧气是导致高温下氧化的主要原因，因此将基材表面与空气隔离即可避免连接表面的金属氧化。通过将多块基材在真空内堆叠并焊接连接表面的四周，保证焊缝的完整性以使连接表面之间为真空状态。

（4）高温加热　高温是金属连接中必不可少的部分，在高温下金属基材表面才能发生金属界面的愈合连接。

（5）高压锻压　金属基材在高温下的愈合极为缓慢，同过高温下的高压锻压，可促进基材连接表面之间发生动态再结晶，提高界面愈合的速度及完整性，完成金属基材表面的连接，制造出大型均质化锻坯。与扩散焊接类似，在高温下的高压锻压过程大致可分为 3 个阶段，第 1 阶段为物理接触阶段，被连接表面在压力和温度作用下，总有一些点首先达到塑性变形，在持续压力的作用下，接触面积逐渐扩大最终达到整个面的可靠接触；第 2 阶段是接触界面原子间的相互扩散，形成牢固的结合层；第 3 阶段是在接触部分形成的结合层，逐渐向体积方向发展，形成可靠连接接头。

当然，这 3 个过程并不是截然分开的，而是相互交叉进行，最终接头连接区域由于扩散、再结晶等过程形成固态冶金结合，该结合可以生成固溶体及共晶体，有时生成金属间化合物，形成可靠连接。焊接参数的选择就是要控制一些因素，不但要考虑扩散形成原子间的相互作用，同时应考虑界面生成物的性质，最终得到综合性能良好的接头。

扩散焊接的参数主要有：温度、压力、时间、气体介质、表面状态和中间层的选择等。其中最主要的是温度、压力、时间。温度影响被焊材料的屈服强度和原子的扩散行为，对消除空隙起着决定性作用，扩散温度的经验公式为 $T=(0.6 \sim 0.8)T_m$，其中 T_m 为被焊零件材料的最低熔点。压力仅在焊接的第 1 阶段中是必要条件，加压的目的是使连接处微观凸起部分产生塑性变形，使之达到紧密接触状态，并提供变形为原子扩散创造条件。所选压力通常稍低于所选温度下的屈服应力，一般为 3~10MPa。形成接头所需的保温时间与接头的组织和成分的均匀化密切相关，主要取决于连接材料的冶金特性及焊接时的温度和压力，一般需几分钟到几个小时。

由于前期的表面处理，因此表面状态已符合构筑的标准，有利于界面的愈合。得益于真

空封焊，界面之间再锻压时不会因为空气的存在使得界面愈合不充分，但由于某些金属易被氧化，在进入真空室之前的预处理过程中就产生了氧化膜，氧化膜是不利于界面愈合的。因此，为消除氧化膜对界面的影响，一种方法是通过长时间高温保温以使氧化膜扩散，另一种方法是通过激光清洗，在基材进入真空室后，真空中用激光清洗去除氧化膜，从而达到消除氧化膜对界面愈合产生影响的目的。

（6）锻造成形　在大型均质化锻坯的基础下，进行常规的锻造成形，即可制造出均质化的大锻件。

3. 构筑成形技术的应用

金属构筑成形技术以其变革性、实用性和可操作性等特点成为当前大锻件制造的一种重要方法。针对一些重大工程对均质化大锻件的紧迫需求其工程应用已先于机理研究，中科院金属所通过近几年持续高强度的投入研究已成功研制出大型金属构筑成形科研设备，开发出可工程实施的金属构筑成形关键技术，完成了从实验室至工业化的构筑成形试验验证。通过对转子样件进行全面的解剖和组织性能评价，证实了界面结合区域无论是在缺陷形态、组织形貌，还是在强度、韧塑性能上均达到与基体一致的程度可真正实现"无痕"连接。在此基础上，太原钢铁集团有限公司、伊莱特重工股份有限公司等企业通过连铸坯分级构筑成形和环轧完成了世界上最大的整锻式15.6m级支承环的研制工作，如图3-24所示，产品通过严苛的考核并已交付用户使用。此外应用金属构筑成形技术科研团队还承担了水电站水轮机转轮主轴、核电大口径不锈钢压力管、压水堆核电站反应器和蒸发器、燃气轮机高温合金涡轮盘、某低温工程压缩机转子、某船舶轴毂等重大装备核心部件的研制任务，完成了样件的试制并通过初步的考核评定，这些工程构件覆盖了锻造领域的轴类、管类、环筒类、盘类等典型锻件；材料涉及合金钢、不锈钢、钛合金、高温合金、铜合金等，实践结果证实了金属构筑成形技术的通用性和可靠性。

图 3-24　15.6m 无焊缝整体不锈钢环

3.5　增材制造技术

3.5.1　增材制造技术的内涵与技术原理

增材制造（Additive Manufacturing，AM）技术是20世纪80年代中期发展起来的高新技术。美国材料试验协会（American Society for Testing Materials，ASTM）将其定义为"利用三维模型数据从连续的材料中获得实体的过程"，该三维模型数据通常层叠在一起。

增材制造技术从成型原理出发，提出一种分层制造、逐层叠加成形的全新制造模式，将计算机辅助设计、计算机辅助制造、计算机数字控制、激光伺服驱动和新材料等先进技术集于一体。基于计算机三维设计模型进行分层切片从而得到各层截面的二维轮廓信息；在控制系统的控制下，增材制造设备的成形头将按照这些轮廓信息，选择性地固化或切割成型材料，从而形成各个截面轮廓，并按顺序逐步叠加成三维部件。

增材制造技术具有许多优点：

1）能够快速制造复杂形状的产品。传统的制造方法制造复杂形状的产品往往需要花费大量的人力和时间，而增材制造技术则可以通过一系列复杂的运算和控制来实现快速制造，大大缩短了制造周期和成本。

2）减少资源浪费。传统的制造方法往往需要经历原材料切割、削减或折弯等加工过程，同时也会产生大量的废料。相较之下，增材制造技术能够直接将材料逐层堆叠，减少了废料的产生，符合绿色制造的发展需求。

3）可以实现产品的轻量化制造。增材制造技术可以将打印材料精确地堆叠在需要的位置，从而制造出轻量化产品，为拓扑结构等轻量化结构的设计提供了新的制造方案。

4）能够实现产品的个性化定制。增材制造技术能够根据客户不同的应用需求来实现产品的个性化设计与制造。

5）能够实现多种材料的混合制造。增材制造技术通过将多种不同的材料混合在一起，使得制造产品获得更高的性能、更多的功能，甚至定制的性能，例如阻燃聚合物、陶瓷复合材料、梯度合金等。

作为一种高效、灵活、精确的制造技术，增材制造技术具有广泛的应用前景，它将改变制造业的现有的生产模式。然而，就目前的发展状况而言，要实现该技术的大规模应用，还有许多问题有待解决，如高昂的制造成本、尺寸范围和层间分辨率的局限性、材料的局限性、以及结构的异质性等问题。此外，针对增材制造过程中的性能建模和分析、制造过程监测和控制等关键技术仍待进一步的突破，从而实现产品的高性能制造。

3.5.2　增材制造的主要工艺技术

自从 1988 年世界上第一台增材制造设备问世以来，各种不同的增材制造工艺相继出现并逐渐成熟。目前已有数十种增材制造方法被提出，其中以立体光固化、选择性激光烧结、分层实体制造、熔融沉积、三维打印等工艺的使用最为广泛。下面简要介绍以上几种典型的增材制造工艺的基本原理。

1. 立体光固化工艺

立体光固化（Stereo Lithography Apparatus，SLA）工艺也称为立体光刻，是最早出现的增材制造技术。该工艺是基于液态光敏树脂的光聚合原理工作的，液态光敏树脂材料在一定波长和功率的紫外光照射下能迅速发生光聚合反应，使得分子量急剧增大，将材料由液态转变成固态，从而实现材料的加工成形。

SLA 工艺加工过程如图 3-25 所示。液槽中盛满液态光敏树脂，计算机根据零件各截面

的分层信息控制紫外激光束将光敏树脂固化。成形开始时，工作台处于液面下一个截面层厚的高度，计算机控制聚焦后的激光束按照紫外激光截面轮廓的要求，沿液面进行扫描，使得扫描区域的树脂固化，从而得到该截面轮廓的塑料薄片。随后，工作台将下降一层薄片的高度，已固化的塑料薄片就被新一层的液态树脂覆盖，以便进行第二层激光扫描固化，新固化的一层牢固地粘结在前一层上，不断重复这一动作，直到整个产品成型完毕。最后，升降台将工件抬升并脱离液态树脂，以便于后续工件的清洗和表面处理。

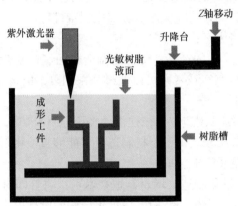

图 3-25　立体光固化工艺原理图

SLA 工艺具有诸多优点：一般情况下，SLA 系统一旦开始工作，构建零件的全过程完全自动运行，无须专人看管，直至整个工艺过程结束，具有较好的系统稳定性与较高的自动化程度。SLA 系统具有较高的分辨率和尺寸精度，可确保工件的尺寸精度在 0.1mm 以内；此外，采用 SLA 工艺获得的产品具有较好的表面质量，并具有光滑的上表面。

同时，SLA 技术也有一定的缺点，首先该工艺只能选用光敏树脂作为生产原料，该类材料性能较为有限，仅适用于小尺寸产品的制造。其次，树脂固化所采用的紫外激光管的使用寿命通常较短且价格昂贵，使得该工艺具有较高的生产成本。

2. 选择性激光烧结工艺

选择性激光烧结（Selective Laser Sintering，SLS）工艺是一种由离散点逐层堆积成三维实体的工艺方法，并通过采用 CO_2 激光器对粉末材料进行选择性烧结成形，其成形原理如图 3-26 所示。采用 SLS 工艺制造产品时，首先需要在工作平台上铺一层粉末材料，并将其加热，其中材料加热温度略低于熔化温度。随后，在计算机的控制下激光束将按照截面轮廓对实心部分所在的粉末进行烧结，使得粉末熔化并形成一层固体轮廓。当第一层粉末完成烧结后，工作台将下降一个截面层的高度并在工作台上再次铺上一层粉末，以便于进行第二层粉末的烧结，如此循环，便能获得所需的三维零件。此外，该加工过程无需建造支撑，制造过程中未经烧结的粉末便能够起到承托已成形三维零件的作用，同时在取出零件时，该部分粉末能够自动脱落并能够在后续的加工过程中重复利用。

SLS 具有以下技术优势：

1）精度高，材料利用率高。根据所用材料的种类和粒径、工件的几何形状和复杂程度，SLS 工艺通常能够在工件整体范围内实现 ±（0.05 ~2.5mm）的公差。对于复杂程度不太高的产品，当粉末的粒径为 0.1mm 或更小时，所成型的工件精度可达到 ±0.01mm。因为粉末材料可循环使用，其利用率可接近 100%。

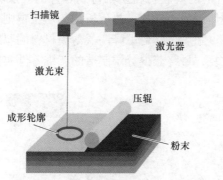

图 3-26　选择性激光烧结工艺原理图

2）可烧结材料广泛。从理论上讲，任何受热粘结的粉末都有可能被用作 SLS 工艺的成形状材料，如绝大多数工程用塑料、蜡、金属和陶瓷等。

3）可直接成形零件。SLS 工艺在制造过程中无须增加支撑结构，在叠层过程中出现的悬空层面可直接由未烧结的粉末来实现支撑，从而能够直接生产复杂形状的三维构件。

4）环保可持续。SLS 工艺使用粉末材料作为制造原材料，避免了废水和废气等污染物的产生，有助于实现可持续性制造，降低对环境的影响。

5）应用面广，生产周期短。由于成形材料的多样化，使得 SLS 工艺适合于多种应用领域，例如，用陶瓷基粉末制作铸造型壳、型芯和陶瓷件，用热塑性塑料制作消失模，用金属基粉末制作金属零件等。此外，SLS 工艺可以实现快速制造，能够在短时间内制造出大量产品，大大缩短了生产周期。

6）精准控制：SLS 工艺通过控制每个烧结点的大小、形状和位置等参数，能够实现对产品的精准控制，有助于提高产品竞争力。

但同样 SLS 工艺也具有一定的局限性：

1）制造成本较高。相对于传统制造工艺，SLS 工艺的设备、材料和后处理成本都较高；同时工艺的制造过程与工艺参数的调整等也通常需要人工参与，增加了制造过程中的人力成本。

2）零件表面质量较差。相较于其他增材制造技术，SLS 工艺制造的零件表面质量一般较差，通常需要采用抛光等后处理手段来提高零件的外观质量。

3）制造速度较慢。尽管 SLS 工艺能够实现快速制造，但与其他增材制造技术相比，其制造速度仍然较慢，这限制了 SLS 工艺在大规模生产中的应用。

4）设计限制。采用 SLS 工艺制造产品时，通常需要考虑一些设计上的限制，如支撑结构、制造方向和热应力等，以避免出现产品变形等缺陷。

因此，由于 SLS 工艺存在着以上的缺点和挑战，实际生产过程中通常需要根据不同应用场景对制造方案进行充分的评估和选择，以满足客户不同的应用需求。

3. 分层实体制造工艺

分层实体制造（Laminated Object Manufacturing，LOM）工艺也称叠层实体制造，是一种薄片材料热熔叠加工艺。该工艺采用纸、塑料薄膜、铝箔等薄膜材料作为生产原材料。

79

LOM 工艺原理如图 3-27 所示，底部涂有热熔胶的薄膜材料被供料机构分段地送至工作台后，计算机将根据三维 CAD 模型中每个截面的轮廓线，控制激光切割系统切割头的移动，并利用 CO_2 激光束将工作台上的薄膜材料切割得到零件的一层轮廓，而零件轮廓与薄膜材料边缘间的多余材料将会被切割成小碎片，热压机构的热压辊则会将薄膜材料压紧并粘结在一起，完成一层材料的堆叠。随后工作台下降一层薄膜材料的厚度，供料机构将薄膜材料再次送至工作台，如此循环往复，最终获得分层制造的三维零件实体。

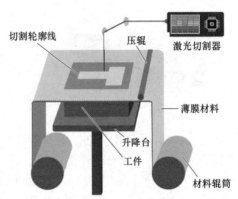

图 3-27　分层实体制造工艺原理图

LOM 工艺的关键是如何控制激光的功率和切割速度，以保证良好的切口质量和切割深度。LOM 制造系统中一般设计有激光切割速度与切割功率的自动匹配模块，它能根据激光的瞬时切割速度自动调节输出功率，使其在快速切割的过程中具备足够的切割功率，在保证高质量切割同时保持了较高的生产效率。此外，激光切口宽度的自动补偿模块也能够自动、快速地识别切割截面的内外轮廓线，并根据激光的切口宽度，自动向内或向外偏移半个切口的宽度，以减少实际切割轮廓线与理论轮廓线间的误差。

LOM 工艺具有成形效率高、运行成本低、无须设计和构建支撑结构等优点，生产过程中也一般不受工作空间的限制，可用于大尺寸零件的制造。但 LOM 工艺也同样存在一些缺点：①可供应用的原材料种类较少，目前常采用纸作为原材料，其他箔材尚在研制开发中，同时由于纸制零件很容易吸湿变形，打印出来的模型必须立即进行防潮处理；②制造过程中需逐层去除三维零件轮廓周围的多余材料，加工过程较为繁琐，这使得该技术对于形状精细、多曲面的零件的制造难以适用，仅限于结构简单的零件的制造；③加工过程中容易出现的激光损耗等现象，需要建造专门的实验室，且维护费用较为昂贵。

4. 熔融沉积工艺

熔融沉积（Fused Deposition Modeling，FDM）工艺是一种将各种热熔性的丝状材料加热熔化成形的方法，也被称为熔丝成形（Fused Filament Modeling，FFM），所采用的材料一般为工程塑料（ABS）以及尼龙、蜡或塑料丝等热塑性塑料。该工艺的加工原理与热胶枪相似，如图 3-28 所示。丝状原材料通过供丝机构被送至各自对应的喷头后，喷头将会使其加热至熔融态；加热喷头在控制系统指令下沿着零件截面轮廓和内部轨迹运动，同时将半流动状态的热熔材料挤出，黏稠状的成形材料和支撑材料被选择性地涂覆在工作台上，迅速固化后形成截面轮廓。当前一层成形后，喷头上升特定高度再进行下一层的涂覆，通过材料逐层堆积，形成最终的三维产品。

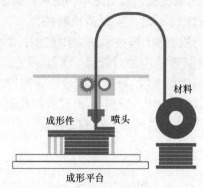

图 3-28　熔融沉积工艺原理图

FDM 工艺具有成形速度快、生产成本低、成形过程环保且无化学变化、可用于复杂形状产品的制造等许多优点。同时，FDM 工艺也存在着一定的的缺点：①零件制造精度与表面质量低，成形表面通常会有明显的条纹，且沿成形轴垂直方向的强度较弱；②成形速度较慢，仅适用于中小型模型件的制造，对大型零件的构建并不适用；③对支撑材料的性能有严格要求。

5. 三维打印工艺

三维打印（Three Dimensional Printing，3DP）工艺与选择性激光烧结工艺相似，均通过粉末材料的层层堆叠实现零件的增材制造，不同之处在于，3DP 工艺在成形过程中没有能量的直接介入，只是通过打印头将粘结剂喷出。3DP 工艺成型过程如图 3-29 所示。含有粘结剂的喷头在计算机的控制下，按照零件截面轮廓的信息，在铺好一层粉末材料的工作平台上，有选择性地喷射粘结剂，使部分粉末粘结在一起，形成截面轮廓；上一层粘结完成后，工作台将下降一个截面层的高度，并再次铺上一层粉末，进行下一层轮廓的粘结，如此循环，最终形成三维产品的原型。此外，为提高所制造零件的强度，可通过浸蜡、浸树脂或使用特种粘结剂对其进行进一步的固化处理。

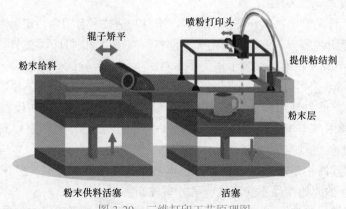

图 3-29　三维打印工艺原理图

3DP 工艺具有成形速度快，成形材料成本较低，打印过程无需支撑材料、制造过程无污

81

染等工艺特点，适用于作为桌面型的增材制造设备。此外，3DP 工艺还可以通过在粘结剂中添加颜料等方式，制作彩色的三维模型，以满足不同的客户需求。

3DP 工艺也同样存在着一定的不足：①制造材料种类较为有限，3DP 技术所使用的制造材料种类和质量相对较少，这限制了该技术的应用范围；②制造精度受限，尽管 3DP 工艺可以快速制造物体，但是其制造精度相对较低，无法满足高精度制造需求；③制造速度较慢。相对于传统制造工艺，3DP 工艺的制造速度较慢，难以实现大批量、高效率的生产；④色彩较为单调且质感较差。通过 3DP 工艺生产得到的物品通常只有单色或少数几种颜色，同时产品质感与通过传统制造工艺制造的物品仍有差距。

3.5.3 增材制造技术的主要应用领域

基于材料堆积方式的增材制造技术改变了传统制造的去除材料的加工方法，该工艺中材料在数字化模型离散化的基础上，通过离散 - 堆积的方式使材料逐点逐层累积叠加，从而制造三维产品。其中，材料是增材制造的物质基础和根本保证。目前较为常用的增材制造材料，可根据化学成分将其分为塑料材料、金属材料、陶瓷材料、复合材料、生物医用高分子材料等；也可以根据材料的物理形状分类，将其分为丝状材料、粉体材料、液体材料、薄片材料等。同时，增材制造技术发展日渐成熟，已应用至航空航天、汽车工业、生物医疗和文化创意等各个领域。

1）航空航天。增材制造在复杂结构一体化成形、缩短生产周期和提高材料利用率方面优势显著，被广泛用于涡轮叶片、喷气发动机燃烧室和航空航天结构件的高性能、轻量化零部件的制造。如美国通用电气公司采用增材制造技术制造了航空发动机的喷油嘴，将原有通过 30 多个零件装配得到的复杂结构转变为一个整体结构，从根本上变革了发动机喷油嘴的设计制造理念，使得结构变小、节能效益增加、性能更加可靠稳定。

2）汽车工业。随着汽车技术轻量化、智能化、个性化的发展，增材制造的优势正与汽车的设计及制造结合起来，可用于发动机缸体、传动系统零部件、底盘和车身结构等各种复杂零部件的制造，以降低生产成本、提高生产效率，并提高汽车的性能和安全性。如通用汽车在雪佛兰克尔维特的制动冷却管道开发过程中，通过采用增材制造技术将产品开发时间缩短了 9 周，生产成本降低 60%。

3）生物医疗。伴随着生物医疗技术的发展，增材制造技术有望为特定患者定制个性化颅骨模型等植入物甚至组织器官。例如，中南大学湘雅医院借助 3D 打印髋关节截骨导板，成功实施了 40 多例髋关节置换手术，摆脱了该类手术对医生临床经验的高度依赖，治疗成功率达到100%；美国 Organovo 公司通过增材制造技术获得了小鼠肝脏结构，并进入了临床试验阶段。

4）工艺装备。增材制造技术可用于夹具、量具、模具、金属浇注模型等各种结构复杂工装的制造。如通用汽车与 Autodesk 合作生产了一种钢制的 3D 打印座椅支架，该结构比标准支架轻 40%，但强度却高出 20%。

5）文物保护。博物馆常采用增材制造技术复制艺术品和收藏品，并采用复制品替代真品来展出，以此保护原始作品不受环境或意外事件伤害。

6）建筑业。增材制造技术可用于预制混凝土构件和模板等建筑材料的制造，既能够实现快速、环保、成本低的建造，也能更好地满足个性化需求。

7）工艺饰品。工艺饰品是增材制造技术应用最广阔的市场，增材制造技术被广泛用于浮雕、个性笔筒、手机外壳、戒指等工艺品的生产。

3.5.4　增材制造技术的发展前沿与趋势

随着增材制造技术的不断发展，除采用传统材料进行产品制造外，在 3D 打印技术的基础上还发展出了 4D 打印与 5D 打印技术。

1. 4D 打印技术

4D 打印技术不同于 3D 打印，如图 3-30 所示比较了 3D 打印与 4D 打印技术的特性，4D 打印是指通过采用响应性材料和程序化设计方案，使得制造成品在外部条件（例如温度、湿度、光线等）变化的影响下，自主地产生形状、结构、功能的变化。该技术通过直接将材料与结构的变形设计内置到物料中，简化了从设计理念到实物的制造过程，使得物体能自动组装构型，实现了产品设计、制造和装配的一体化融合。这种制造成品能够进行自主变化的行为，也被称为"第四维"，因此称为 4D 打印技术。如图 3-31 所示，4D 打印技术发展至今，已逐渐开始被应用于生物医疗、科研探索等领域。

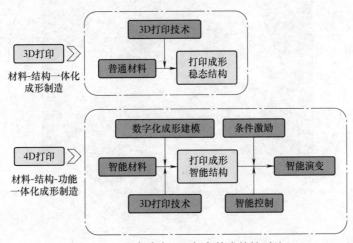

图 3-30　4D 打印与 3D 打印技术特性对比

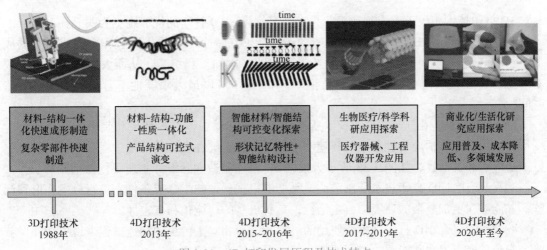

图 3-31　4D 打印发展历程及技术特点

如图 3-32 所示，4D 打印技术的基本原理是利用"可编程物质"和 3D 打印技术，制造出在预定的刺激下（如放入水中、加热、加压、通电、光照等）可自我变换物理属性的三维物体。其中，"可编程物质"是指能够以编程方式改变外形、密度、导电性、颜色、光学特性、电磁特性等属性的物质或智能材料（如形状记忆合金、热敏性材料、光敏性材料等）。4D 打印的第四维是指在构件的设计和制造过程中，设计者会按照一定规律、顺序和频率植入响应性材料，然后通过一定的激励方式（例如改变温度、湿度等），使材料发生响应，从而改变构件的形态、结构和功能。

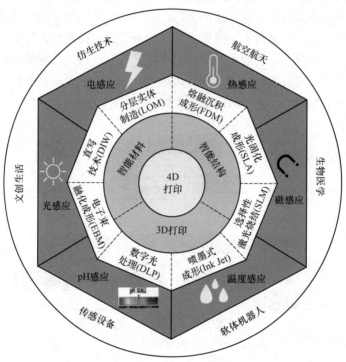

图 3-32　4D 打印技术框架

3D 打印技术相较于传统制造工艺具有许多优势，4D 打印的优势则更为明显：

1）节约成本。4D 打印技术所制造的产品能够在一个单一的生产过程中完成所有的成形、组装和测试工作，避免了传统制造过程中的多次加工和组装，从而大大减少了生产成本。例如，在打印薄壁结构或栅格结构时，4D 打印可以最大限度地节省材料、缩短制造时间。

2）可变形性。由于 4D 打印技术所制造的产品能够根据外界环境和刺激的变化而自主变形，这使其能够适应各种复杂的环境和场景，并且能够在变化的环境中自我调整，具有更好的适应性和灵活性，如图 3-33 所示为根据 4D 打印制造理念设计制造飞行器整流罩。

3）智能化。4D 打印技术所制造的产品能够根据预设的指令或条件来进行自主变形和调整，并能够在更加复杂的环境中自主运行，具有更高的智能化和自主性。

4）节能环保。4D 打印技术所使用的材料和能源相对于传统的制造过程来说更加环保节能，避免了资源浪费和能源的过度消耗，符合可持续发展的理念。

5）制造速度快。4D 打印技术可以一次性制造出具有复杂结构和功能的产品，从而可以大大缩短制造周期和交付时间，提高生产率。

图 3-33　4D 打印制造理念设计制造飞行器整流罩

同样 4D 打印技术面临着一些问题需要解决：首先是需要特殊的材料，4D 打印需要使用可编程材料，如形状记忆合金或液晶聚合物等，这些材料比传统的打印材料更加昂贵，这增加了制造成本。其次是运动设计的复杂性，想要实现 4D 打印的效果，需要进行精细的运动设计和编程，这增加了制造的复杂性和成本。此外，目前仍缺乏标准化的设计和制造方法，难以确保打印出的构件符合质量和安全要求。

尽管 4D 打印技术仍处于初步发展阶段，但因其巨大的潜力和应用前景得到了人们的广泛关注。未来随着 4D 打印技术的不断发展，4D 打印技术有望在航空航天、生物医疗、汽车工业等各个领域发挥越来越重要的作用。

2. 5D 打印技术

那么 5D 打印又是什么呢？我国卢秉恒院士提出了 5D 打印的概念，认为除了结构随着时间而变化外，更加重要的是功能的改变与产生，增加了功能这一维度。这一观点将使传统的静态结构和固定性能的制造向着动态和功能可变的方向发展，突破传统的制造理念。如果说 3D 打印技术是让三维模型"立"起来，4D 打印是让物体"动"起来，5D 打印就是让物质"活"起来，即将非生命体发展成可变形可变性的生命体。如图 3-34 所示，研究者们现已成功采用生物增材制造技术获得了大鼠心肌细胞微纤维复合支架。

图 3-34　静电打印的大鼠心肌细胞微纤维复合支架

5D 打印仍采用 3D 打印设备，但所采用的原材料则是具有活性的生物细胞和生物因子

85

等具有生命活力的材料，这些生物材料在后续发展中还要发生功能的变化，因此，必须从后续功能出发，在制造的初始阶段就进行全生命周期的设计。此外，5D打印的最大特点是生命体的功能再生，为保证生命体的活性，该制造过程通常需要提供与其匹配的培养环境，并通过对培养液中的养分、氧气与二氧化碳等气氛环境等的调控，使得生物环境与打印工艺相复合。

这一科学技术的创新，将给制造技术、人工智能带来颠覆性的变革发展，通过利用生物的能量、驱动能力、逻辑思维能力，能够为未来的机器装备发展提供低能耗、柔性自由驱动和类人智能技术提供新的发展方向，推动人工智能的划时代发展。同时伴随着5D打印技术的进步，该技术也有望为人体的器官更换和人类健康服务。目前国内已经实现骨骼、牙齿、耳软骨支架、血管结构等生物组织的打印，并在临床上进行了初步应用，如图3-35所示为采用挤压式生物打印技术打印眼角膜。国内的清华大学、西安交通大学、浙江大学、华南理工大学、四川大学、吉林大学等也在生物打印技术方面开展了深入研究，在部分生物制造领域与国际先进水平的差距在不断缩小，部分领域已处于国际领先地位。

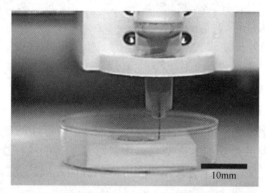

图3-35　采用挤压式生物打印技术打印眼角膜

5D打印是制造技术与生命科学技术的融合，有目的地设计制造与调控是5D打印的核心要点，但目前仍有许多问题需要解决，主要集中于以下几个方面：

1）基于功能的生命体结构设计制造。需要突破现有的结构设计和力学功能为主的机械设计理论，发展结构、驱动、功能共生和演变的设计方法。

2）5D打印的生命单元调控方法与活性保持。5D打印中，生命体单元是进行组织生长与发育的基础，制造中需要进行单细胞和基因在微纳尺度上的生命单元的堆积，需要研究其堆积的原理以及相互之间的作用关系，通过调节细胞之间的关系，为细胞组织生长和功能再生提供三维空间结构和功能的调控能力。

3）功能形成机理与构件功能形成。5D打印的初始结构和功能需要在特定环境下发展形成最终功能，这其中需要认识功能的形成与设计制造的关系，及功能和多细胞体系随时间推移功能变化的规律，从而通过细胞之间的作用，构建能量（肌细胞）释放或者信息（神经元）传递功能，并利用这些功能研发具有多功能的器件。

5D打印技术将使得人类制造原料从木材、金属等向生命体材料发展，其制造不再是不可变的结构，而是具有功能再生的器件。在这个过程中需要建立功能引导变革性设计与制造技术，通过学科交叉融合来推动制造技术的发展。

尽管 4D 打印与 5D 打印的设想很美好，但目前仅处于初步发展阶段，未来仍需更多的学者投入相应的研究以促进该领域进一步发展。

3. 太空增材制造技术

太空增材制造技术是指在太空环境下进行的增材制造工艺，其目的是利用太空环境的特殊性质，如微重力、真空和辐射等，来实现材料和结构制备。这项技术的发展旨在解决长期以来困扰太空探索和开发的诸多技术难题，例如如何在太空环境中制造和维修空间站、太空飞行器和卫星等设备，以及如何利用太空资源实现可持续性发展等。

太空增材制造技术与地面增材制造技术的主要区别在于太空环境的特殊性质。太空环境中，重力、对流和惯性效应等因素都被消除或极大地减小，同时环境温度和辐射剂量也有很大不同。如图 3-36 所示，太空环境中材料的流动、凝固和固化行为将发生显著变化，因此需对现有的增材制造工艺进行进一步的优化。

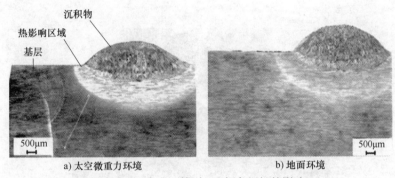

a) 太空微重力环境　　　　　　　　　　　b) 地面环境

图 3-36　太空环境对 3D 打印组织的影响

自太空时代以来，太空任务所需的所有资源或设备均在地球上制造后再运往太空。而太空增材制造技术的优势便在于其能够在太空环境下直接制备所需的材料和结构件，从而避免了地面制造和发射这些结构件所造成的资源浪费。同时，考虑到未来更大的空间基础设施的需要，太空增材制造技术可以提供技术优势来提高建造空间基础设施（如通信天线、地球观测平台和太阳能电池阵列）的能力。此外，太空增材制造技术还有助于人类在太空环境下进行材料和结构的研究，从而深入了解太空环境，为未来的太空探索和资源开发等提供技术支持。

目前，世界上的主要航天大国均已开展了太空增材制造技术的研究。美国、德国、俄罗斯等国家的航天机构已成功进行了熔融沉积、光固化以及生物 3D 打印等的在轨增材制造实验。早在 2014 年 9 月，国际空间站（ISS）就迎来它的第一台 3D 打印机，其由 SpaceX 公司的 SpaceX Dragon 将其送上太空，并成功按照地面工程师上传的图纸打印了一个扳手。此外，美国还提出了蜘蛛制造等太空增材制造概念项目，如图 3-37 所示，利用蜘蛛状机器人在轨进行大型空间结构如天线、电池板、桁架和其他多功能结构的制造与组装；德国宇航中心也在太空微重力条件下开展了针对金属粉末床熔融工艺的研究。

我国太空增材制造技术的研究起步较晚，但近年来已取得了长足的进步。按照空间站资源约束条件，我国科研人员于 2016 年成功设计出了基于熔融沉积成形工艺的太空增材制造样机，并突破了微重力下（抛物线飞机）聚合物及复合材料的增材制造技术，并于 2020 年

实现了国内首次太空 3D 打印，成功打印了蜂窝结构，如图 3-38 所示。

图 3-37 太空增材制造概念

图 3-38 我国首次太空 3D 打印的蜂窝结构

　　然而，太空增材制造技术目前面临一些挑战亟待解决。首先，太空环境的特殊性质和对材料和设备的要求使得太空增材制造技术的研发和实施需要巨大的投入和复杂的技术支持。其次，太空增材制造的实现需要高度自主化的设备和工艺，以保证其在太空环境中的可靠性和稳定性；最后，太空增材制造技术的发展还需要在政策、法律和伦理等方面进行充分的讨论和规划，以确保其安全和可持续性。

3.6 本章小结

　　先进成形技术是现代制造领域中的关键技术之一，它涵盖了精密铸造技术、精密塑性成形技术、先进连接技术以及增材制造技术等。这些技术的不断发展与创新，为各个行业带来了显著的改变和提升。

　　首先，精密铸造技术在本章中占据了重要地位。这一技术通过优化铸造过程，采用先进的模具设计和材料选择，实现了对产品的高精度、高性能要求。通过精密铸造技术，制造商能够生产更轻、更强、更耐久的零部件，提高产品的整体性能和质量。本章详细介绍了精密铸造技术的工艺流程、应用领域以及未来发展趋势，为读者提供了深入了解该技术的基础知识。

其次,精密塑性成形技术是本章的另一重要内容。该技术通过在零部件制造中采用先进的塑性变形工艺,实现了对材料的精细控制和优化。精密塑性成形技术不仅可以提高产品的机械性能,还可以减轻零部件的重量,降低能耗,符合可持续发展的要求。本章详细介绍了该技术的原理、应用案例以及未来的发展方向,使读者可以全面的了解该技术。

先进连接技术也是一个不可忽视的技术。随着工业的不断发展,对零部件连接强度、耐久性和可维护性的要求不断提高,该技术的应用越发重要。本章深入剖析了各种先进连接技术,包括各种焊接技术及金属构筑成形技术等,也介绍了它们的优缺点以及在不同场景下的应用。通过对先进连接技术的了解,读者能够更好地选择适用于自己项目的连接方案,从而提高产品的可靠性和安全性。

最后,增材制造技术作为先进成形技术的一项创新,也在本章中得到详细阐述。增材制造技术通过逐层堆积材料,实现了对复杂几何结构的灵活制造,为设计师提供了更大的创造空间。本章详细介绍了增材制造的工艺原理、材料选择以及应用领域,展望了其在未来制造业中的广泛应用前景。读者通过学习增材制造技术,可以更好地把握未来制造业的发展方向,提前适应市场需求。

综合来看,本章涵盖了先进成形技术的多个方面,包括精密铸造技术、精密塑性成形技术、先进连接技术以及增材制造技术等。通过深入学习这些技术,读者不仅可以了解它们的基本原理和工艺流程,还能够领会它们在不同领域的应用及发展趋势。先进成形技术的不断创新推动着制造业的发展,为各个行业带来了更高效、更可靠、更具竞争力的产品。因此,深入理解并掌握这些技术对于从事制造业的专业人士和研究人员来说具有重要意义。通过不断学习和实践,我们能够更好地应对日益变化的市场需求,推动先进成形技术的不断创新与发展。

参 考 文 献

[1] 洪慎章. 塑性成形技术的现状及发展趋势 [J]. 模具技术, 2003 (1): 54-56.

[2] 迟彩芬. 钛合金超塑性等温锻造工艺及锻后组织研究 [D]. 大连: 辽宁工程技术大学, 2006.

[3] 于爱兵, 王爱君, 左锦荣. 材料成型技术基础 [M]. 北京: 清华大学出版社, 2020.

[4] 刘华, 闫洁, 刘斌. 现代塑性加工新技术及发展趋势 [J]. 锻压装备与制造技术, 2010, 45 (4): 10-13.

[5] 王仲仁, 苑世剑, 滕步刚. 无模液压胀球原理与关键技术 [M]. 哈尔滨: 哈尔滨工业大学出版社, 2014.

[6] 郭宇光. 环件轧制的制造工艺分析 [J]. 科学与财富, 2014 (11): 1.

[7] 王家淳. 激光焊接技术的发展与展望 [J]. 激光技术, 2001 (25): 48-53.

[8] 肖诗荣, 吴世凯. 激光 - 电弧复合焊接的研究进展 [J]. 中国激光, 2008 (35): 11.

[9] 张雪飞, 路芳宇. 现代焊接技术中的电子束焊接技术 [J]. 科技创新与应用, 2017 (36): 45-47.

[10] 钱玉静, 周庆玉, 窦冬宇. 现代焊接技术的发展现状及前景 [J]. 建筑科技信息, 2020 (8): 76-77.

[11] 于洪博. 浅析微电子技术的应用与发展趋势 [J]. 信息技术时代, 2018 (9).

[12] 卢秉恒. 增材制造技术: 现状与未来 [J]. 中国机械工程, 2020, 31 (1): 19-23.

[13] 杨强, 鲁中良, 黄福享, 等. 激光增材制造技术的研究现状及发展趋势 [J]. 航空制造技术, 2016 (12): 26-31.

[14] 王广春. 增材制造技术及应用实例 [M]. 北京: 机械工业出版社, 2014.

[15] 刘吉彪, 张建军, 陆旭. 立体光固化快速成型工艺过程分析 [J]. 工业设计, 2011 (6): 131.

［16］蔡志楷，梁家辉.3D打印和增材制造的原理及应用［M］.北京：国防工业出版社，2017.

［17］郭洪飞，高文海，郝新，等.选择性激光烧结原理及实例应用［J］.新技术新工艺，2007（6）：60-62+3.

［18］杨占尧，赵敬云.增材制造与3D打印技术及应用［M］.北京：清华大学出版社，2017.

［19］吕鉴涛.3D打印原理、技术与应用［M］.北京：人民邮电出版社，2017.

［20］陈根.4D打印：改变未来商业生态［M］.北京：机械工业出版社，2015.

［21］熊华平，郭绍庆，刘伟，等.航空金属材料增材制造技术［M］.北京：航空工业出版社，2019.

［22］冯韬，孟正华，郭巍.4D打印智能材料及产品应用研究进展［J］.数字印刷，2022，（3）：1-16.

［23］邓皓月.3D打印与4D打印的全过程对比和总结［J］.现代制造技术与装备，2023，59（6）：110-112.

［24］李涤尘，贺健康，王玲，等.5D打印——生物功能组织的制造［J］.中国机械工程，2020，31（1）：83-88+99.

"两弹一星"功勋科学家：王希季

第 4 章

Chapter

先进加工技术与工艺

4.1 概述

先进加工技术是指在材料加工和制造过程中采用先进的机械、工艺和技术手段来实现高效、精密和复杂零部件的制造。这些技术旨在提高生产率、质量和可持续性，主要包括精密/超精密加工技术、高速/超高速切削技术、特种加工技术、绿色制造技术、生物制造技术等。

目前先进加工技术呈现出高度自动化、高精度、高效率的特点。其涵盖了以下几个方面：

1）高精度加工：通过运用高精度加工设备和工艺，能够实现对材料的精确加工，如微加工、超精密加工等，以满足对产品精度提升的需求。

2）高效率生产：通过利用高速、高效的加工方法，提高生产速度和加工效率，降低生产成本，并确保产品质量。

3）复杂结构加工：能够处理复杂曲面或几何形状独特的工件，包括具有复杂内部结构或微小尺寸的部件。

4）多功能性和灵活性：具备多种加工方式和工艺，能够适应不同材料和工件的加工需求，实现灵活生产。

5）自动化和智能化：通过运用自动化控制系统、数控技术、机器学习和人工智能等先进技术，实现加工全过程的自动化和智能化控制。

6）资源节约与环保：通过优化加工方法和工艺，减少能源消耗和废料产生，实现绿色环保加工，推动可持续发展。

以上构成了先进加工技术的核心特征，它们的应用和发展对制造业具有重要意义，能够推动制造业向着更加高效、精密、智能和绿色的方向发展。

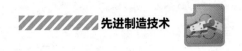

4.2 超精密加工技术

4.2.1 超精密加工技术的内涵与分类

按加工精度划分，机械加工可分为普通加工、精密加工、超精密加工三个层次。目前，一般将加工精度为 0.1~0.01μm，加工表面粗糙度小于 0.025μm 的加工视为超精密加工；把加工精度为 0.1~10μm，加工表面粗糙度小于 0.1μm 的加工视为精密加工；低于精密加工度的视为普通加工。精密加工要解决的问题，一是加工精度，包括几何公差、尺寸精度及表面状况；二是加工效率，有些加工方法可以取得较好的加工精度，却难以取得高的加工效率。传统的精密加工方法有砂带磨削、精密切削、珩磨、精密研磨与抛光等。超精密加工则是在超精密机床设备上，利用零件与刀具之间产生具有严格约束的相对运动，对材料进行微量切削，以获得极高形状精度和表面质量的加工过程。当前的超精密加工也称为亚微米级加工技术，且正在向纳米级加工技术发展。超精密加工包括：微细加工、超微细加工、光整加工和精整加工等加工技术。目前超精密加工精度大体上处于亚微米级水平，国内外已开发了多种精密和超精密车削、磨削、抛光和特种加工等机床设备，有力地支撑了各种加工方式的超精密加工技术，并使得精密加工和精密测量技术有了新的发展。超精密加工主要包括三个领域：超精密切削、超精密磨削及超精密研磨和抛光。

4.2.2 超精密切削加工技术

超精密切削加工指采用金刚石刀具等超硬材料进行超精密切削的过程。典型代表为采用金刚石刀具，对有色金属、合金、光学玻璃、石材和复合材料进行超精密加工，制造出加工精度要求很高的零件，如图 4-1 所示为金刚石刀具的超精密切削加工。

图 4-1 金刚石刀具的超精密切削加工

超精密切削加工与普通切削加工的主要区别就是切削深度小，一般都在微米级。切削表面基本上是由工具的挤压作用形成的。切削表面的轮廓是在垂直于切削方向的平面内工具轮廓的复映。复映过程主要受以下因素的影响：切削刃的表面粗糙度、切削刃口的复映性、毛刺与加工变质层。超精密切削加工刀具必须具备以下特征：锋利的切削刃、高强高硬的刀具材料、切削刃无缺陷。

超精密切削属于微量切削，其机理和普通切削有较大差别。超精密切削时要达到 0.1μm 的加工精度和 Ra 0.01μm 的表面粗糙度，刀具必须具有切除亚微米级以下金属层厚度的能力，切削深度一般小于材料晶格尺寸。因此，在超精密切削过程中，要克服晶体内部原子结合力，切削刃必须能够承受比普通加工大得多的切应力。另外，由于超精密切削加工时切削厚度和进给量很小，只有刀具切削刃钝圆部分起切削作用，切削过程是在刀具实际工作前角为负值情况下进行的，伴随着强烈的挤压摩擦。在切削过程中，切削刃钝圆半径直接影响切削变形、已加工表面粗糙度和波纹度，同时由于实际切削前角为负值，切削厚度与切应力成反比，切削厚度越小，切应力越大。

金刚石独特的晶体结构使其具有很高的硬度、刚性、折射率和热导率，以及极高的耐磨性、耐蚀性及化学稳定性，是理想的超精密切削刀具材料。但是由于金刚石与铁系金属有亲和力，切削温度高于 700℃时，会发生石墨化现象，导致在加工黑色金属、铁碳合金时发生化学磨损。所以，金刚石刀具只能用于加工有色金属和非金属材料。立方氮化硼（CBN）是目前硬度仅次于金刚石的刀具材料，有很好的化学稳定性，不会和铁系材料产生亲和现象，可以用于加工那些不能用金刚石刀具加工的铁系金属材料，如钛合金、碳素钢、高速钢、工具钢、模具钢和合金结构钢等。金刚石与立方氮化硼这两种材料的存在，起到了互补的作用，可以覆盖当前各种新型材料的加工，对整个切削加工领域极为有利。

综上所述，为了满足微量切削和刀具材料属性的要求，单点金刚石切削技术发展成为最具代表性的超精密切削技术。

1. 单点金刚石车削概述

单点金刚石车削技术是一种极具代表性的超精密切削加工技术，利用金刚石的超高硬度，通过数控装置精确控制单个金刚石颗粒作为切削工具对工件表面进行高效微量间歇切削，然后快速更换切削位置，从而获得连续切削的效果，实现超精密加工和镜面加工。

20 世纪 60 年代，美国国防部科研机构在传统车削技术的基础上，创新性地提出单点金刚石车削技术。初期加工的零件多为形状简单的圆柱表面、平面和球面，加工后的表面粗糙度值可以达到 0.1μm。20 世纪 90 年代以来，金刚石车削设备向着集车削、铣削、磨削为一体的多轴超精密方向发展，世界上主要的几家超精密机床制造公司陆续研发了一系列功能更强、精度更高的超精密加工机床。经过几十年的发展，单点金刚石车削技术逐渐成熟，依托精密机床，该技术主要用于加工光学元件。与传统光学加工技术相比，单点金刚石车削技术具有高效率、高精度、高重复精度的优点，被广泛应用于复杂曲面光学元件的加工。

2. 单点金刚石车削原理

单点金刚石车削技术的加工示意图如图 4-2 所示，将待加工光学元件由弹性夹具固定，吸附在真空吸盘上，在主轴带动下，绕 C 轴高速转动；同时，采用天然金刚石作为切削刀具材料，在计算机模块化的操控下，使工件和刀具分别沿 X 轴、Z 轴移动，从而完成对光学元件的超精密车削加工。因其具有超高精度的位移控制系统和较高的刀具强度，可完成对多种材料（金属、光学塑料、光学晶体）的多种面型（平面、衍射面、非球面）的超精密加工，适合批量生产，加工成本比传统的加工技术明显下降。

单点金刚石车削过程及材料去除原理如图 4-3 所示，在切削过程中，工件材料被分流线分为上、下两部分，分流线上面的材料沿着刀具移动的方向在分流线上方形成切屑，分流线下方的材料受到刀具的挤压和摩擦发生弹塑性变形而形成加工面。在刀具和工件接触位置的应力状态很复杂，应力集中会造成原子之间发生位错集中，导致材料发生滑移分离等塑性变形。加工过程中刀具的刃口半径越小，越能进行超薄去除量的切削加工，切削刃前方材料应

力越集中，越容易发生变形，加工后表面质量越好。

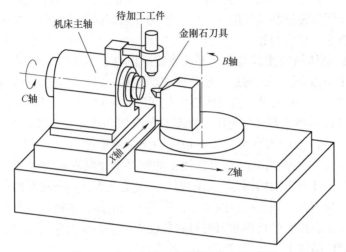

图 4-2　单点金刚石车削技术加工示意图

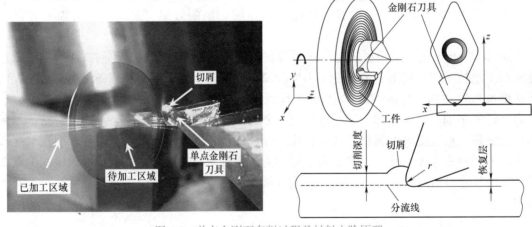

图 4-3　单点金刚石车削过程及材料去除原理

3. 单点金刚石车削应用及分类

单点金刚石车削技术主要用于加工红外晶体、有色金属和部分激光晶体以及光学塑料等光学元件，可以加工复杂面形或有特殊表面面形要求的光学元件，如高次非球面、衍射光学元件、折衍射混合光学元件等旋转对称的复杂曲面，还可以加工微透镜阵列、菲涅尔结构、微金字塔阵列等微细结构表面，如图 4-4 所示。

单点金刚石车削技术为满足各类复杂表面的加工要求，需要通过精确控制机床各轴的运动方式以及多轴的联动来实现。根据机床各轴的运动特性，单点金刚石车削又分为普通车削、飞刀车削、快刀伺服车削和慢刀伺服车削四种加工方式，每种加工方式都是通过不断研究突破来实现不同面形需求的光学元件加工的，每种加工方式都对应特殊的复杂面形，如图 4-5 所示。大多数旋转对称的光学元件都可以用普通车削的方式完成；对于沟槽类复杂曲面的加工常采用飞刀车削的方式，飞刀车削与普通的车削加工相反，刀具固定在旋转盘上随主轴转动，工件固定在工作台上做平面运动，刀具每转动一次与工件接触一次，刀具对工件的加工为断续加工。也可以通过三轴联动车削复杂表面，如利用快刀伺服进行车削时，金刚石刀具在 Z 轴（曲面母线）方向的位移通过主轴和伺服刀架共同实现，能够保证 Z 轴方向的进给与机床的旋转以及 X 轴（工件移动方向）的位移保持同步，采用该技术能够加工出精度较高的同轴或离轴非球面；慢刀伺服与快刀伺服的主要区别是：刀具在 Z 轴方向的位移由机床自身实现，不需要伺服系统的控制，主轴既可以旋转又可以进给；刀具在 Z 轴方向的运动与主轴的进给和旋转联动，慢刀伺服车削中的三轴联动需要机床的伺服系统对各轴的精确控制保证。

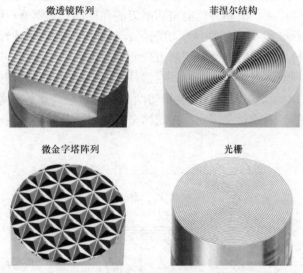

图 4-4　单点金刚石车削微细结构表面

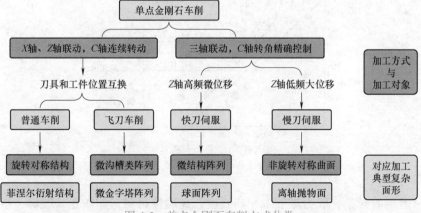

图 4-5　单点金刚石车削方式分类

目前，单点金刚石车削技术是极为有效和经济的光学元件制造方法之一，有些情况下甚至是唯一的方法，它在光学表面加工中的作用还将不断扩大。单点金刚石车削不仅能实现复杂面形的加工，还能很好地满足微结构零件的加工要求，加工效率高，与其他技术结合还可

以实现更多突破，在光学元件的加工生产中还将发挥重要的作用。

4.2.3 超精密磨削加工技术

超精密磨削是指采用细粒度或超细粒度的固结磨料砂轮，以及高性能磨床去除材料的一种方法，其加工精度可达到或者高于 0.1μm，加工表面粗糙度小于 0.025μm，是超精密加工技术中能够兼顾加工精度、表面质量和加工效率的一种先进手段。

超精密磨削是一种极薄切削技术，该方式切屑厚度极小，磨削深度可能小于晶粒的大小，磨削就在晶粒内进行，因此磨削力一定要超过晶体内部非常大的原子、分子结合力，从而磨粒上所承受的切应力就急速地增加并变得非常大，可能接近被磨削材料的剪切强度的极限。在磨削过程中砂轮上的磨削颗粒是随机分布的，对于不同的磨削颗粒有不同的受力情况。磨粒是一颗具有弹性支承的和大负前角切削刃的弹性体。单颗磨粒磨削时在与工件接触过程中，开始是弹性区，继而是塑性区、切削区、塑性区，最后是弹性区，如图 4-6 所示，这与切屑形成形状相符合。同时，磨粒切削刃处受到高温和高压作用，这要求磨粒材料有很高的高温强度和高温硬度。对于普通磨料，在这种高温、高压和高剪切力的作用下，磨粒将会很快磨损或崩裂，以随机方式不断形成新切削刃，虽然会产生连续修磨，但得不到高精度、低表面粗糙度值的磨削质量。因此，在超精密磨削时一般采用人造金刚石、立方氮化硼等超硬磨料砂轮。

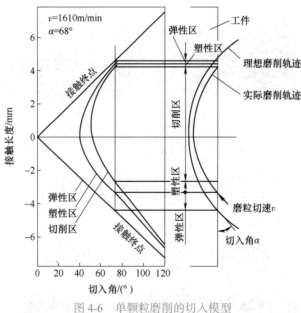

图 4-6　单颗粒磨削的切入模型

超精密磨削的对象一般为难加工、高硬度、高脆性材料，如陶瓷、玻璃、半导体硅片、宝石、硬质合金等。超精密磨削这些材料时，材料以脆性断裂为主要去除方式，粉末化及塑性去除为次要方式，产生的切屑在砂轮高速转动的作用下随喷射水流排出。而加工有色金属及硬度较软材料时，磨削切屑极易黏附在砂轮磨粒表面，影响砂轮磨削性能。

目前主流的超精密磨削加工技术包括：电解在线修整超精密磨削技术（Electrolytic In-process Dressing，ELID）、超精密砂带磨削技术、缓进给磨削技术等，主要应用于各种精密零部件，如光学非球面、半导体硅片、超硬高精度模具、导弹整流罩、半球谐振陀螺等。

1. 电解在线修整超精密磨削技术

如图 4-7 所示为电解在线修整超精密镜面磨削技术原理示意图。ELID 技术的基本原理是利用电解作用对金属基砂轮进行修整，即在磨削过程中在砂轮和工具电极之间浇注电解液并加以直流脉冲电流，使作为阳极的砂轮金属结合剂产生阳极溶解效应而被逐渐去除，使不受电解影响的磨料颗粒凸出砂轮表面，从而实现对砂轮的修整，在加工过程中始终保持砂轮的锋锐性。

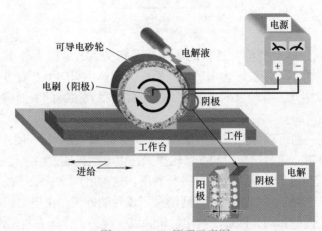

图 4-7　ELID 原理示意图

由于电解修整过程在磨削时连续进行，所以能保证砂轮在整个磨削过程中保持同一锋利状态，这样既可保证工件表面质量的一致性，又可节约以往修整砂轮时所需的辅助时间，满足了提高生产率的要求。这种方法可用于在线修锐，且其装置简单，修锐质量好，已得到广泛应用。但采用电解修整法只能修锐使用金属结合剂的金刚石砂轮，且需要专配防腐蚀电解液以免锈蚀机床。

2. 超精密砂带磨削技术

砂带磨削工艺是复杂型面零件精密成形工艺的重要组成部分。超精密砂带磨削是一种高效、高精度的加工方法，它可以作为砂轮磨削方法的补充和部分代替砂轮磨削。其具有磨削效率高、磨削抗力小、磨削温度低等特点，并且几乎能用于加工所有的工程材料，在先进制造领域有万能磨削、冷态磨削之称，是一种具有广阔应用前景和较大潜力的精密和超精密加工方法。

图 4-8 所示为超精密砂带磨削技术原理示意图。进行砂带磨削时，砂带经接触轮与工件待加工表面接触，由于接触轮的外缘材料一般是有一定硬度的橡胶或塑料，是弹性体，同时砂带的基底材料也有一定的弹性，因此在砂带磨削时，弹性变形区的面积较大，使磨粒承受的载荷大大减小，载荷值也较均匀，且有减振作用。砂带磨削时，除有砂轮磨削的滑擦、耕犁和切削作用外，还有因磨粒的挤压而产生的加工表面的塑性变形、因磨粒的压力而产生的加工表面的硬化和断裂，以及因摩擦升温引起的加工表面热塑性流动等。因此，从加工机理来看，砂带磨削兼有磨削、研磨和抛光的综合作用，是一种复合加工方式。

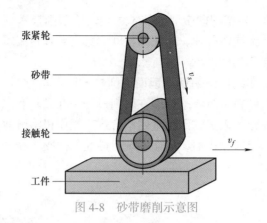

图 4-8　砂带磨削示意图

与砂轮磨削相比，砂带磨削时材料的塑性变形和受到的摩擦力较小，力和热的作用较小，工件温度较低。由于砂带粒度均匀、等高性好，磨粒尖刃向上，有方向性，且切削刃间隔长，切屑不易造成堵塞，有较好的切削性，使工件能得到很高的表面质量，但工件的几何精度难以提高。

超精密砂带磨削一般可以分为闭式和开式两大类，如图 4-9 所示。闭式砂带磨削采用无接头或有接头的环形砂带，通过接触轮和张紧轮撑紧，由电动机通过接触轮带动砂带高速旋转，砂带头架做纵向及横向进给，从而对工件进行磨削。这种磨削方式效率高，但噪声大、易发热，可用于粗、半精和精加工。开式砂带磨削采用成卷的砂带，由电动机经减速机构通过卷带轮带动砂带做极缓慢的移动，砂带绕过接触轮并以一定的工作压力与工件被加工表面接触，工件高速回转，砂带头架或工作台做纵向与横向进给，从而对工件进行磨削。这种磨削方式的磨削质量高且稳定，磨削效果好，但效率不如闭式砂带磨削，多用于精密和超精密磨削。

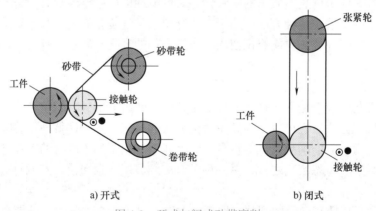

a) 开式　　　　　　　　　　b) 闭式

图 4-9　开式与闭式砂带磨削

超精密砂带磨削具有高精度和高表面质量，以及高效、价廉等特点，主要分为弹性磨削、冷态磨削和高效磨削，具有广阔的应用。砂带磨削头架可安装在一般的普通机床上进行磨削加工，有很强的适应性。

3. 缓进给磨削

缓进给磨削工艺在 20 世纪 60 年代初期诞生于联邦德国，源于航空发动机因引入镍基高温合金材料而导致的涡轮叶片槽及榫头加工困难的问题。由于叶片槽属于深沟槽，加工余量大，且又是配合面，所以其形面精度和表面粗糙度要求都比较高。再加上新引入的镍基高温合金材料本身加工难度大，因而在硬质合金成形铣刀无法加工的情况下开始尝试磨削加工。尽管刚玉砂轮比硬质合金铣刀更适合加工高温合金材料，但磨削的传统小余量作业方式显然不适合样槽形面的大余量加工，因此，一种突破传统观念的缓进给磨削工艺应运而生。

　　缓进给磨削是一种用减小进给量、加大磨削深度的办法提高金属切除率的高效率磨削方式，一般在特制的卧轴平面磨床上，用砂轮以大的切削深度（a_p=1~20mm）和慢的进给速度（v_w=10~300mm/min）进行平面或成形磨削，砂轮线速度 v 为 30m/s 左右，如图 4-10 所示。缓进给磨削适合于加工各种成形表面和沟槽，特别是淬硬钢和高温合金等高硬度、高强度的难加工金属材料的工件，如燃气透平叶片榫齿等。用这种方法可以从工件毛坯直接磨出所要求的表面形状和尺寸，既能提高效率，又能保证加工质量。由于磨削深度大，砂轮与工件的接触弧长比普通磨削大几倍至几十倍，磨削力、磨削功率和磨削热大幅度增加，故要求机床刚度好、功率大，并需设有高压大流量的切削液喷射冷却系统，以便有效地冷却工件、冲走磨屑。缓进给磨削大多采用陶瓷结合剂的大气孔、松组织的超软普通磨料砂轮，以保证良好的自锐性、足够的容屑空间并避免工件表面烧伤。也可采用聚氨脂树脂结合剂砂轮或超硬磨料砂轮。这种磨削的加工效率可比普通磨削高 1~5 倍，磨削精度可达 2~5μm，表面粗糙度达 Ra0.16~1.25μm。

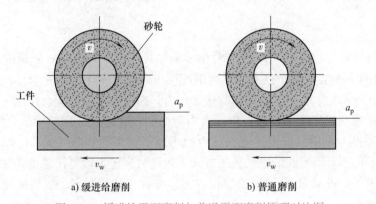

图 4-10　缓进给平面磨削与普通平面磨削原理对比图

　　缓进给磨削显著特征为磨削力大，因此，磨削力为缓进给磨削的研究热点。针对缓进给平面磨削时其切削力的计算，经过国内外学者的大量研究，可使用如下经验公式进行计算：

$$F_t=F_p a_p^\alpha v_s^{-\beta} v_w^\gamma b^\theta$$

式中，b 为磨削宽度；F_p 为单位磨削力；a_p 为磨削深度；v_s 为砂轮线速度；v_w 为工件进给速度；α、β、γ、θ 为工况系数。

4.2.4　超精密研磨和抛光技术

　　超精密研磨和抛光技术如图 4-11 所示，一般特指选用粒径只有几纳米的研磨微粉作为研磨磨料，将其注入研具，用以去除微量的工件材料，使其达到一定的几何精度（一般误差在 0.1μm 以下）及表面粗糙度（一般 $Ra \leq 0.01μm$）的方法。

图 4-11　超精密研磨和抛光技术

其技术目标主要有两类，一是以追求降低表面粗糙度或提高尺寸精度为目标；二是为实现功能材料元件的功能为目标，要求解决与高精度相匹配的表面粗糙度和极小的变质层问题。另外，对于单晶材料的加工，同时还要求平面度、厚度和晶相的定向精度等。对于电子材料的加工，除了要求高形状精度，还要求必须达到物理或结晶学的无损伤理想镜面。

超精密研磨抛光技术是现代高技术竞争的重要支撑技术，是现代高科技产业和科学技术的发展基础。无论是半导体、光学、陶瓷、金属加工等领域，都需要通过超精密研磨抛光技术来实现高精度的表面处理，以获得更好的性能。下面介绍几种纳米级超精密研磨抛光加工方法。

1. 气囊抛光

气囊抛光技术是英国伦敦大学光学科学实验室（OSL）和 Zeeko 公司的 Bingham 等人在 2000 年提出的一种柔性抛光技术。它利用可控压力的气囊作为抛光工具，通过调节气囊内气压使其与被抛光光学表面达到最佳的接触压力，在与抛光液的配合作用下进行抛光，实现对光学表面形状和粗糙度的精确控制。自由曲面的气囊抛光原理结构示意图如图 4-12 所示，其抛光原理是：采用具有恒定充气压力的半球冠状柔性膨胀气囊（与聚氨酯抛光垫贴合）作为抛光工具，采用特殊的进动抛光方式（即气动旋转主轴与任意抛光驻留点的法线始终保持固定角度——进动角），通过控制相关工艺参数和驻留时间，实现确定性材料去除的一种新兴抛光技术。

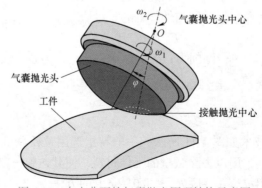

图 4-12　自由曲面的气囊抛光原理结构示意图

近些年来，机器人气囊抛光成为一个热点发展方向，基于机器人自身的特点，将工业机器人与气囊技术结合应用于光学材料的抛光，既可以满足光学材料高效抛光中对工具的效率和机器本体的低成本、高灵活性的需求，又解决了气囊抛光技术推广对于机器本体低成本和控制简单的要求，是极具潜力的装备研制方案。图 4-13 所示为厦门大学开发的一套机器人气囊抛光系统。

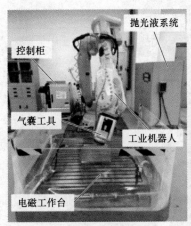

图 4-13　机器人气囊抛光系统

2. 剪切增稠抛光

剪切增稠抛光是近年来兴起并逐渐发展的一项新型抛光技术，于 2015 年由湖南大学李敏等人率先提出。剪切增稠抛光是利用一种具有剪切增稠效应的非牛顿流体抛光液进行抛光加工。剪切增稠液在常态下是以液态形式存在，一旦受到冲击，就变成坚硬的固体，当冲击消失后，又恢复液体状态，这种特殊性能使其在阻尼缓冲器、凯芙拉（液体防弹衣）和人体防护器具等领域有着广泛的应用。但是，利用具备剪切增稠特性的非牛顿流体抛光液进行工件材料的精密抛光是一个新的研究方向。

图 4-14 所示为剪切增稠抛光原理示意图。剪切增稠抛光液与待加工工件的相对运动，使得二者接触区域受剪切力 F_{shear} 作用而产生"粒子簇"效应，所出现的剪切增稠特性增大剪切增稠抛光液黏度，将磨粒把持包裹其中，进而形成剪切弹性层。在流体压力作用下，剪切增稠效应不断增强，增大固相粒子对磨粒的把持作用，磨具表面形成柔性层。当 $F_{shear} > F_R$（F_R 为工件表面材料达到屈服点时磨粒所受的阻力）时，将粗糙表面微观凸峰大部分去除而达到抛光目的。随着剪切增稠抛光液越过已被去除微观凸起，剪切增稠效应逐渐减弱，F_{shear} 不断减小，当 $F_{shear} < F_R$ 时，"粒子族"变为松散状态，剪切增稠效应继续变弱直至消失，剪切增稠抛光液恢复成初始的流动状态。因此，利用剪切增稠抛光液的剪切增稠流变特性，可以增大接触区域面积获得良好的面形适应性。使用剪切增稠抛光技术可以抛光平面、曲面甚至更复杂的面形。

剪切增稠抛光作为一种确定性抛光方法，具有非接触和不会造成表面损伤的优势，是一种非常有前景的光学制造技术。从剪切增稠抛光技术的提出到近年来的不断发展优化，其达到的表面粗糙度值在不断地降低，进一步证实了其在光学制造领域应用的潜力。但是由于剪切增稠抛光是一个极其复杂的过程，涉及抛光液的制备、材料去除机理的分析、材料去除率

模型的建立等，因此对剪切增稠抛光方法的研究还有待深入。李敏等人基于该方法，在多种材料上取得了显著进展，图 4-15 所示为剪切增稠抛光设备，图 4-16 所示为晶体抛光前后表面形貌。大连理工大学郭江等人基于这种抛光方法，实现了镍磷合金亚纳米尺度抛光，图 4-17 所示为其抛光前后表面形貌，抛光后微细结构表面刀纹毛刺消失。

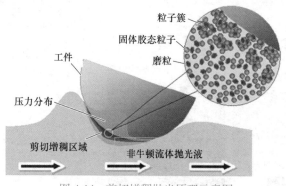

图 4-14 剪切增稠抛光原理示意图

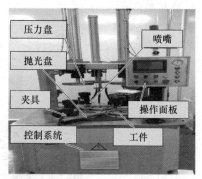

图 4-15 剪切增稠抛光设备

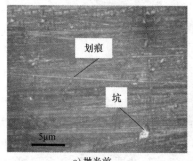

a) 抛光前

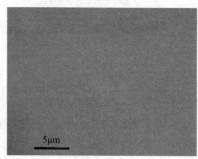

b) 抛光后

图 4-16 晶体抛光前后表面形貌

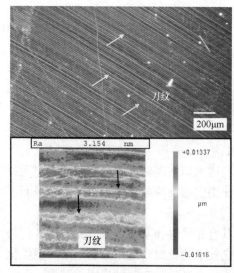

a) 抛光前

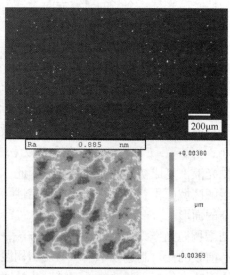

b) 抛光后

图 4-17 镍磷合金模具剪切增稠抛光前后表面形貌

3. 弹性发射加工

弹性发射加工（Elastic Emission Machining，EEM）原理图及结构图分别见图 4-18a 和图 4-18b。它是一种新的原子级尺寸加工方法。EEM 使用软的聚亚胺酯球作为抛光工具（研磨工具），同时控制旋转轴与加工工件的接触线保持在 45°角。抛光时，垂直工件方向施加载荷，并且保持载荷是一个常量。EEM 采用小尺寸微粉与水混合，通过控制微粉在旋转的聚亚胺酯球表面下方与工件的间距来加工工件。EEM 加工的实现主要是研磨微粉表面所起的化学作用（不同于化学蚀刻加工时的蚀刻剂）。

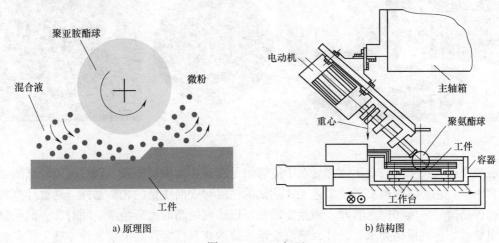

a) 原理图　　　　　　　　　　　　b) 结构图

图 4-18　EEM 加工

4. 磁流变抛光

20 世纪 80 年代中期出现的磁流变抛光（Magneto Rheological Finishing，MRF）是利用磁性流体的特性来改变其在磁场中的黏性进行抛光的技术，其工作原理如图 4-19 所示，具体设备如图 4-20 所示。含有去离子水、铁质微粉、磨粒和经处理过的其他物质的磁流体由泵驱动，稳定循环，在有磁力作用位置表现为固体形式，而在其他位置表现为液体形式，磁流变液的这两种形态在循环中会交替出现。

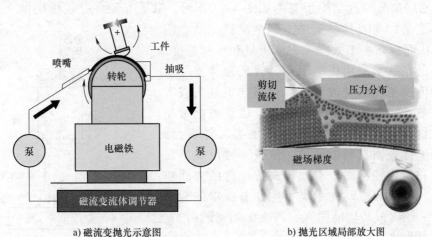

a) 磁流变抛光示意图　　　　　　　b) 抛光区域局部放大图

图 4-19　磁流变抛光工作机理

磁流变抛光液在抛光轮的带动下进入到抛光区域，其中包含磁性颗粒与非磁性的抛光磨粒。在无磁场时，两者均匀分散在基液中，在加入高梯度磁场后，磁性颗粒以毫秒级速度完成转变，相互成链吸附在抛光轮上，将抛光磨粒挤到表面。此时抛光液性能发生改变，形成具有一定粘弹性的柔性抛光模，黏度变大。当形成的柔性抛光模浸入到工件表面时，抛光液受到挤压形成具有高剪切作用的液体层，实现对工件表面材料的去除。

图 4-20　磁流变机床与磨料

磁流变抛光技术的与众不同之处在于能够满足极高表面质量需求，同时保持较低的生产时间和成本，它可以制造出传统工艺无法达到的精度和表面质量的光学器件。通过计算机辅助精确控制抛光区域和抛光时间，磁流变抛光可以达到极高的面形精度。同时，表面质量和表面粗糙度均达到极高要求。此外，磁流变抛光技术兼具稳定性与可重复性，确保了高通量地批量生产。

5. 振动辅助抛光

振动辅助抛光技术是在常规机械抛光的基础上引入高频微小振动，利用振动产生的微观加工效应提高抛光质量与效率的技术。该技术通过选择和控制合适的振动源及振动参数，实现振动与机械抛光的有效结合，充分发挥两者的协同作用。它不但可以促进抛光液的供给和切屑的排出，减小切削阻力和降低接触温度，而且还可以产生微观相对运动和流体效应，改善表面质量。

振动辅助抛光原理结构示意图如图 4-21 所示，其抛光原理是在传统抛光过程中增加了外部能量，在刀具或工件上产生高频、低振幅的振动，从而提高加工效率、表面质量和形状精度。振动辅助抛光技术利用压电驱动器或磁致伸缩驱动器将振动传递至变幅杆放大振幅，驱动工具头或者工件。在抛光压力的作用下，抛光盘运动时会带动大量磨粒做高频振动，不断冲击待加工工件表面，达到去除工件表面材料的效果。该技术可以加工复杂的曲面和硬脆性材料，有效地改善工件的表面质量和精度。目前的振动技术类型主要有：轴向振动辅助抛光、径向振动辅助抛光、两维振动辅助抛光、三维振动辅助抛光。

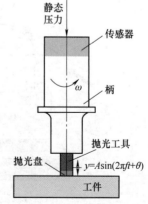

图 4-21　振动辅助抛光原理结构示意图

在目前已有的光学抛光加工手段中，针对平面和球面工件，采用的主要方法是用大抛光盘对整个光学平面进行全局抛光。而对于非球面工件，由于其工件表面各点曲率半径不一致，全局抛光方法无法应用，常用的加工方式是利用小抛光盘进行局部抛光。但是这种方法加工效率较低，同时会引入较多新的中高频误差，无法满足现代光学系统对光学零件的要求，而利用振动辅助抛光是提高抛光效率的方法之一。图 4-22 所示为微流控芯片模具振动辅助抛光前后表面形貌。由于振动辅助抛光技术操作简便、设备紧凑，加工效率高，特别适用于航空航天、光学等高端装备制造业中的硬脆材料和高性能光学元件加工。

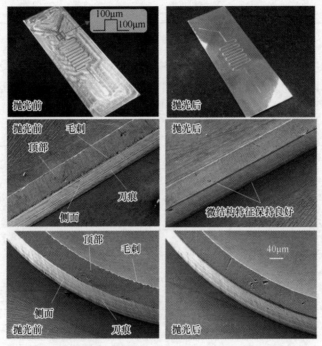

图 4-22　微流控芯片模具振动辅助抛光前后表面形貌

4.3　高速／超高速切削技术

4.3.1　高速／超高速切削技术概述

高速加工（High Speed Machining，HSM）是高速切削加工技术和高性能切削加工技术的统称，是一种在高速机床上，使用超硬高强材料的刀具，采用较高的切削速度和进给速度以达到高材料切除率、高加工精度和加工质量的现代加工技术。这种加工方式具有加工效率高、表面质量好、加工精度高、工具磨损小等优点，已经被广泛应用于航空航天、汽车、模具制造等领域中。

目前，不同加工方法和不同工件材料的高速／超高速切削速度范围见表 4-1。

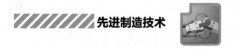

表 4-1　不同加工方法、不同工件材料的高速／超高速切削速度范围

加工方法	切削速度范围 /（m/min）	工件材料	切削速度范围 /（m/min）
车	700~7000	铝合金	2000~7500
铣	300~6000	铜合金	900~5000
钻	200~1100	钢	600~3000
拉	30~75	铸铁	800~3000
铰	20~500	耐热合金	500 以上
锯	50~500	钛合金	150~1000
磨	5000~10000	纤维增强塑料	2000~9000

4.3.2　超高速切削技术理论

1931 年，德国切削物理学家萨洛蒙（Carl Salomon）博士根据一些实验曲线，即人们常说的"萨洛蒙曲线"（图 4-23），提出了超高速切削的理论。

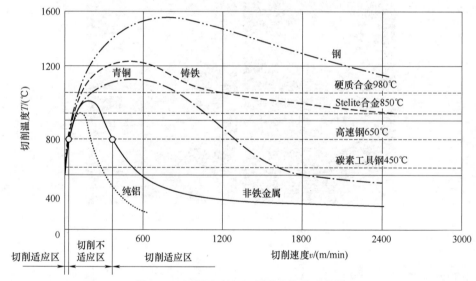

图 4-23　切削速度与切削温度的关系曲线

高速切削加工和超高速切削加工的机理十分复杂，涉及热、力和振动等多种因素相互作用。超高速切削的概念如图 4-24 所示。萨洛蒙认为，在常规切削速度范围（如图 4-24 所示 A 区）内，切削温度随切削速度的提高而急剧升高，但当切削速度提高到某一数值时，切削温度反而会随切削速度的提高而降低。速度的这一临界值与工件材料的种类有关，对每一种材料，存在一个速度范围，在这一范围内，由于切削温度高于任何刀具的熔点，切削加工不能进行。这个速度范围（如图 4-24 所示 B 区）称为"死谷"，如果切削速度超过"死谷"，即在超高速区域内进行切削，则有可能用现有的刀具进行高速切削，从而大大减少切削工时，成倍提高机床的生产率。

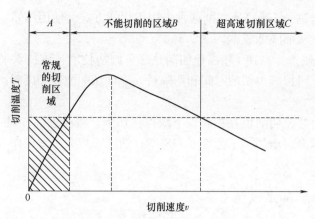

图 4-24 超高速切削概念示意图

4.3.3 高速 / 超高速切削技术特点及优势

一些切削物理学家的切削试验结果表明，随着切削速度的提高，塑性材料的切屑形态将从带状或片状向碎屑状演变，单位切削力起初呈上升趋势，而后急剧下降。超高速条件下刀具磨损比普通速度下刀具磨损少 95%，且几乎不受切削速度的影响，金属切除效率可提高 50~1000 倍。

与常规切削加工相比，高速 / 超高速切削加工具有以下优势：

1）加工精度高。因为高速切削可以减少切削力和降低切削温度，所以在加工过程中可以减小工件变形和切削表面粗糙度，从而获得更高的精度。由于超高速切削加工的切削力和切削热影响小，使刀具和工件的变形小，工件表面的残余应力小，从而保证了尺寸的精确性。所以，高速切削有利于提高零件加工精度，也特别适合于加工容易发生热变形的零件。

2）加工表面质量好。高速 / 超高速切削技术能够获得更加光滑的切削表面，减少切削留下的划痕和毛刺，从而提高工件表面质量。高速切削时，在保证相同生产率的情况下可选择较小的进给量，从而降低表面粗糙度。超高速旋转刀具切削加工时的激振频率高，已远远超出"机床 - 工件 - 刀具"系统的固有频率范围，因此不会造成工艺系统振动，使加工过程平稳，有利于提高加工精度和表面质量。

3）加工效率高。高速 / 超高速切削技术采用高速旋转的刀具和高速进给的方式，可以大大提高加工效率，缩短加工周期，从而提高生产率。超高速切削加工比常规切削加工的切削速度高 5~10 倍，进给速度随切削速度的提高也可相应提高 5~10 倍，因此，单位时间材料切除率可提高 3~6 倍，零件加工时间通常可缩减到原来的 1/3。

4）可加工各种难加工材料。对于钛合金、镍基合金等难加工材料，为防止刀具磨损，在普通加工时只能采用很低的切削速度，而采用高速切削，其切削速度可提高到 100~1000m/min，使加工效率提高，同时还可减少刀具磨损，提高零件的表面加工质量。

5）加工成本降低。高速 / 超高速切削技术能够降低成本，因为高速切削可以采用更小的切削量，减少刀具磨损，延长刀具使用寿命，降低刀具成本和维护成本。采用高速切削，单位功率材料切除率可提高 40% 以上，可有效地提高能源和设备的利用率。又由于高速切削的切削力小，切削温度低，有利于延长刀具寿命，通常刀具寿命可延长约 70%，从而使

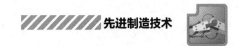

生产成本降低。同时高速/超高速切削通常采用干切削方式，使用压缩空气进行冷却，不需要切削液及其设备，从而降低成本。

6）可实现绿色制造。高速/超高速切削是绿色制造技术，该技术采用高速旋转的刀具和高速进给的方式，可以减少切削时间和切削量，降低切削能耗和废料产生，从而达到环保节能的效果。

但是，高速/超高速切削也存在着以下缺点：切削过程温度高，对工件材料影响较大；切削润滑和冷却要求高，增加了工艺难度和成本；切削噪声大，对操作人员的健康和安全有影响。

4.3.4　高速/超高速加工设备

随着近几年高速切削技术的迅速发展，各项关键技术，包括高速切削加工机床技术、高速切削刀具技术，高速切削工艺技术等，也正在不断地跃上新的台阶。

高速切削加工中心一般包括机床主体、控制系统、刀库系统、自动换刀系统、切削液系统等组成部分。高速切削加工机床是实现高速加工的前提和基本条件，它具备高刚性、高精度、高稳定性等特点。这类机床一般都是数控机床和精密机床，该类机床与普通机床的最大区别在于，其具有很高的主轴转速和加速度，且进给速度和加速度也很高，输出功率很大，如高速切削机床的转速一般都大于10000r/min，有的高达100000~150000r/min；主轴电动机功率为15~80kW；进给速度约为常规机床的10倍，一般在60~100m/min之间。无论是主轴还是移动工作台，速度的提高或降低都往往要求在瞬间完成，因此主轴从起动至达到最高转速，或从最高转速降低到0要在1~2s内完成，这就要求高速切削机床具有很好的静、动态特性，数控系统以及机床的其他功能部件的性能也得随之提高。高速切削机床的关键技术包括高速主轴技术、快速进给技术、高性能计算机控制技术、先进的机床结构设计技术等。

1. 高速主轴系统

高速主轴单元是高速加工机床最关键的部件。目前，高速主轴的转速范围为10000~25000r/min，加工进给速度在10m/min以上。为适应这种切削加工，高速主轴应具有先进的主轴结构、优良的主轴轴承及良好的润滑和散热条件等。常规高速主轴包括以下几类：

1）电主轴：在超高速数控机床中，几乎无一例外地采用了电主轴，如图4-25所示。电主轴取消了主电动机与机床主轴之间的一切中间传动环节，将主传动链的长度缩短为零，这种新型的驱动与传动方式称为"零传动"。电主轴振动小，同时由于采用直接传动，减少了高精密齿轮等关键零件，消除了齿轮的传动误差。同时，集成式主轴也简化了机床设计中的一些关键性的工作，如简化了机床外形设计，容易实现高速加工中快速换刀时的主轴定位等。

2）静压轴承高速主轴：静压轴承为非接触式轴承，具有磨损小、寿命长、旋转精度高、阻尼特性好的特点，且其结构紧凑，动、静态刚度较高。静压轴承高速主轴可分为液体静压轴承和空气静压轴承。液体静压轴承高速主轴的最大特点是运动精度很高，回转误差一般在0.2μm以下，因而不但可以延长刀具的使用寿命，而且可以达到很高的加工精度和较低的表面粗糙度。气体静压轴承刚度差，承载能力低，主要用于高精度、高转速、小载荷的场合。液体静压轴承刚度高、承载能力强，但结构复杂、使用条件苛刻、消耗功率大、温升较高。

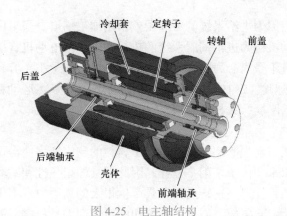

冷却套　定转子　转轴　前盖
后盖
后端轴承
壳体
前端轴承

图 4-25　电主轴结构

3）磁浮轴承高速主轴：磁浮轴承高速主轴及其工作原理如图 4-26 所示。电磁铁绕组通过电流作用对转子产生吸力，与转子质量平衡，转子处于悬浮的平衡位置。转子受到扰动后，偏离其平衡位置。传感器检测出转子的位移，并将位移信号送至控制器。控制器将位移信号转换成控制信号，经功率放大器变换为控制电流，改变吸力方向，使转子重新回到平衡位置。磁浮轴承高速主轴的优点是精度高、转速高和刚度高，缺点是机械结构复杂，而且需要一整套的传感器系统和控制电路，所以磁浮轴承高速主轴的造价较高。另外，主轴部件内除了驱动电动机，还有轴向轴承和径向轴承的线圈，每个线圈都是一个附加的热源，因此，磁浮轴承高速主轴必须有很好的冷却系统。

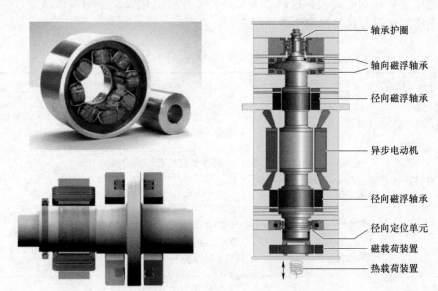

轴承护圈
轴向磁浮轴承
径向磁浮轴承
异步电动机
径向磁浮轴承
径向定位单元
磁载荷装置
热载荷装置

图 4-26　磁浮轴承高速主轴及其工作原理

2. 超高速切削进给系统

超高速切削进给系统是超高速加工机床的重要组成部分，是维持超高速切削中刀具正常工作的必要条件。超高速切削进给系统的性能是评价超高速机床性能的重要指标之一。

超高速切削技术在提高主轴速度的同时必须提高进给速度，并且要求进给运动能在瞬间达到高速和实现瞬时准停等。否则，不但无法发挥超高速切削的优势，而且会使刀具处于

恶劣的工作条件，还会因为进给系统的跟踪误差影响加工精度。当采用直线电动机进给驱动系统时，使用直线电动机作为进给伺服系统的执行元件，由电动机直接驱动机床工作台。其传动链长度为零，并且不受离心力的影响，且结构简单、质量小，容易实现很高的进给速度（80~180m/min）和加速度（2~10g）。同时，系统动态性能好，运动精度高（0.1~0.01μm），运动行程不影响系统的刚度，无机械磨损。

3. 高速切削刀具

高速切削时，金属材料去除率很高，被加工材料的高应变率使得切屑形成过程及刀具与切屑间发生的各种现象都和传统切削不一样，因此刀具的耐热性和耐磨性成为关键因素。同时，因为主轴转速很高，使得高速转动的刀具产生很大的离心力，不仅会影响加工精度，还有可能致使刀体破裂而引起事故。因此，高速切削对切削刀具材料、刀具几何参数、刀体结构乃至刀具的安装等都提出了很高的要求：

1）高强度与高韧度以承受较大的切削力、冲击和振动，避免崩刃和折断。

2）极高的硬度和高耐磨性以保证足够长的刀具使用寿命。

3）高耐热性和高的抗热冲击性。耐热性是指刀具材料在高温下保持足够硬度、耐磨性、强度和韧度、抗氧化性、抗粘结性和抗扩散性的能力（又称为热稳定性）。通常把材料在高温下仍保持高硬度的能力称为热硬性（又称红硬性），它是刀具材料保持切削性能的必备条件。刀具材料的高温硬度越高，耐热性越好，允许的切削速度越高。抗热冲击性使刀具在断续切削受到热应力冲击时，不致产生疲劳破坏。

目前适用于高速切削的刀具材料主要有陶瓷、立方氮化硼、金刚石和涂层刀具。表 4-2 列出了高速切削常用刀具材料的性能和用途。

表 4-2　高速切削常用刀具材料的性能和用途

刀具材料	优点	缺点	用途
陶瓷（氧化硅、晶须增强材料、氧化铝、氮化硅）	耐磨性好、抗（热）冲击性能好、化学稳定性好、抗粘结性好、干式切削	韧度低、脆性强、容易产生崩刃，和铝的高温亲和力大	用于切削淬火钢、硬钢、镍基高温合金、不锈钢
立方氮化硼（CBN）	硬度高、热稳定性好、摩擦因数小、热导率高、易产生积屑瘤	强度和韧度低、抗弯强度低、易崩刃，一般只用于高硬材料的精加工	用于切削淬硬钢、高温合金、工具钢、高速钢
金刚石	硬度极高、摩擦因数很小、热导率高、耐磨性极好、锋利性极好	强度和韧度低、抗弯强度低、易崩刃、价格昂贵，不宜用于切削含铁和钛的材料	用于切削单晶铝、单晶硅、单晶锗、铝合金、黄铜，以及用于镁合金的精密/超精密切削
涂层刀具	表面硬度高、耐磨性好、冲击韧性好	耐热性和耐磨性比 CBN 和金刚石差，不宜用于切削高硬度的材料	用于切削铝合金、钛合金

4.3.5　高速/超高速切削未来发展方向

随着制造业的不断发展和进步，高速/超高速切削技术作为制造业中的一项重要技术，一直在不断地创新和发展。为了满足市场对加工效率和精度不断提高的要求，高速/超高速切削技术也在不断地进行技术升级和改进。未来的高速/超高速切削技术将更加注重精度与效率的平衡、环保性、人工智能技术的应用和面向新材料的加工，这将带来更高效、更精密、更环保的加工方案。

1）精度与效率的平衡。未来的高速/超高速切削技术将更加注重精度与效率的平衡，既要保证加工效率，也要提高加工精度，这将需要更加精密的加工设备和更高水平的控制系统。

2）切削液的环保性。未来的高速/超高速切削技术将更加注重环保，开发出更加环保的切削液能够减少对环境的影响，同时提高加工质量和效率。

3）人工智能技术的应用。未来的高速/超高速切削技术将更多地应用人工智能技术，通过大数据分析和机器学习算法，实现自动化控制和优化加工，提高加工效率和精度。

4）面向新材料的加工。未来的高速/超高速切削技术将更多地应用于新材料的加工，如复合材料和高温合金等，这将需要更加先进的加工技术和设备，以满足新材料加工的要求。

高速/超高速切削技术在提高加工效率和精度、降低加工成本、促进工业发展等方面发挥着重要作用。随着科技的不断发展，高速/超高速切削技术将不断更新，带来更高效、更精密、更环保的加工方案，推动工业的不断进步。

4.4　特种加工技术

111

4.4.1　特种加工技术内涵与分类

特种加工技术是指在传统加工技术基础上发展起来的一系列高效、精密、复杂的先进制造技术。其涵盖了众多加工方法，按照工作原理和特点可将其分为：电化学加工、电火花加工、激光加工、电子束加工、超声加工、等离子加工和化学机械加工等。

特种加工技术在现代工业领域具有重要意义。它的内涵丰富、分类繁多，主要优势在于高精度、高效率以及对复杂零件的加工能力。特种加工技术在航空航天、生物医学、精密仪器制造、新能源、汽车制造等重大领域得到了广泛应用。

在航空航天领域，特种加工技术用于制造高强度、高性能的零部件，以提高飞行器的性能和安全性。例如，激光加工技术可以实现对复杂曲面和难加工材料的精确切割，从而保证零部件的质量和精度。在生物医学领域，特种加工技术为微小、精细的医疗器械和植入物的生产提供了可能，如用于制造心血管支架的电化学加工技术。

随着科技的创新和发展，特种加工技术也在不断演变。例如，现在的激光加工技术已经从传统的切割、打孔发展到微纳米级的精密加工，适用范围更加广泛。

综上所述，特种加工技术在现代工业生产中具有举足轻重的地位，在满足国家重大需求和推动产业结构升级等方面发挥着关键作用。在精密超精密加工技术方面，特种加工技术能够满足各类高端制造领域的要求，为国家战略发展提供有力支撑。通过发展精密超精密加工技术，可以满足国家重大需求，推动产业结构升级，实现技术创新和产业跨越式发展。下面将对几种典型的特种加工技术进行介绍。

4.4.2　电火花加工

电火花加工技术（Electrical Discharge Machining，EDM）是一种通过瞬间放电产生的高温等离子体来加工材料的非传统加工技术。电火花加工又称为放电加工、电蚀加工。它是在一定介质中，利用工具电极和工件电极之间的脉冲性火花放电时的电腐蚀作用来蚀除多余的材料，使得零件的形状、尺寸及表面质量满足加工要求的一种工艺。由于放电过程可产生火花，故称为电火花加工。

1. 电火花加工的基本原理

电火花加工原理如图 4-27 所示，是利用电极与被加工材料之间的脉冲放电，在极短的时间内产生高温等离子体，使材料瞬间熔化、蒸发，从而达到去除材料的目的。电火花加工过程中，电极和被加工材料不发生直接接触，通过控制放电参数和间隙，可实现对材料的精确加工。

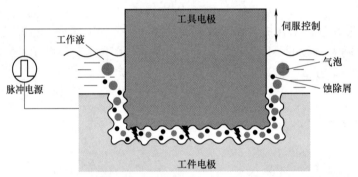

图 4-27　电火花加工原理

电火花加工具备以下特点：

1）适用范围广：电火花加工技术适用于各种导电材料，如硬质合金、高温合金、钢等。

2）精度高：电火花加工具有较高的加工精度，尺寸公差一般可达到 ±0.005mm，甚至更高。

3）表面质量好：电火花加工后的表面粗糙度较小，可达 $Ra0.1\sim0.5\mu m$。

4）可加工复杂形状：电火花加工可以加工各种复杂几何形状，如螺纹、蜗轮、模具等。

5）无接触应力：由于电火花加工过程中无机械接触，因此不会产生接触应力。

电火花加工要达到加工目的，必须满足以下基本条件：

1）工具电极与工件电极之间始终保持一个合理的放电间隙，通常为几微米至几百微米。如果间隙过大，极间电压就不能击穿极间介质，不会产生火花放电；如果间隙过小，就很容易形成短路接触，同样不能产生火花放电。

2）电火花放电必须是瞬时的脉冲性放电，并且在放电延续一段时间后，停歇一段时间。这样才能使放电所产生的热量来不及传导到非加工部分，把每一次的放电蚀除点局限在很小的范围内。

3）电火花放电必须在具有较高电绝缘强度的工作介质（又称为工作液）中进行，如煤油、皂化液或去离子水等。

4）在两次脉冲放电之间，要有足够的间歇时间以排除放电间隙中的电蚀产物，使极间介质充分消电离和恢复绝缘状态，保证放电点位置顺利转移。

电火花加工与机械加工相比有其独特的加工特点，经过几十年的发展，尤其是数控技术与电火花加工技术集成以后，其应用领域日益扩大，已经从模具制造领域发展到航空、航天、电子、仪表、轻工等领域的难加工材料及复杂零部件的制造，成为传统切削加工的有力补充。当然，电火花加工也具有一些局限性，主要表现在如下几方面：

1）主要用于加工金属等导电材料。虽然在一定条件下也可加工半导体和聚晶金刚石等非导体超硬材料，但是加工机理有待深入研究，并且工艺成本与加工效果等仍不够理想。

2）加工效率一般较低。在安排工艺时，需先采用其他工艺去除工件的大部分余量，再进行电火花加工，以提高生产率。

3）存在工具电极损耗。由于电火花加工依靠电热作用来蚀除金属，工具电极也会遭受损耗，影响成形精度。

4）最小角部半径有限制。一般电火花加工能得到的最小角部半径略大于加工放电间隙（通常为 0.02~0.30mm），若电极有损耗或采用平动头加工，则角部半径还要更大。

5）加工表面有变质层和微裂纹。在某些特定场合，需要采用后续工艺去掉变质层。

2. 电火花加工过程

电火花放电现象的机理较为复杂，目前比较公认的理论认为，每次电火花放电的微观过程都是电场力、磁力、热力、流体动力、电化学和胶体化学等综合作用的过程。这一过程大致可分为 4 个连续阶段：①极间介质的电离、击穿，形成放电通道；②介质热分解、电极材料熔化、汽化热膨胀；③电极材料的抛出；④极间介质的消电离。下面介绍整个放电过程。

（1）极间介质的电离、击穿，形成放电通道　在电火花加工中，参与放电的两极（工具电极和工件电极）之间充满着加工介质。在两极不施加电压时，极间介质不显电性。在两极之间施加一定的电压后，极间即形成一个电场，电场强度与极间电压成正比，与极间距离成反比。由于工具电极和工件表面的微观不平度，极间电场强度不均匀，使得两极间距离最近的凸出点或尖端处的电场强度最大。同时，液体介质中不可避免地含有某些杂质（如金属微粒、碳粒子、胶体粒子等），也有一些自由电子，使介质具有一定的电导率。在强电场作用下，这些杂质将使极间电场更不均匀。随着工具电极向工件的进给运动，当两极之间的电场强度增大到足以破坏极间介质的绝缘强度时（达到 105V/mm），阴极表面会逸出电子。在电场作用下电子高速向阳极运动，并且撞击工作液介质中的分子或中性原子，产生碰撞电离，形成带负电的粒子和带正电的粒子，导致带电粒子雪崩式增多，使介质击穿而电阻迅速减小，形成放电通道，过程如图 4-28 所示。

（2）介质热分解、电极材料熔化、汽化热膨胀　极间介质被电离、击穿，形成等离子体放电通道后，通道内的电子高速奔向正极，正离子奔向负极。电能变成动能，动能通过碰撞又转变为热能。于是，在通道内正极和负极表面分别产生瞬时热源，达到很高的温度。通道的高温将工作液介质热裂分解汽化，正负极表面的高温除了使工作液汽化、热分解外，也使金属材料熔化甚至汽化。这些汽化的工作液和金属蒸汽，瞬间体积猛增，在放电间隙内成为气泡，迅速热膨胀，就像火药、爆竹点燃后那样具有爆炸的特性，观察电火花加工过程，可以看到放电间隙冒出气泡，工作液逐渐变黑，听到轻微而清脆的爆炸声。电火花加工主要

先进制造技术

靠热膨胀和局部微爆炸，使熔化、汽化了的电极材料抛出蚀除，该阶段的加工过程如图4-29所示。

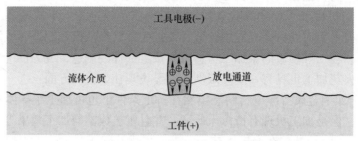

图4-28　极间介质的电离、击穿，形成放电通道

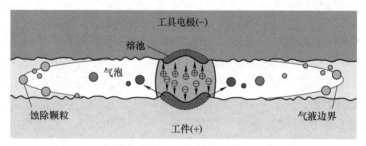

图4-29　介质热分解、电极材料熔化、汽化热膨胀

（3）电极材料的抛出　通道和正负极表面放电点的瞬时高温使工作液汽化和金属材料熔化、汽化，产生很高的瞬时压力。通道中心的压力最高，使汽化了的气体体积不断向外膨胀，形成一个扩张的"气泡"。气泡上下、内外的瞬时压力并不相等，压力高处的熔融金属液体和蒸气就被排挤、抛出而进入工作液中。由于表面张力和内聚力的作用，抛出的材料具有最小的表面积，冷凝时凝聚成细小的圆球颗粒（直径为0.1~300pm，随脉冲能量而异）。

熔化和汽化了的金属被抛离电极表面时，四处飞溅，除绝大部分抛入工作液中收缩成小颗粒外，还有一小部分飞溅、镀覆、吸附在对面的电极表面上。这种互相飞溅、镀覆及吸附的现象，在某些条件下可以用来补偿工具电极在加工过程中的损耗。半裸在空气中进行电火花加工时，可以见到橘红色甚至蓝白色的火花四溅，它们就是被抛出的金属高温熔滴和微屑。

实际上，电极金属材料的蚀除、抛出过程远比上述的情况复杂。放电过程中工作液不断地汽化，正极受电子撞击，负极受正离子撞击，电极材料不断熔化，气泡不断扩大。当放电结束后，气泡温度不再升高，但由于液体介质的惯性作用使气泡继续扩展，致使气泡内压力急剧降低，甚至降到大气压以下，形成局部真空，使在高压下溶解在熔化和过热液态金属材料中的气体析出，以及液态金属本身在低压下再沸腾。由于压力的骤降，使熔融金属材料及其蒸气从小坑中再次爆沸飞溅而被抛出。熔融材料抛出后，在电极表面形成单个脉冲的放电痕，其放大示意图如图4-30所示。熔化区未被抛出的材料冷凝后残留在电极表面，形成凝固层，在四周形成凸起的翻边。熔化凝固层下面是热影响层，再往下才是无变化的金属材料基体。

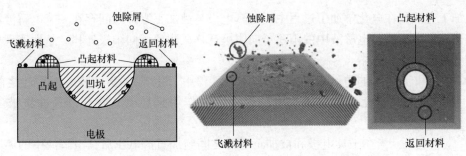

图 4-30　单脉冲放电材料分布

总之，材料的抛出是热爆炸力、电磁动力、流体动力等综合作用的结果，对这一复杂的抛出机理的认识还在不断深化中。

（4）极间介质的消电离　随着脉冲电压的消失，脉冲电流也迅速降为零，标志着一次脉冲放电结束。但此后仍应有一段时间间隔，使间隙介质消电离，即放电通道中的带电粒子复合为中性粒子，恢复本次放电通道处间隙介质的绝缘强度，使得下一次放电仍会发生在两极距离相对最近处或电阻率最小处，保证放电通道的顺利转移，以免重复在同一处放电而导致稳定电弧放电，过程如图 4-31 所示。

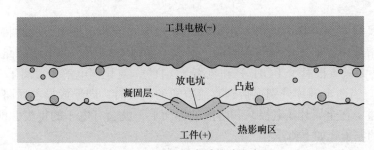

图 4-31　极间介质的消电离

在加工过程中产生的电蚀产物（如金属微粒、碳粒子、气泡等）如果不及时排出、扩散出去，就会改变间隙介质的成分并且降低绝缘强度。脉冲火花放电时产生的热量如不及时传出，带电粒子的自由能不易降低，将大大减少复合的概率，使消电离过程不充分，结果将使下一个脉冲放电通道不能顺利地转移到其他部位，而始终集中在某一部位，使该处介质局部过热而破坏消电离过程，脉冲火花放电将恶性循环地转变为有害的稳定电弧放电。同时，工作液局部被高温分解后可能积炭，在该处聚成焦粒而在两极之间搭桥，使加工无法进行下去，并且烧伤电极。

由此可见，为了保证电火花加工过程正常进行，在两次脉冲放电之间都应有足够的脉冲间隔时间。这一脉冲间隔时间的选择，不仅要考虑介质本身消电离所需的时间（与脉冲能量有关），还要考虑电蚀产物排出放电区域的难易程度（与脉冲爆炸力大小、放电间隙大小、抬刀及加工面积有关）。

4.4.3　电化学加工

电化学加工（Electrochemical Machining，ECM）是一种通过电化学反应来去除材料的

非传统加工方法。在电化学加工过程中，工具电极与被加工零件之间存在一个电解液填充的间隙。当施加电压后，电解液中的阳离子向阴极迁移，阴离子向阳极迁移，从而实现材料的去除。其过程如下：

1）电极和工件间的电解液：电化学加工过程中，工具电极与被加工零件之间存在一个间隙，间隙中填充有电解液。电解液的主要作用是导电、冷却以及冲洗被去除的材料。

2）施加电压：当在工具电极和被加工零件之间施加直流电压后，电解液中的离子开始迁移。阳离子（如金属离子）向阴极迁移，阴离子（如氢离子）向阳极迁移。

3）电化学反应：在阴极（被加工零件）表面，阳离子与阴离子结合发生还原反应，使金属原子从工件表面脱离，从而实现材料的去除。同时，阳极（工具电极）表面发生氧化反应，产生气泡（如氢气泡）。

4）材料去除：在电化学反应的过程中，被加工零件表面的金属原子逐渐溶解，形成金属离子。这些金属离子随着电解液的流动被冲走，实现了材料的去除。需要注意的是，在电化学加工过程中，工具电极与被加工零件之间并没有发生直接接触。

5）电解液循环：为了保持电解液的洁净和稳定，电化学加工通常采用一个循环系统。该系统负责向加工间隙提供全新的电解液，同时将含有金属碎屑和气泡的废液排出。

用两片金属铜（Cu）作为电极，连接到大约 12 V 的直流电源上，同时将电极浸入含铜离子的电解质溶液中，如氯化铜的水溶液，形成了如图 4-32 所示的电解回路。此时，水分子（H_2O）电解为氢氧根离子（OH^-）和氢离子（H^+），氯化铜电解为氯离子（Cl^-）和二价铜离子（Cu^{2+}）。当两个铜片分别连接到直流电源的两极时，即形成导电通路。导线和溶液中均有电流通过，在金属片（电极）和溶液的界面上，就会有电子的得失，即电化学反应。其阴极与阳极的电子式如下所示：

$$阳极：2Cl^- - 2e^- = Cl_2$$
$$阴极：Cu^{2+} + 2e^- = Cu$$
$$总反应：CuCl_2 = Cu + Cl_2$$

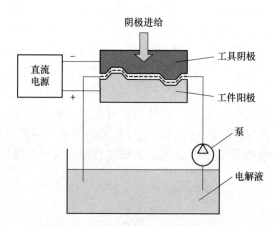

图 4-32　电化学加工电解回路

溶液中的离子按照规定的方向移动。若向阴极移动，阴极上会得到电子而进行还原反应，析出铜，沉积在阴极铜片上，使阴极不断增厚增重。在阳极表面 Cu 原子失去电子而成为离子进入溶液中，阳极发生溶解，使阳极不断减薄减轻。溶液中正、负离子的定向移动称为电荷的定向移动。在阴、阳电极表面发生电子得失的化学反应称为电化学反应。而利用电化学反应原理对金属进行加工的方法即电化学加工（如图 4-32 所示阳极一侧为电解蚀除，阴极一侧为电化学沉积）。其实，任何两种不同的金属放入导电的水溶液中，在合适电场的作用下都会有类似反应发生。把阳极金属原子失去电子（广义上称为氧化作用）变成离子进入溶液而使阳极溶解、蚀除的过程，称为电解加工，而把阴极附近的金属离子得到电子（广义上称为还原作用）还原成原子沉积到阴极表面的过程，称为电沉积加工。与电化学加工过程密切相关的基本概念有电解质溶液、电极电位、电极极化、金属的钝化和活化等。

1. 电解质溶液

凡溶于水后能导电的物质称为电解质，如盐酸（HCl）、硫酸（H_2SO_4）、氢氧化钠（NaOH）氢氧化铵（NH_4OH）、氯化钠（NaCl）、硝酸钠（$NaNO_3$）、氯酸钠（$NaClO_3$）等酸、碱、盐都是电解质。电解质与水形成的溶液为电解质溶液（简称电解液），电解液中所含电解质的质量与溶液质量的百分比即电解液的质量分数，目前较常用的质量分数指每千克溶液所含的电解质的质量。

由于水分子是极性分子，可以和其他带电粒子发生微观静电作用。例如 NaCl，它是一种电解质，是结晶体。组成 NaCl 晶体的粒子不是分子而是相间排列的 Na^+ 和 Cl^-，称为离子型晶体。把它放在水里，就会产生电离作用。这种作用使 Na^+ 和 Cl^- 之间的静电作用减弱，大约只有原来静电作用的 1/80。在这种电解质水溶液中，每个 Na^+ 和每个 Cl^- 周围均吸附着一些水分子，称为水化离子，这个过程称为电解质的电离。NaCl 在水中能 100% 电离，是强电解质。强酸、强碱和大多数盐类都是强电解质，它们在水中都完全电离。弱电解质如 HNH_3、醋酸（CH_3COOH）等在水中仅小部分电离成离子，大部分仍以分子状态存在。水是弱电解质，但它本身也能微弱地电离为正的氢离子（H^+）和负的氢氧根离子（OH^-），导电能力很弱。由于溶液中正负离子的电荷相等，因此整个溶液仍保持电中性。

2. 电极电位

因为金属离子内层带正电即使没有外接电源，当金属和它的盐溶液接触时，经常发生把电子交给溶液中的离子，或从后者得到电子的现象。这样，当金属上有多余的电子而带负电时，溶液中靠近金属表面很薄的一层则有多余的金属离子而带正电。随着由金属表面进入溶液的金属离子数目增加，金属表面上负电荷增加，溶液中正电荷增加，由于静电引力作用，金属离子的溶解速度逐渐减慢。与此同时，溶液中的金属离子也有沉积到金属表面上去的趋势，随着金属表面负电荷增多，溶液中金属离子返回金属表面的速度逐渐增大。最后，这两种相反的过程达到动态平衡。对化学性能比较活泼的金属（如铁），其表面带负电，溶液带正电，形成一层极薄的双电层，金属越活泼，这种倾向越大。

若金属离子在金属上的能级比在溶液中的低，即金属离子在金属晶体中比在溶液中更稳定，则金属表面带正电，靠近金属表面的溶液薄层带负电，也形成了双电层。金属越不活泼，则此种倾向越大。

在给定溶液中建立起来的双电层，除了受静电作用，还受到离子的热运动的影响，使双电层的离子层形成了分散的构造，只有在界面上极薄的一层才具有较大的电位差。

117

　　由于双电层的存在，在正、负电层之间，也就是金属和电解液之间形成电位差。产生在金属和它的盐溶液之间的电位差称为金属的电极电位，因为它是金属在本身盐溶液中的溶解和沉积相平衡时的电位差，所以又称为平衡电极电位。

　　到目前为止，金属和它的盐溶液之间双电层的电位差还不能直接测定，但是可用"盐桥"的办法测出两种不同电极之间的电位差。生产实践中规定，采用一种电极做标准和其他电极比较得出相对值，称为标准电极电位。通常采用标准氢电极为基准，人为地规定它的电极电位为零。

　　3. 电极极化

　　平衡电极电位是没有电流通过电极时的情况，当有电流通过时，电极的平衡状态遭到破坏，阳极的电极电位向代数值增大的方向移动，阴极的电极电位向代数值减小的方向移动，这种现象称为电极极化，如图 4-33 所示。极化后的电极电位与平衡电位的差值称为超电位，随着电流密度的增加，超电位也增加。

　　电解加工时在阳极和阴极都存在离子的扩散与迁移和电化学反应两种过程。在电解过程中由离子的扩散与迁移引起的电极极化称为浓差极化，由于电化学反应而引起的电极极化称为电化学极化。

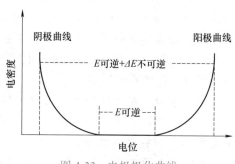

图 4-33　电极极化曲线

　　1）浓差极化。在阳极极化过程中，金属不断溶解的条件之一是生成的金属离子先越过双电层，再向外迁移并扩散。然而，扩散与迁移的速度是有一定限度的，在外电场的作用下，如果阳极表面液层中金属离子的扩散与迁移速度较慢，来不及扩散到溶液中，使阳极表面金属离子堆积，引起了电位值增大，就会出现浓差极化。在阴极，由于水合氢离子的移动速度很快，一般情况下，氢的浓差极化是很小的。

　　凡能加速电极表面离子的扩散与迁移速度的措施，都能使浓差极化减小。例如，增强其搅拌作用、升高电解液温度以提高电解液流速等。

　　2）电化学极化。电化学极化主要发生在阴极上，从电源流入的电子来不及转移给电解液中的 H^+，因而在阴极上积累过多的电子，使阴极电位向代数值减小方向移动，从而形成了电化学极化。

　　在阳极上，金属溶解过程的电化学极化一般是很小的。但当阳极上产生析氧反应时，就会产生相当严重的电化学极化。

　　电解液的流速对电化学极化几乎没有影响，而仅仅取决于反应本身，即取决于电极材料和电解液成分。此外，还与温度、电流密度有关。温度升高，反应速度加快，电化学极化越小；电流密度越高，电化学极化越严重。

　　4. 金属的钝化和活化

　　在电解加工过程中还有一种叫钝化的现象，它使金属阳极溶解过程的超电位升高，使电解速度减慢。例如，铁基合金在硝酸钠（$NaNO_3$）电解液中电解时，电流密度增加到一定值后，铁的溶解速度在大电流密度下维持一段时间后反而急剧下降，使铁达到稳定状态不再溶解。电解过程中的这种现象称阳极钝化（简称钝化）。

　　关于钝化产生的原因至今仍有理论分歧，其中主要的理论是成相膜理论和吸附理论。成相膜理论认为，金属与溶液作用后在金属表面上形成了一层紧密的极薄的膜，通常是由氧化物、氢氧化物或盐组成，从而使金属表面失去了原有的活泼性质，使溶解过程减慢。吸附理论则认为，金属的钝化是由于金属表层形成了氧的吸附层引起的。事实上二者兼有，但在不同条件下可能以其中一个原因为主。对不锈钢钝化膜的研究表明，合金表面大部分覆盖薄而紧密的膜，而在膜的下面及其空隙中，则牢固地吸附着氧原子或氧离子。

使金属钝化膜破坏的过程称为活化，引起活化的方法很多，如加热电解液、通入还原性气体或加入某些活性离子等，也可以采用机械办法破坏钝化膜。把电解液加热可以引起活化，但温度过高会带来新的问题，如电解液过快蒸发，绝缘材料的膨胀、软化和损坏等。因此，只能在一定温度范围内使用。在使金属活化的多种方法中，以氯离子（Cl⁻）的作用最明显。

5. 电化学加工的分类与特点

电化学加工分为三大类：阳极溶解加工、阴极电沉积加工和复合加工。阳极溶解加工又因工艺方法的不同而分为电解加工、电解扩孔、电解抛光、电解去毛刺等。阴极电沉积加工又因工艺目的的不同分为电镀、电铸、电刷镀、复合电镀等。复合加工主要是利用阳极溶解作用与其他作用（如机械作用、电弧热作用等）的复合作用进行加工。电化学加工的分类见表 4-3。

表 4-3　电化学加工的分类

类型与原理	加工方法	主要用途
阳极溶解加工	电解加工	零件成形加工，去毛刺
	电解抛光	表面光整
阴极电沉积加工	电铸	结构与零件成形，型材制备
	电镀	表面装饰与表面功能化
	电刷镀	表面加工与尺寸修复
	复合电镀	表面加工与复合材料制备
复合加工	电解磨削、电解研磨	零件成形加工，表面光整加工
	电化学 - 机械复合研磨	表面光整与镜面加工
	电解 - 电火花复合加工	零件成形加工

电化学加工也是非接触加工，工具电极和工件之间存在着工作液（电解液），加工过程无宏观切削力，属于无应力加工。正常加工时的温度一般比较低，属于低温加工范畴。电解加工过程如图 4-34 所示。

电解加工原理虽与切削加工类似，也是"减材"加工，即从工件表面去除多余的材料，但与之不同的是，电解加工可用软的工具材料加工硬韧的工件，达到"以柔克刚"的目的。由于电化学、电解作用是按原子、分子一层层进行的，因此可以控制极薄的去除层，进行微薄层加工，同时可以获得较小的表面粗糙度。理论上，电化学加工具有纳米级尺度加工的潜能。

119

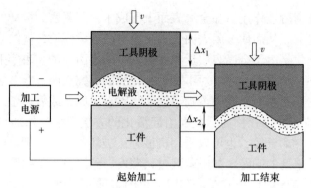

图 4-34　电解加工过程示意图

电镀、电铸、复合电镀加工属于"增材"加工，这些加工方式是向工件表面增加、堆积一层层的金属材料的，也是按原子、分子逐层进行的。因此，可以精密复制复杂精细的花纹表面。而且通过改变工艺条件与参数，能比较容易地对电沉积层或电沉积件的形貌特征、组织结构、物化性能进行合理调控。

4.4.4　离子束加工

1. 离子束加工原理

离子束加工（Ion Beam Machining，IBM）是一种利用高能离子束去除材料的非传统加工方法。这种技术广泛应用于微电子、光学元件制造、表面改性等领域。离子束加工的基本原理和过程如下。

1）离子源：离子束加工的第一步是产生离子源。离子源通常是气体（如氩气、氮气等）在真空环境下通过电子撞击或射频激励等方式被电离后产生的带电粒子。

2）离子加速：在离子源产生后，离子被电场或磁场加速，形成高能离子束。离子加速器可以是静电加速器、射频四极杆加速器等类型。通过调整加速器的电压和电流参数，可以控制离子束的能量和流量。

3）离子束聚焦：为了提高加工精度和效率，高能离子束需要通过聚焦系统（如电磁透镜、静电透镜等）进行聚焦。聚焦后的离子束能够在更小的区域内产生更高的能量密度，从而实现更精细的加工。

4）材料去除：高能离子束经过聚焦后，射到被加工材料的表面。离子与材料表面原子发生碰撞，产生动量转移和能量传递。当离子的能量足够高时，材料表面的原子会被击出，从而实现材料的去除。这个过程通常被称为溅射。

5）离子束控制：为了实现所需形状的加工，离子束需要通过扫描系统（如电磁偏转器、静电偏转器等）进行精确控制。扫描系统可以实现离子束在被加工材料表面的定向移动，从而实现精确加工。

离子束加工具有加工精度高、表面质量好、适用材料广泛等优点。然而，这种技术也存在一定的局限性，如加工速度较慢、设备成本高等。尽管如此，离子束加工在微纳米尺度的加工和表面改性领域仍然具有重要应用价值。与电子束加工不同的是，离子束加工中的离子带正电荷，质量比电子大数千倍乃至数万倍（如氢离子质量是电子质量的 1840 倍，氦离子质量是电子质量的 7.2 万倍），故其在电场中加速较慢，但一旦加至较高速度，就比电子束具有更大的撞击动能。离子束加工是靠微观机械撞击能量，而不是靠动能转化为热能进行加工的。

图 4-35 所示为离子束加工原理示意图。灼热的灯丝发射电子，在阳极的作用下向下移动，同时受到电磁线圈磁场的偏转作用，做螺旋运动。惰性气体从进口注入电离室，在高速电子撞击下被电离为等离子体。阳极和引出电极（阴极）上各有 300 个直径为 0.3mm 的小孔，上下位置对齐。在引出电极的作用下，将离子吸出，形成 300 条直径为 0.3mm 的离子束，再向下均匀分布在直径为 5cm 的圆上。调整加速电压可以得到不同速度的离子束，进行不同的加工。

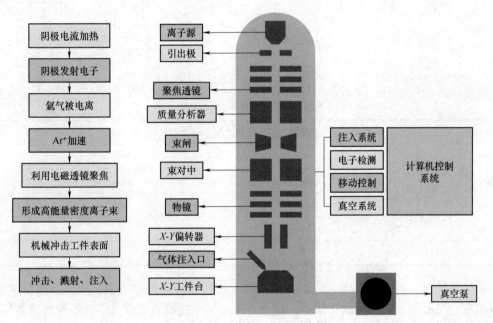

图 4-35 离子束加工原理示意图

2. 离子束加工的分类

离子束加工的物理基础是离子束射到材料表面时所发生的撞击效应、溅射效应和注入效应。离子束加工按照其所利用的物理效应和达到目的不同，可分为四类，即利用撞击效应和溅射效应的离子刻蚀、离子溅射沉积、离子镀膜及离子注入。

（1）离子刻蚀 离子刻蚀是用能量为 0.5~5keV 的离子轰击工件，每秒可剥离数十层原子，以达到去除材料的目的的加工方法。在这一过程中，离子轰击工件，将工件表面的原子逐个剥离。其实质是一种原子级尺度的切削加工，是近代发展起来的一种纳米级加工工艺。当离子束轰击工件，入射离子的动量传递给工件表面的原子，传递的能量超过了原子间的键合力时，原子从工件表面溅射出来，达到刻蚀的目的，其原理如图 4-36 所示。

离子刻蚀的分辨率可达微米甚至亚微米级，但刻蚀速度很低，材料剥离速度约为每秒一层到几十层原子。表 4-4 列出了一些材料的典型刻蚀率。

先进制造技术

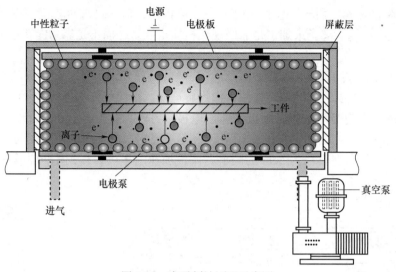

图 4-36　离子刻蚀原理示意图

表 4-4　一些材料的典型刻蚀率

靶材料	刻蚀率 nm/min	靶材料	刻蚀率 nm/min	靶材料	刻蚀率 nm/min
Si	36	Ni	54	Cr	20
AsGa	260	Al	55	Zr	32
Ag	200	Fe	32	Nb	30
Au	160	Mo	40		
Pt	120	Ti	10		

122

离子刻蚀是一种微细加工，以其适于精加工的特点而应用于各个领域，如高精度加工、表面抛光、图形刻蚀、电镜试样制备，以及石英晶体振荡器、集成光学、各种传感器件的制造等。刻蚀时，加工工具不存在磨损问题，加工过程中不需要润滑剂，也不需要冷却液。溅射刻蚀过程是离子的动量传递过程，与靶材料原子的化学性能无关，适于加工金属、半导体、绝缘体、合金、化合物和生物组织等各种材料。刻蚀后，在工件上不产生残余应力。改变离子入射角，可以精确控制所刻蚀图形的壁角坡度。离子刻蚀可以加工出宽度小于 10nm 的细线条，刻蚀深度误差可以控制在 5nm。可加工出薄箔（厚度仅有 10nm），还可加工出直径为 20μm 的孔，如在厚度为 0.04~0.3mm 的铜、金、铝、铬、银等薄膜上加工直径为 30~100μm 的孔。

又如，采用一种带有机械摆动机构的离子束微细加工装置，可实现非球面透镜的加工。加工透镜时，用电子计算机控制整个加工过程，其既可绕自身轴线回转，又可摆动一个角度并用光学干涉仪对加工表面形状进行检测。

离子刻蚀可用于加工陀螺仪空气轴承和动压电动机上的沟槽，分辨率高，精度好。离子刻蚀还可用于刻蚀高精度的图形，如集成电路、声表面波器件、磁泡器件、光电器件和光集成器件等微电子学器件的亚微米图形。在半导体工业中，把所需的图形曝光、显像并制成抗蚀膜后，可用离子束代替化学腐蚀进行离子刻蚀，可大大提高刻蚀精度。

（2）离子溅射沉积　离子溅射沉积是用能量为 0.5~5keV 的离子轰击靶材，使靶材的离子溅射出去沉积在靶材附近的工件上，使工件表面镀上一层薄膜的加工方法。20 世纪 70 年代磁控溅射技术出现，使离子溅射沉积被引入工业应用，其在镀膜的工艺领域中占有极为重要的地位。

离子溅射沉积的原理是基于粒子轰击靶材时的溅射效应。各种溅射技术采用的放电方式有所不同：直流二极溅射是利用直流辉光放电，直流三极溅射是利用热阴极支持的辉光放电，磁控溅射是利用环形磁场控制下的辉光放电。直流二极溅射和直流三极溅射由于生产率低、等离子体区不均匀等原因，难以在实际生产中大量应用。而磁控溅射时，每个电子能量几乎全部用于电离，有利于提高等离子体密度。在高真空条件下，可以减少溅射离子与气体离子的相互碰撞，因而可使更多溅射离子达到基体，有利于提高镀膜速率。离子溅射沉积原理如图 4-37 所示。

在各种镀膜技术中，溅射最适合用于镀制合金膜。例如，用磁控溅射在高速钢刀具上镀一层氮化钛（TiN）超硬膜，可显著提高刀具硬度，在工业生产中得到广泛应用。又如，在齿轮的齿面上和轴承上用磁控溅射技术镀制二硫化铝润滑膜，其厚度为 0.2~0.6μm，摩擦系数为 0.04。再如，用磁控溅射技术镀铝或铝合金，可制备大规模集成电路的欧姆接触层，所使用的合金有（质量分数）Al-Si（1.2%）、Al-Cu（4%）、Al-Si（1%）等。磁控溅射时，要求靶材纯度高，并且严格控制氧、氮杂质气体含量。

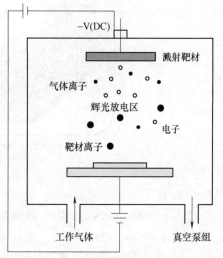

图 4-37　离子溅射沉积原理示意图

离子溅射沉积可用于薄壁零件的镀膜。难以用机械方法加工的薄壁零件通常可以用电铸方法制造，但电铸的材料有很大局限性。纯金属中的二元合金及多元合金电铸都比较困难。用溅射镀膜薄壁零件，最大特点是不受材料限制，可以制成陶瓷和多元合金薄壁零件。例如，某零件是直径为 15mm 的管材，材料为合金，具体成分为（质量分数）Fe-Ni（42%）-Cr（5.4%）-Ti（2.4%）-Al（0.65%）-Si（0.5%）-Mn（0.4%）-Cu（0.05%）-C（0.02%）-S（0.008%）。先将铝棒车削成芯轴，而后镀膜。镀膜后，用氢氧化钠水溶液将铝芯全部溶蚀，即可取下零件。或者对不锈钢轴表面加以氧化，溅射镀膜后，用喷丸方法或液态冷却方法使之与芯轴脱离。用溅射法镀制的薄壁管，壁厚偏差小于 1%（圆周方向）和 2%（轴向），远低于一般 4% 的偏差要求。

（3）离子镀膜　离子镀膜是把能量为 0.5~5keV 的离子分成两束，同时轰击靶材和工件表面，以增强膜材与工件基材之间的结合力的加工方法。

离子镀膜是在真空蒸镀和离子溅射镀膜的基础上发展起来的一种镀膜技术。从广义上看，离子镀膜是膜层在沉积的同时又受到高能粒子流的轰击的镀膜技术。离子镀膜时工件不仅接受靶材溅射来的原子，同时还受到离子的轰击，这使离子镀膜有许多独特的优点：镀覆面积大、镀膜附着力强、膜层不易脱落、可提高或改变材料的使用性能。金属或非金属、各种合金、化合物、某些合成材料、半导体材料、高熔点材料均可用离子镀膜镀覆。例如，工具上镀上高硬度的碳化钛可以大大提高其使用寿命；对钢做表面热处理时，进行离子氮化，

123

以强化表面层，可以大大提高耐磨性。

（4）离子注入　离子注入是用能量为 5~500keV 所需元素的离子束轰击工件表面并注入工件表层的加工方法，离子含量可达 10%~40%，注入深度可达 1mm，可以改变工件表层性能。由于离子能量相当大，可以渗入被加工材料的表层。工件表面层含有注入的离子后，表层化学成分发生改变，从而改变工件表面层的物理力学性能。其原理如图 4-38 所示。

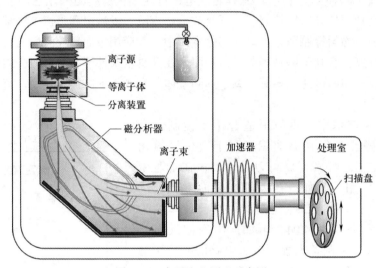

图 4-38　离子注入原理示意图

3. 离子束加工的特点

离子束加工技术是作为一种微细加工手段而出现的，是传统制造技术的一个补充。随着微电子行业和微机械的发展，这一技术得到了广泛的应用，其特点如下。

1）易于精确控制，加工精度高。离子束可通过离子光学系统进行聚焦扫描，并且能精确控制离子束流密度、深度、含量等，以获得精密的加工效果，可以对材料实行原子级加工或微毫米加工。

2）加工应力小、变形小。离子束加工是依靠离子撞击工件表面的原子而实现的，是一种微观作用，其宏观作用力极小，加工应力、变形也极小。采用这一工艺对脆性工件、极薄工件、半导体材料、高分子材料、低刚度工件进行微细加工，加工的适应性好。

3）加工所产生的污染少。因为离子束加工是在较高真空中进行的，所以污染少，特别适合易氧化的金属、合金材料及半导体材料的精密加工。但是，要增加抽真空装置，不仅投资费用较大，而且维护也困难。

4.4.5　高压射流加工

1. 高压射流加工的原理

高压射流加工（High-Pressure Jet Machining，HPJM）是一种利用高速、高压的射流去除材料的非传统加工方法。根据射流的介质不同，可以分为纯水射流加工、磨料水射流加工等。高压射流加工广泛应用于切割、钻孔、清洗、表面处理等领域。高压射流加工的基本原理如下。

1）产生高压射流：高压射流加工的关键是产生高速、高压的射流。通常采用高压泵将工作介质（如水或磨料水混合物）压缩至极高压力（数百至数千兆帕）。然后，通过一个特制的喷嘴将高压工作介质喷射出来，形成高速、高压射流。

2）磨料的加入：在磨料水射流加工中，磨料（如石英砂、刚玉等）被加入到高压水中。磨料的加入可以提高射流的切削能力，使之能够加工更硬的材料。磨料的材质、粒度和质量分数都会影响加工的效果。

3）射流切割作用：当高压射流喷射到被加工材料表面时，射流对材料产生剪切作用，使材料表面的原子或颗粒脱落。在磨料水射流加工中，射流中的磨料颗粒对材料产生冲击和磨削作用，进一步提高材料去除效率。

4）材料去除：通过控制射流的压力、速度和喷射角度，可以实现对不同材料和厚度的加工。高压射流可以将材料表面的原子或颗粒剥离，实现材料的切割、钻孔等加工。

5）射流控制与运动：为了实现所需形状的加工，高压射流需要通过数控系统进行精确控制。数控系统可以实现喷嘴在被加工材料表面的定向移动，从而实现精确加工。

高压射流加工具有无热影响区、适用材料广泛等优点。然而，这种技术也存在一定的局限性，如加工速度受到限制、加工精度受到射流宽度影响、射流衰减问题等。尽管如此，高压射流加工在很多领域具有重要应用价值，尤其是在切割复杂形状工件、异种材料连接以及薄膜材料加工等方面。

为了解决高压射流加工的局限性，研究者们已经在以下几个方面进行了努力。

1）优化喷嘴设计：通过改进喷嘴的设计，可以实现更细、更稳定的射流，从而提高加工精度和速度。同时，优化喷嘴材料和制造工艺可以延长喷嘴的使用寿命，降低成本。

2）提高射流能量：通过提高泵的压力和流量，可以提高射流的能量，从而实现更快速、更深的切割。然而，这可能会增加能耗和设备成本。

3）磨料选择与控制：磨料的类型、粒度和质量分数对加工效果有很大影响。通过选择合适的磨料并精确控制磨料供给，可以实现更高效、高质量的加工。

4）数控系统与运动控制：采用先进的数控系统和运动控制技术，可以实现更精确、更灵活的射流控制，这对于加工复杂形状和薄膜材料尤为重要。

5）联合加工技术：将高压射流加工与其他非传统加工技术（如激光加工、电化学加工等）相结合，形成复合加工技术。这将有助于充分发挥各种加工技术的优点，实现更高效、高质量的加工。

总之，高压射流加工技术在不断发展和优化，以满足各种复杂、高效加工需求。通过研究和创新，高压射流加工技术在未来将在更多领域发挥重要作用。

2. 水射流加工

水射流加工（Water Jet Machining，WJM）又被称为超高压水射流加工、液力加工、水喷射加工或液体喷射加工，俗称"水刀"，主要靠液流能和机械能实现材料加工。

水射流加工是 20 世纪 70 年代发展起来的一门技术，开始时只是用于大理石、玻璃等非金属材料的加工，现在已发展成为切割复杂三维形状的工艺方法。这项技术是一种"绿色"加工方法，在国内外得到了广泛的应用。目前在机械、建筑、国防、轻工、纺织等领域，正发挥着重要的作用。

水射流加工是利用高速水流对工件的冲击作用来去除材料的加工方法。其原理如图 4-39

所示。储存在水箱中的水或加入添加剂的混合液体，经过过滤器处理后，由液压泵抽出送至蓄能器中，使液体流动平稳。液压机构驱动增压器，使水压增高到 70~400MPa。高压水经控制器、阀门和喷嘴喷射到工件上的加工部位，进行切割。切割过程中产生的切屑和水混合在一起，排入回收槽。

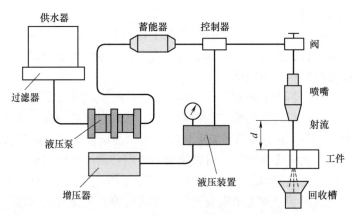

图 4-39　水射流加工原理示意图

有关水射流的破碎和粉碎作用的利用可以追溯到 20 世纪 20 年代。早在 1916 年就已经开展借助水射流开采煤炭的实用试验，1939 年实现了水力采煤。其后，随着对高压水发生装置的不断开发，水射流在矿业、土木工程和建筑业中的应用日益增加。但是，利用水射流实现工业产品的精密加工，尤其是切割的研究则在 20 世纪 60 年代初才开始，其是从高速飞行的飞机受到雨滴侵蚀（B29 型轰炸机的由玻璃纤维增强塑料制造的雷达圆顶受损伤等）这一现象获得启示的。据此，美、英、日和苏联等国相继开展了这方面的研究工作。经过约 10 年的研究和开发，研制出了实用又耐久性好的高压水发生装置（包括高压密封装置），在 1971 年制造出了世界上第 1 台高压纯水射流切割设备并用于家具制造中的切割加工。

鉴于纯水型的切割能力有限，水射流可切割加工的材料受到限制，故自 20 世纪 80 年代初开始研究在水中加入磨料的水射流加工技术，而且取得了迅速的进展。1982 年第 1 台高压加磨料（挟带式）水射流切割设备问世，它能切割各种金属和陶瓷等硬质材料，从而引起工业界对水射流切割法的重视。

其后，英国流体力学研究协会又在此基础上开发出低压加磨料水射流技术。1990 年，该协会下属的 Fluid Developments 公司正式推出低压加磨料型二轴数控水射流切割机。我国经过一段时间的开发，1993 年，正式推出国产高压（最大水压为 392MPa）加磨料型水射流切割设备并开始销售。我国对水射流切割的研究和开发时间并不长，而且较大范围的推广应用的时间更短，因此，有关切割的基础研究尚待深入，最佳切割参数的资料也需逐步加以积累和分析。

3. 超高压水射流

超高压水射流使用水作为工作介质，是一种冷态切割新工艺，属于绿色加工范畴，是目前世界上先进的加工工艺方法之一。它可以加工各种金属、非金属材料，各种硬、脆、韧材料，在石材加工等领域具有其他工艺方法无法比拟的技术优势。

1）切割时工件材料不会受热变形，切边质量较好；切口平整、无毛刺、切缝窄，宽度为 0.075mm。材料利用率高，使用水量也不多（液体可以循环利用），降低了成本。

2）在加工过程中，作为刀具的高速水流不会变钝，各个方向都有切削作用，因而切割过程稳定。

3）在切割加工过程中，温度较低，无热变形、烟尘、渣土等；加工产物随液体排出，故可以用来切割加工木材、纸张等易燃材料及制品。

4）由于切割加工温度低，不会造成火灾。切屑混在水中一起流出，加工过程中不会产生粉尘污染，不会有爆炸或火灾的危险，因而有利于满足安全和环保的要求。

5）加工材料范围广，既可用来加工非金属材料，也可以加工金属材料，而且更适于切割薄的和软的材料。

6）加工开始时不需要退刀槽、孔，工件上的任何位置都可以作为加工开始和结束的位置；与数控加工系统相结合，可以对复杂形状的工件进行自动加工。

对某些材料，夹裹在射流束中的空气将增加噪声，噪声随压射距离的增加而增加。在液体中加入添加剂或调整到合适的正前角，可以降低噪声，噪声分贝值一般低于标准规定。

目前，超高压水射流加工存在的主要问题是喷嘴的成本较高，使用寿命、切割速度和精度仍有待进一步提高。

4. 水射流加工设备

目前，国外已有系列化的数控超高压水射流加工设备，但是还没有通用的超高压水射流加工机床。通常情况下，它们都是根据具体要求而设计制造的。水射流加工设备主要包括增压系统、切割系统、控制系统、过滤设备和机床床身。

（1）增压系统 增压系统主要包括增压器、控制器、泵、阀门及密封装置等。增压器是液压系统中重要的设备，增压器的作用是使液体的工作压力提升到 400MPa，使其高出普通液压传动装置液体工作压力的 10 倍以上，以保证加工的需要。因此，增压系统中的管路和密封是否可靠，对保障切割过程的稳定性、安全性具有重要意义。如果增压水管是高强度不锈钢厚壁无缝管或双层不锈钢管，接头处应采用金属弹性密封结构。

（2）切割系统 喷嘴是切割系统最重要的零件，喷嘴应具有良好的射流特性和较长的使用寿命。喷嘴的结构取决于加工要求，常用的喷嘴有两种，即单孔型和分叉型。

喷嘴的直径、长度、锥角及孔壁表面质量对加工性能有很大影响，通常要根据工件材料性能合理选择喷嘴。喷嘴的材料应具有良好的耐磨性、耐腐蚀性和耐高压。

常用的喷嘴材料有硬质合金、蓝宝石、红宝石和金刚石。其中，金刚石喷嘴的寿命最高，可达 1500h，但加工困难、成本高。此外，喷嘴位置应可调，以适应加工的需要。

影响喷嘴使用寿命的因素较多，除了喷嘴结构、材料、制造方法、装配方法、水压、磨料种类的影响，提高水介质的过滤精度和处理质量，也有助于提高喷嘴寿命。通常，工业用水的 pH 值为 8，并精滤到水中的悬浮物颗粒直径小于 0.1μm。另外，选择合适的磨料种类和粒度，对提高喷嘴的使用寿命也至关重要。

（3）控制系统 控制系统可根据具体情况选择机械传动控制或气压和液压传动控制。工作台应能灵活地纵、横向移动，以适应大面积和各种形状加工的需要。因此，理想的控制系统是采用程序控制和数字控制的系统。目前，世界上已出现程序控制液体加工机，其工作台尺寸为 1.2m×1.5m，移动速度为 380mm/s。

（4）过滤设备　在进行超高压水射流加工时，处理和过滤工业用水对加工有着重要意义：可以延长增压系统密封装置和宝石喷嘴等的寿命，提高切割质量和运行的可靠性。因此，要求过滤器能很好地滤除液体中的尘埃、微粒、矿物质沉淀物，过滤后滤液中残留的微粒直径应小于 0.45μm。液体经过过滤以后，可以减少其对喷嘴的腐蚀，使得切削时摩擦阻尼很小。当配有多个喷嘴时，还可以采用多路切削，以提高切削速度。

（5）机床床身　机床床身结构通常采用龙门式或悬臂式机架结构，一般都是固定不动的。为了保证喷嘴与工件距离的恒定，以保证加工质量，要在切削头上安装一个传感器。为了加工出复杂形状零件，应将切削头和关节式机器人手臂或三轴的数控系统相结合。图 4-40 所示是美国一家公司生产的典型水射流切割设备的组成示意图。

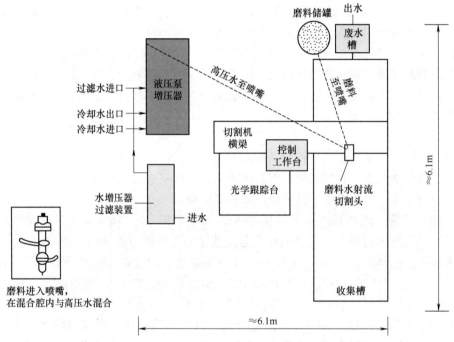

图 4-40　美国 PASER 型水射流切割设备组成和布置示意图

4.4.6　能场辅助加工技术

难加工材料（包括镍基高温合金、钛合金等高强韧材料，工程陶瓷等硬脆材料，兼具高硬度与高强韧特性的金属基、陶瓷基、树脂基复合材料）的切削、磨削、特种加工是先进制造技术、高端装备制造等领域的重要组成，难加工材料的高表面完整性加工难题成为了不可回避的技术瓶颈，限制了其在航空航天、精密模具、轨道交通等领域的应用。能场辅助加工技术是解决以上技术难题的必然选择。

能场辅助加工技术通过在传统切削、铣削、磨削、抛光等加工方式的基础上引入激光、超声振动和磁场等能场，弥补传统制造技术在精密/超精密加工方面能力的不足，可以实现高质量低损伤的超精密制造。同时，为避免单一能场作用加工方法的局限性获得更好的加工效果，常常把多种能场叠加或组合形成复合特种加工。多场复合加工技术是目前特种加工技术领域的研究与发展重点，已经开发并成功应用于工业生产的复合特种加工方法主要有四大类：第一类是以电化学作用为主体的电化学复合加工，如电解磨削、电解珩磨、电解研磨、电化学机械复合抛光、电解电火花复合加工、激光辅助电解加工、超声辅助电解加工等；第二类是以热熔化、汽化作用为主体的热作用复合加工，如电火花磨削加工、超声辅助电火花加工等；第三类是以化学作用为主体的化学复合加工，如化学 - 机械抛光等；第四类为其他能场复合加工。接下来对几种典型的多场复合加工技术进行讲解。

（1）电化学 - 机械复合加工　从电解加工角度看，电化学机械复合加工是在原来机械加工工艺基础上叠加了电解作用。电化学机械复合加工对原机械抛光设备稍加改装，把抛光盘与工件固定板之间绝缘，在工件与抛光盘之间垫入无纺布或尼龙绸布，并通入混有抛光微粉的电解液，从而实现电化学 - 机械抛光工艺。

图 4-41 所示为电化学 - 机械复合抛光原理示意。工件连接直流电源的正极，抛光头连接负极。电解液由液压泵供给抛光头，经过无纺布的微孔进入抛光区。抛光头以一定的转速旋转，并沿一定的路线移动，同时还对工件表面施加一定的压力。电源接通后，工件表面在电解和机械研磨的复合作用下被抛光。

抛光头的上部是铜制的抛光盘，在抛光盘的端部粘结尼龙无纺布，无纺布上粘结微细粒度的磨料。抛光头的形式根据需要可以设计成各种形状。电化学 - 机械复合抛光一定要使用钝性强的电解液，目的是使生成的钝化膜具有一定的强度（比金属的强度低得多）。只有在大电流密度条件下，钝化膜才会遭到破坏而使工件表面不断溶解，而在低电流密度条件下，钝化膜能阻止工件表面的进一步溶解。

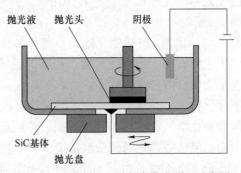

图 4-41　电化学 - 机械复合抛光原理示意图

电化学 - 机械复合抛光在低电流密度条件下工作，钝化膜很难被电解去除，只能依靠无纺布上的磨料刮除。刮除后，新工件表面才能被电解。抛光时，工件表面高处的钝化膜先被磨粒刮除，露出新的金属表面再被电解，同时又产生新的钝化膜；工件表面低处的钝化膜无法被刮除，从而保护表面低处的金属不被电解。上述过程不断循环进行，使得工件表面平整效率迅速提高、表面粗糙度快速降低。

通常，电解成膜的厚度为几微米，膜的硬度和强度均大大低于金属工件的基体，很容易被磨料刮除。因此，选择合理的抛光参数和磨料是提高抛光质量和抛光效率的前提。

电化学机械复合抛光与传统机械抛光及电化学抛光相比，具有抛光速度高、平整化过程短、抛光质量好的特点。影响电化学 - 机械复合抛光表面质量的因素有以下几方面。

1）电解液的成分、浓度是影响抛光质量的主要因素。通常，对于模具钢、不锈钢，选用硝酸钠水溶液作为电解液。为改善抛光性能，提高抛光速度，一般在电解液中添加合适的络合剂。

2）加工电压的选取要根据原始表面粗糙度及其电解液的浓度等参数，先通过工艺试验进行优化后再确定。加工电压选择范围为 3~15V。电压过高，表面粗糙度增大，甚至会出现点蚀和过腐蚀；电压过低，加上效率低，可能变成以机械磨削为主，使工件表面质量下降，磨料消耗过大，减少抛光头的使用寿命。粗抛光时，加工电压要大一些，以提高抛光速度；

129

精抛光时，尽量选用低电压，以提高表面质量。

3）磨料粒度不仅影响抛光效率，而且更影响表面粗糙度。粗抛光时应选用较粗的磨粒（用粗磨粒可以提高材料去除速度）；镜面抛光时，可以使用粒度在 2000 目以下的磨粒，并且在低电压、小电流密度条件下精抛。在把磨粒混入电解液之前，需进行筛选，以免混入大粒度的磨料而划伤表面。

4）抛光头对工件的压力要适当。压力过大，抛光头因受力不均而振动，影响抛光头与工件表面的良好接触，增加抛光头的磨损，造成工件表面的过腐蚀及腐蚀不均；压力过小，导致抛光效率降低。正常加工时压力一般为 0.01~0.05MPa，粗抛光时压力应大一些，精抛光时压力应小一些。

5）抛光头上的磨粒运动轨迹直接影响工件的表面质量。在一定转速下，抛光头进给速度慢、运动轨迹密、抛光效率高、进给速度均匀，抛光表面不会产生不均匀条纹。抛光头的转速不可过高，以免造成干磨或腐蚀不均，通常转速为 200~300r/min。抛光头直径大时，转速低些；直径小时，转速适当提高。

综上所述，决定加工表面粗糙度的主要因素是磨粒的大小及机械抛光的状态，而决定抛光效率的主要因素是电解作用。只有两者很好地配合，才能提高抛光效率和降低表面粗糙度。

（2）化学 - 机械复合抛光 随着半导体工业沿着摩尔定律的曲线急速发展，驱使晶片加工工艺向着更高的电流密度、更高的时钟效率和更多的互联层转移。由于器件尺寸的缩小，光学光刻设备焦深的减小，要求晶片表面可接受的分辨率和平整度达到纳米级。采用传统的平面化技术，如基于沉积技术的选择沉积、溅射玻璃旋转涂布、低压化学气相沉积、等离子体增强化学气相沉积、偏压溅射、热回流、沉积 - 腐蚀 - 沉积等，虽然也能得到"光滑"的表面，但这些都是局部平坦化技术，不能做到全局平坦化。目前，对于最小特征尺寸不大于 0.35μm 的器件，必须进行全局平坦化，需要发展新的全局平坦化技术。

化学 - 机械复合抛光技术正是在这种需求背景下发展起来的，是目前较好的全局平坦化技术。20 世纪 80 年代初国外开始对这一技术进行研究开发，1991 年由 IBM 公司在 64MB DRAM 的生产中获得成功应用。根据 Kaufman 等提出的金属材料化学 - 机械复合抛光模型，复合加工中抛光液的成分主要由腐蚀剂、成膜剂和成膜助剂、纳米磨粒这三部分组成。其抛光原理如图 4-42 所示，腐蚀剂起腐蚀溶解金属的作用，成膜剂在金属表面形成钝化膜而阻止金属的腐蚀溶解，成膜助剂起改善钝化膜性能的作用。纳米磨粒的机械摩擦作用能去除凸起处的表面膜从而促进金属的腐蚀溶解，凹陷处则得到钝化膜的有效保护。形成的表面钝化膜能降低金属表面硬度，使得机械摩擦更容易进行。于是，抛光过程按照钝化、磨损、再钝化、再磨损的方式循环进行，直到全局平坦化。因此，金属材料的化学 - 机械复合抛光过程实际上是机械摩擦作用下的电化学腐蚀过程，是化学抛光与机械抛光平衡的过程。

（3）激光辅助加工 激光辅助加工是将激光能量引入加工区域，提前预热并软化难加工材料，以改善其变形行为，使得材料以塑性方式去除，从而提高高温诱导下材料的加工性能。材料通过外部热源加热后，在加工过程中可以减少切削力和刀具磨损、改善表面光洁度、提高材料去除率和减少工件表面损伤。近几十年来，激光辅助加工技术因其在加工难加工材料方面具有高效性和经济性优势而得到快速发展，现已实现了与切削、磨削、铣削等传统加工方式相结合，衍生出多种激光辅助加工方式，包括激光辅助切削、激光辅助磨削等。

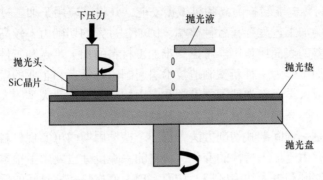

图 4-42　化学 - 机械复合抛光原理示意图

　　激光辅助切削实现形式简单，在提高工件表面质量，减少刀具磨损上表现出极大的优势，因此激光辅助切削为激光辅助加工领域最常用的加工方式，根据激光辐射位置的不同，激光辅助切削可分为传统激光辅助切削和原位激光辅助切削两种方式。传统激光辅助切削的激光源直接辐射于工件表面，通过激光的预热作用降低材料表面硬度，实现难加工材料的超精密加工。激光辅助切削装置由机床和激光模块组成，激光作用于待切削区域，通过加热至一定温度实现工件的软化效果，并由机床完成切削加工。

　　激光辅助磨削通过在传统磨削系统中加入激光模块，可实现难加工材料的塑性加工，减小磨削力和脆性断裂损伤，从而提高加工表面质量。激光辅助磨削在磨削陶瓷前使用激光预热，将待磨削区局部温度提高到 1600℃以上，使工件在磨削过程中由脆性转化为塑性，从而提高材料加工表面质量，减少磨具磨损，进而降低难加工材料精密加工的成本，其原理图如图 4-43 所示。

131

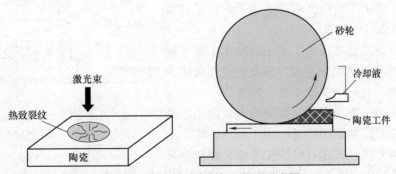

图 4-43　激光辅助磨削加工原理示意图

　　激光辅助铣削通过在传统铣床上加入激光模块，以改善传统铣削加工过程中铣刀振颤等问题。根据所选铣刀的不同，使用面铣刀或微端铣刀的平面单向铣削，可用于加工形状简单的工件；使用球头铣刀的三维激光辅助铣削，可用于加工形状复杂的工件。

　　激光辅助加工技术还应用于其他加工方式，如抛光、钻削等。激光辅助抛光可使工件材

料表层塑性变形增加，与传统抛光相比，刀具磨损明显减小，加工表面完整性更好，有效降低了工件表面粗糙度。

（4）超声辅助加工　超声辅助加工是一种非传统的加工方法，它利用换能器（压电陶瓷/磁致伸缩）将高频电能转换为高频机械振动能，并将其应用于加工过程，从而实现材料超精密加工。传统的加工过程存在各种弊端，例如，过大的切削力，较高的切削温度，严重的刀具磨损以及较差的表面质量等。考虑到难加工材料的加工难点和工件表面高精度高质量的要求，超声辅助加工作为一种新型制造技术引起国内外学者和企业的广泛关注，国外的日本名古屋大学、大阪大学、新加坡国立大学和国内的哈尔滨工业大学、大连理工大学、天津大学及华中科技大学等高校已经展开了大量基础性研究。

超声辅助切削是一种间歇式切削方法，每一个振动周期内可实现材料的纳米级去除。与传统加工方式相比，由于加工特性的变化，材料的去除机理也发生了根本性变化。借助于超声振动，切削液能够顺利进入切削区域，从而实现工件材料和刀具间的低摩擦作用和材料去除，进而降低切削区域的切削力和切削温度，可实现高精高效塑性域切削，并抑制工件表面及亚表层损伤。

超声辅助磨削是一种结合普通磨削与超声辅助加工的高性能复合加工技术。在普通磨削加工的基础上，对刀具或者工件施加超声振动，改变刀具与工件之间的接触状态和作用机理，增大材料的塑性去除比例及材料去除率，降低磨削力和砂轮磨损量，改善磨削质量。大量研究表明在传统磨削的基础上复合超声振动可明显改善磨削效果，其原理如图4-44所示。因此超声辅助磨削在特种加工领域具有广阔的应用前景。

超声辅助抛光是一种将传统抛光和超声振动加工相结合的新型抛光技术，利用超声换能器将振动传递至变幅器放大振幅，驱动抛光头或者工件，可以有效改善工件的表面质量和精度。超声辅助抛光和普通抛光技术相比，在工件表面加工质量和加工效率上具有较强的优势，可以有效地减少抛光后工件表面划伤、磨损等现象，非常适用于难加工材料的抛光和表面质量的改善。

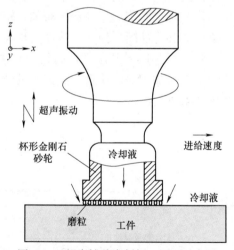

图 4-44　超声辅助磨削加工原理示意图

（5）磁场辅助抛光技术　磁场辅助加工是开展最早的一种能场辅助加工方法，与激光能场和超声振动能场相比，具有加工成本低、操作简单、磁场装置易搭建、加工范围广等一系列特点。磁场辅助加工通过将高密度的磁场能量作用于加工区域，结合传统的加工方法，实现对难加工可磁化材料高效去除、高面形精度、低亚表面损伤的加工。磁场辅助加工的作用机理可分为以下两个部分：①磁场通过增加材料位错的迁移率，延迟裂纹的萌生，并且使裂纹萌生向表面移动，从而提高材料的疲劳寿命；②磁场可以使磁化材料内部无序的磁畴趋于统一，达到磁饱和状态，软化材料，提高材料塑性，降低残余应力。随着磁场辅助制造技术的不断发展，磁场辅助加工已从抛光逐步应用到切削、铣削等加工方式。

磁场辅助抛光是一种无接触力，磁场分布易控制，对各种复杂曲面的加工适应性强的新型表面光整技术。磁场辅助抛光是工件获得最低表面粗糙度、去除加工表面缺陷最常用的超精密加工工艺。传统的抛光方法效率低、精度差、自动化程度低，无法满足先进光学系统中光学元件的指标需求。所以要获得高质量的超光滑表面，就必须对原有的抛光技术进行创新。随着亚纳米级加工成形机理和检测技术的发展现已开发出包括磁力研磨、磁流变抛光等多种磁场辅助抛光工艺。

磁场辅助切削是一种通过电磁线圈或者永磁铁，对刀具、待加工材料或者切削区域进行磁化的场辅助超精密切削加工技术。磁场对切削的影响作用可归为四类：磁致冷却效应、磁致相变效应、磁致伸缩效应、磁致扩散效应。国内外学者对磁场辅助切削技术开展相关研究较早，按磁化对象分类，磁场辅助切削主要分为磁化刀具和磁化工件两类。通过计算磁场作用情形下的刀具磨损增益系数，研究人员发现在研究的切削速度范围内，磨损增益系数正相关，磁场有利于降低高速钢刀具的磨损。

4.4.7　特种加工技术的发展方向

随着科技的快速发展和产业需求的变化，特种加工技术面临着新的挑战和机遇。未来特种加工技术的发展方向主要体现在以下几个方面。

1）绿色加工技术：随着环境保护意识的提升和可持续发展的要求，特种加工技术需要在节能减排、降低污染等方面做出努力。研究和推广具有环保特性的特种加工技术，如干式加工、微水切割等，将成为未来发展的重要方向。

2）智能化与自动化：在工业 4.0 和智能制造的背景下，特种加工技术需要实现智能化和自动化。通过引入人工智能、物联网、大数据等技术，提高特种加工设备的自主决策和自我学习能力，实现智能监控、自动调整和优化加工过程。

3）高效精密加工：随着各行业对精密加工需求的不断提升，特种加工技术需要在提高加工精度、加工效率以及加工复杂程度等方面取得突破。通过研发更先进的加工方法和设备，满足高端制造业对精密加工的迫切需求。

4）多功能一体化：未来特种加工技术将更加注重实现多功能一体化，即在一个加工设备上实现多种加工功能的集成。这将有助于提高生产率，降低成本，同时满足多样化产品的生产需求。

5）新材料加工：随着新材料技术的不断发展，特种加工技术需要适应面向新材料的加工需求。例如，针对具有高强度、高硬度、高耐磨等特性的新材料，需要研发相应的加工方法和设备，以满足新材料在各领域的应用需求。

6）个性化定制加工：在消费需求日益多样化的背景下，特种加工技术需要能够满足个性化定制的需求。通过引入柔性制造、3D 打印等技术，实现对个性化产品的快速、高效加工。

7）数字孪生技术：数字孪生技术通过模拟现实世界的物理过程，为特种加工提供更准确的模型和预测。这将有助于优化生产流程，减少实验成本，并提高产品质量。通过引入数字孪生技术，特种加工企业可以在虚拟环境中进行试验和优化，加速产品研发和创新。

8）跨学科整合：特种加工技术的发展需要吸收和融合多个学科的知识，以实现技术创新和突破。例如，通过将材料科学、机械工程、光学、电子等多个领域的研究成果结合起来，可以开发出更加先进和高效的特种加工技术。

9）微纳米加工技术：随着科技的进步，微纳米尺度的加工需求日益增加。特种加工技术需要在微纳米领域取得突破，满足微电子、光学、生物医学等领域对高精度、高效率微纳米加工的需求。通过发展微纳米加工技术，可以实现对超微细结构、微纳米级表面质量和尺寸精度的高效加工。

10）特种加工技术的应用拓展：未来特种加工技术将在更多领域得到应用，如生态环境保护、智能家居、智能穿戴设备等。通过不断拓展特种加工技术的应用范围，可以推动各行业的技术进步和产业升级。

综上所述，特种加工技术未来的发展方向将更加多元化、绿色化、智能化和高效化。通过跨学科整合、新技术研发、应用拓展等途径，特种加工技术有望在未来实现更多的创新和突破，为全球制造业的发展和人类社会的进步提供有力支撑。

4.5 微细及微纳加工技术

微机械或微型机电系统（Micro Electro Mechanical Systems，MEMS）指可以批量制作的集微型机构、微型传感器和微型执行器，以及信号处理和控制电路，甚至外围接口、通信电路和电源等于一体的微型器件或系统。MEMS 是一个新兴的、多学科交叉的高科技前沿研究领域，涉及电子、电气、机械、材料、制造、信息与自动控制，以及物理、化学、光学、医学和生物技术等多种工程技术和科学。MEMS 能通过传感器采集光、声、热、电、磁、重力和运动等外部信号，将其转化为电信号，通过电子系统协调统一控制这些信号，并发出指令给自动执行部件，完成所需的动作。一个集成的、具有信息获取、处理和执行功能的微型器件组成的 MEMS，具备自动化程度高、智能可靠的优点，开辟了全新的应用领域和产业，制造出很多产业中所需的重要元器件，如微传感器、微执行器、微电子器件和微陀螺仪等。

微机械具有体积小、重量轻、能耗低、精度高、性能可靠和灵敏度及效率高等优点，易于实现整个系统的小型化、智能化，降低原材料和能源的消耗，从而可以降低成本，适于大批量生产。微机械符合产品小型化的趋势，在航空航天、生物医学、国防军事及精密仪器等领域有着广泛的应用前景，针对微机械应运而生的各种微细加工技术也得到了快速的发展。

4.5.1 微细加工技术及其特点

微细加工技术指制造微型机械和微电子器件所需的各种工艺技术的总称，该技术是由半导体集成电路制造工艺发展而来的工艺方法，其典型的应用就是大规模集成电路（LSI）和超大规模集成电路（VLSI）的加工制造。微细加工技术包括微细切削技术、光刻技术、刻蚀技术、超薄膜形成技术、离子注入加工技术、特种电加工技术和超声微加工技术等，其中光刻技术是微细加工技术的主流技术，也是应用最广的一种技术，如实验室内利用飞秒激光进行的微纳米加工技术，可以达到的精度为 10nm；离子刻蚀技术应用于致薄探测器探头，可以大大提高其灵敏度。例如，致薄月球岩石样品，能从 $10\mu m$ 致薄到 10nm；能在 10nm 厚的 Au-Pa 膜上刻出 8nm 的线条来。

传统微细加工技术虽然可以达到极小的加工尺度和较高的加工精度，但只适于对特定材料和二维以及二维半几何形状的加工，不能满足微机械零件材料多样化、结构三维化、功能复杂化和批量柔性化的发展趋势。微细切削技术具有加工精度高、加工成本低、加工效率高、三维加工能力强及适用工件材料范围广等优点，成为微细加工技术的重要手段，在近几年得到了飞速发展。微细切削技术是建立在传统机械切削技术基础之上，融合超精密加工技术、数控机床技术、CAD/CAM 技术、超精密检测技术、金属切削技术和微小型刀具设计技术等发展起来的针对微小型零部件及总成的一种微细加工技术。

微细加工与常规尺度加工在原理和方法上有许多不同，并不是在常规尺度机械加工基础上加工尺寸的简单减小，而是有其自身的加工特点，主要表现在以下方面。

1) 材料去除机理不同。微细加工尺度较小，以微细切削技术为例，切削深度一般为 $10^{-4} \sim 10^{-2}$ mm，其切削过程不同于常规尺度切削。常规尺度加工时，由于吃刀量较大，晶粒大小可以忽略而作为一个连续体来看待，而微切削却是在晶粒内进行，晶粒作为不连续体而被切削。从常规尺度到微、纳尺度切削加工的变化，对应材料的去除机理则是宏观尺度下的位错剪切滑移变形到微观尺度晶粒内部的剪切断裂，其对应刀具单位面积上所承受的力急剧增大，使得材料去除变得更为困难；同时影响材料成形表面质量的因素也大大增加，为得到较高加工表面所采取的工艺措施将更为复杂。

2) 精度衡量标准不同。常规尺度加工的精度是用其加工误差与加工尺寸的比值来表示，这就是精度等级的概念。在微细加工中，由于加工尺寸很小，加工误差与加工尺寸的比值相应较大，需要用误差尺寸的绝对值来表示加工精度，即用去除材料的大小来表示，从而引入了加工单位的概念。微细加工的加工单位可以小到分子级和原子级，而常规尺度的精度评定标准在微细尺度下不再适用，必须建立一整套微纳加工尺度下的新的精度评定标准。

3) 尺度效应影响。加工尺寸的减小会带来几何和物理上的尺度效应。几何尺度效应会使微、纳尺度零件加工时表现出与宏观尺度截然不同的现象，如表面力和表面物理效应将取代宏观尺度下的体积力而占主导作用，即各种作用力的相对重要性发生变化，如雷诺数反映了惯性力和摩擦力的作用大小。宏观领域下，雷诺数一般大于 1，表示惯性力占主导作用，而微、纳尺度作用下，雷诺数一般小于 1，摩擦力作用突出，如空气中飘浮的尘埃，其表面的空气摩擦力大于自身重力。尺度的缩小会使宏观尺度下的很多假设，如介质的连续性和均匀性等不再成立，相应的力学理论需要修正，由此分子动力学应运而生。此外，动能、动量、摩擦因数和速度等多方面也表现出了一定的尺度效应。

4.5.2 微细加工技术及其发展趋势

随着微机械的迫切需求和产业化应用，微细加工技术表现出巨大的应用前景，将有力地推动微机械电子系统的发展，进一步提高加工效率，降低制造成本，制造出更多具有优良性能和广泛用途的微小型器件。

微细加工技术表现出以下发展特点：

1) 微细复合加工方法：微细加工技术虽然目前仍是以使用物理和化学能量的特种加工为主，但在实际应用中，正在向多种方法复合加工的方向发展，如微细切削、化学腐蚀、光刻、高能束加工和电火花放电等方法及这些方法的复合加工。复合加工方法有利于发挥各种微细加工技术的优势，从而大大拓展微细加工技术的适用范围。

2) 加工材料多样性：微细加工技术源于对硅片的刻蚀加工，但它能加工的材料绝不止于此，从单一的硅片已经扩展到铜、铝、碳钢、不锈钢、钛及高温合金等金属材料，以及碳纤维、芳纶纤维等纤维增强复合材料。可以断定的是，随着微机械的发展，还会有更多的具

有优良性能的材料需要采用微细加工技术进行加工制造。

3）三维加工能力越来越强：微机械的应用越来越广，产品结构也越来越复杂，在强大的市场需求推动下，微细加工技术从原来的平面化二维加工正向三维复合加工发展。以微小零件为例，零件本体属于回转件，宏观特征符合车削加工工艺，而本体上的台阶、孔和微槽等又符合铣削加工特性，零件整体呈现三维立体结构，必须采用微细车铣复合工艺进行零件的三维加工。

微细加工目前有多种技术，主要包括微细切削技术、微细电加工技术、光刻加工技术和 LIGA 技术等。

1. 微细切削技术

常见的用来进行微细加工的切削方法有：微细车削、微细铣削、微细钻削和微细磨削等。

（1）微细车削 车削是一种常见的金属加工方法，通过旋转工件并使用切削工具，从工件上去除材料，从而获得所需的形状和尺寸。在制造业中，车削广泛应用于零件加工、模具制造、机械加工等领域。如图 4-45 所示为示意图微细车削，其是加工微小型回转类零件的主要手段，需要微型车床以及相应的检测与控制系统，且其对主轴精度、刀具硬度和微型化有很高的要求。

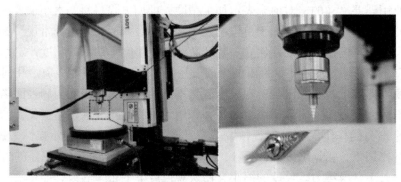

图 4-45　微细车削示意图

微型车床是发展微细车削技术的前提及关键。其整体性能是影响微小零件的精度、尺寸极限与尺寸重复精度的关键因素。

微型车床往往需要配置高精密主轴、高精度的进给工作台以及控制系统，这主要包括机床的单元技术和整体性能。单元技术包括精密主轴、进给机构以及 CNC 控制系统。整机技术包括车床床身、冷却系统、安全措施及加工环境等。

日本通产省工业技术院机械工程实验室（MEL）于 1996 年开发了世界上第一台微型化的机床——微型车床，长 32mm、宽 25mm、高 30.5mm，重量为100g；主轴电机额定功率 1.5W，转速 1000r/min。用该机床切削黄铜，沿进给方向的表面粗糙度值为 Rz1.5μm，加工工件的圆度为 2.5μm，最小外圆直径为 60μm。切削试验中的功率消耗仅为普通车床的1/500，如图 4-46 所示。

图 4-46　世界上第一台微型车床

但是微细车削并非机床的尺寸越小，加工出的工件尺度就越小，精度就越高。微细车床的发展方向一方面是微型化和智能化，另一方面是提高系统的刚度和强度，以加工硬度比较大、强度比较高的材料。

（2）微细铣削　微细铣削加工是一种加工能力强、成形精度高的微小零件机械加工技术。如图 4-47 所示，传统的微细铣削技术主要是采用直径几十微米至 1mm 的微型立铣刀，在常规尺寸的超精密机床上进行微细加工。由于这些机床主要用于加工精度很高的非微小几何尺寸零件，通常需要通过昂贵的设计和制造工艺来达到所期望的目标精度，而对于微小零件的加工，则缺少必要的柔性，且加工成本高、效率低。微小型化的加工设备具有节省空间、节省能源、易于重组、成本低等优点。近年来，利用微小型加工设备实现微细铣削加工已引起人们的普遍重视，并实现了采用微型刀具在微小型机床上的微细加工过程。在对微细铣削加工技术的研究中，研究重点主要集中于加工表面质量、切削力、刀具的磨损和寿命、切屑状态、对微小零件的加工能力等方面。

图 4-47　微型铣削示意图

哈尔滨工业大学研制的微型精密三轴铣床以及所使用的微型端铣刀如图 4-48 所示。机床总体外形尺寸为 300mm × 300mm × 290mm，由以下五部分组成：① PMAC 八轴运动控制卡，完成插补运算、位置控制等实时任务；②工控机系统，提供系统初始化、代码编程、参数管理等非实时性任务；③精密工作台，由压电陶瓷超声直线电动机驱动；④空气涡轮高速主轴，为微型铣刀提供最高 160000r/min 的转速；⑤ CCD 视频采集系统，用于把微型铣刀和微小工件放大后方便对刀并实时观测切削状态。

a) 微型铣床

b) 微型端铣刀

图 4-48　微型精密三轴联动立式铣床及微型端铣刀

目前数控铣削技术几乎可以满足任意复杂曲面和超硬材料的加工要求。与某些特种加工方法如电火花、超声加工相比，切削加工具有更快的加工速度、更低的加工成本、更好的加工柔性和更高的加工精度。微细铣削可以实现任意形状微三维结构的加工，生产效率高，便

137

于扩展功能。微细铣床的研究对于微型机械的实用化开发研究具有重要意义。

（3）微细钻削　微细钻削一般用来加工直径小于 0.5mm 的孔，如图 4-49 所示，这种加工方法可以对不超过 0.5mm 的孔展开有效的处理，对精密电子零件加工效果良好，与此同时不会产生零件变形的问题，在使用阶段可以充分处理好尺寸精度偏差问题。钻削现已成为微细孔加工的最重要工艺之一，可用于电子、精密机械、仪器仪表等内部零部件的加工。

微细钻削的关键除了车削要求的几项之外，还有微细钻头的制造问题。微细钻削方法的核心就是挑选钻头，硬度和尺寸均应当达到设计要求，倘若出现影响使用安全性的问题，可在实际生产加工以前替换钻头，把孔的直径控制在和设计方案相符的尺寸以内。刀面应维持平准度，同时前刀面和后刀面角度应控制在合理的范围以内，如若发现参数有误，应当立即调整，如此才可以确保使用的安全性，且生产出合格的微细钻头产品。目前，商业供应的微细钻头的最小直径为 50μm，要得到更细的钻头，必须借助于特种加工

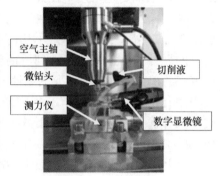

图 4-49　微细钻削示意图

方法。例如用聚焦离子束溅射技术可制成直径小于 30μm 的钻、铣削刀具。但是聚焦离子束溅射设备复杂，加工速度较慢。用电火花线电极放电磨削（WEDG）技术则可以稳定地制成直径为 10μm 的钻头，最小可达 6.5μm。

但是，用 WEDG 技术制作的微细钻头，如果从微细电火花机床上卸下来再装夹到微细钻床的主轴上，势必造成安装误差而产生偏心。这将影响钻头的正常工作甚至无法加工。因此用这种钻头钻削时，必须在制作该钻头的微细电火花机床上进行。

在钟表制造业中，最早使用钻头加工小孔。随着工艺方法的不断改进，相继出现了各种特种加工方法，但至今，一般情况下仍采用机械钻削小孔的方法。近年来，研制出多种形式的小孔钻床，如手动操作的单轴精密钻床、数控多轴高速自动钻床、曲柄驱动群孔钻床及加工精密小孔的精密车床和铣床等。20 世纪 80 年代后，由于 NC 技术和 CAD/CAM 的发展，小孔加工技术向高自动化和无人化发展。目前机械钻削小孔的研究方向主要有：难加工材料的钻削机理研究、小孔钻削机床研制和小钻头的刃磨、制造工艺研究以及超声振动钻削等新工艺的研究等。

（4）便携式工厂　MEL 于 1990 年提出了微型工厂的概念，并在 1999 年设计制成了世界上第一套桌面微型工厂样机。它由车床、铣床、压力机、搬运机械手和装配用双指机械手组成，占地面积为 700mm×500mm，能进行加工和装配。为了演示和证明微型工厂的可携带性，MEL 于 2000 年设计制作了第二套微型工厂样机——便携式微型工厂，重量为 23kg，被放在 625mm×490mm×380mm 的箱子里。

（5）微细切削刀具　在微细切削技术中，对于微细切削刀具的研究也尤为重要。高速工具钢、细晶粒和超细晶粒硬质合金、单晶金刚石材料由于其高硬度、耐磨、耐热以及较好的工艺性，是较理想的微小型刀具材料。

高速工具钢是在高碳钢中加入一定含量的合金元素并经热处理工艺，比普通钢材更硬、更耐高温磨损、韧性更好的优质合金工具钢。高速工具钢经热处理后的使用硬度为

63~69HRC，在 600℃左右的工作温度下仍能保持约 60HRC 的高硬度，其抗压屈服强度在 2000~3000MPa 之间，而且其韧性、耐磨性和耐热性均较好。

高速工具钢中的主要合金元素有钨、钼、铬和钒，还有一些高速工具钢中加入了钴、铝等元素。但是这类钢属于高碳高合金莱氏体钢，其主要的组织特征之一是含有大量的基本不能再固溶的一次碳化物，此碳化物占钢的 10%~20%（质量分数），尺寸为 2~20μm。由于微细切削的切削参数在 10^{-4}~10^{-2}mm 之间，由位错理论可知，工件材料的位错也大致在这个范围内，一次碳化物颗粒的尺寸不利于微细切削的顺利进行，也就意味着高速工具钢材料不适于作为较小尺度微细切削的微小型刀具材料。由于高速工具钢具有优良的工艺性能，适用于复杂刀具的制作，并且其成本比其他高硬刀具材料，如单晶金刚石和硬质合金要低得多，某些要求不高的微小型钻头、铣刀和齿轮滚刀大多采用它作为微小型刀具材料。为克服高速工具钢硬度较低的缺点，工作条件较恶劣的刀具需要再进行涂层以提高其硬度和耐磨性。经过表面涂层处理后的刀具寿命大约会提高 1.5 倍以上。

国外精密微细切削刀具大多采用高质量的硬质合金作为原材料，刀具要求较高时进行表面涂层处理，可以满足大多数微细切削的需求，尤其对于像微小型齿轮滚刀类的复杂刀具，几乎全部采用硬质合金材料。硬质合金材料不仅是目前数控机床用刀具，同时也是微细切削刀具的主流材料。单晶金刚石因其具有硬度高、与工件材料的摩擦因数小、弹性模量高和晶体结构为单晶等优点，切削刃可以刃磨出非常锋利的刃口，其半径可以达到 50nm 左右。另据有关研究，根据延性域加工机理，选择合理的切削工艺和刀具参数，利用单晶金刚石刀具可实现硅片、锗和光学玻璃等脆性材料的延性域微细切削，从而满足微小型光学零件的精密加工需求。

但是，单晶金刚石刀具在被加工材料的选择和使用上受到很大局限，其与铁的亲和力强，这样就造成加工钢时的化学磨损严重，应用范围主要限制在非铁基材料，如对铜、铝等有色金属材料的微细切削加工上。单晶金刚石硬度极高，只适合于制造形状相对简单、尺度较大的车刀和成形刀具，不适合于制造形状复杂、具有空间曲线的复杂刀具，如钻头、铣刀及滚刀等。鉴于单晶金刚石的这些特性，其在精密车削方面应用很广。在航空航天领域，使用的零件多为有色金属材料，故对金刚石刀具的需求较大。另外，如大型光学镜面的精密加工，也采用金刚石刀具。但金刚石刀具的刃磨，尤其是当该刀具需要磨成极锋利切削刃的时候是使用者面临的一大难题。

晶粒度的大小为 0.2~1.3μm 的硬质合金称为细晶粒与超细晶粒硬质合金。由于其晶粒细小、硬质相尺寸较小和粘结相分布均匀等特点，材料的硬度和抗弯强度都显著提高，从而可应用于众多领域。细晶粒与超细晶粒硬质合金较适于制造微细切削的复杂刀具，主要有以下特点。

1）晶粒极细。细晶粒的组织可使制备出的刀具刃口锋利，减少刀具崩损，而且其表层显微组织均匀，这样刀具的几何参数稳定，尺寸一致性好，有利于实现批量化供应。

2）高强度和高弹性模量。细晶粒与超细晶粒硬质合金由于强度和弹性模量双高的特性，具有很好的综合物理特性。强度高，加工时可获得良好稳定的表面质量；弹性模量大，微细刀具的刚性好，不易造成切削中的尺寸误差；耐磨性好，刀具刃磨次数少，能持续保持较小的刃口半径和良好的表面粗糙度；断裂韧性好，刀具的磨损均匀，可靠性好。这些优点都有利于保证加工精度，尤其是保证微小薄壁结构的形状精度和微小孔的位置精度。

3）加工材料范围广。细晶粒与超细晶粒硬质合金可用于加工各类工程材料，使用范围较广。其突出优势是可以加工钢，扩大了微细切削的应用领域。基于细晶粒与超细晶粒硬质合金的这些特点，对微细切削高强、高硬钢方面具有较大优势。

微细切削刀具的主要要求如下：

1）整体尺度较小，局部特征尺度微小。微细切削参数在 $10^{-4} \sim 10^{-2}$ mm 范围内，微小型结构件的特征尺度微小，必然要求微细切削刀具具有较小的整体尺度，以满足微小型结构件中存在的框架、平面、曲面、微槽、微孔、薄壁和细轴的加工需求。较高的加工精度和相对位置精度也要求微小型刀具的局部特征尺度要小于目标加工尺度，并能避免加工中与工件之间的干涉。

2）强度高，抗冲击性能强。在微细切削加工中，由于回转类刀具的特征尺寸较小（通常在毫米级左右），为保证切削的顺利进行，要求主轴的转速极高才能达到需要的切削速度，这就必然要求微小型刀具的工作部分具备较高的强度和很好的动态特性，能抵抗高频冲击载荷，并保持原有的切削性能。

3）硬度较高，耐磨性好，磨损均匀。较高的硬度一直是刀具的重要技术指标，微小型刀具也不例外。在拥有较高硬度的同时还需要刀具有良好的耐磨性能。由于微小型刀具自身特征尺度微小，磨钝后再次刃磨的次数比常规刀具少很多，而且刃磨难度大，这些都导致刀具使用效率降低，经济性下降。磨钝后的刀具会严重影响加工精度和已加工表面质量，乃至零件宏观尺寸失准，以致报废。

4）易磨成锋利切削刃。微细切削是对工件材料的微量去除，切削厚度与刀具刃口半径处在同一数量级。由于刀具刃口圆弧的影响以及最小切削厚度的存在，容易使切削模式发生转变，导致切削无法进行或者刀尖承受巨大压力而崩裂损坏，故切削刀具应具有锋利的切削刃，能磨制成较小的刀尖刃口半径，充分减少刃口半径的影响。但由于刀具材料以及制造工艺的限制，刃口半径还不能做到随刀具整体尺度降低而成比例减小。

5）表面质量较高。刀具表面质量影响已加工表面的精度，为获得较高的表面质量和加工精度，要求刀具不仅要有较高的表面完整性，还要有最少的微观成形缺陷。此外刀具表面质量还对使用寿命产生重要影响，较高的刀具表面质量可以充分减少刀屑以及刀具和工件之间的摩擦阻力，避免刀具强度因局部磨损而削弱，从而延长刀具寿命，保证经济性能。

6）刚度好，抵抗变形能力强。为使微细切削顺利进行，微小型刀具必须在微小尺度下仍具有良好的刚度，以有效减少施加切削力时工件材料产生的变形和回弹，保证切削参数的准确。刀具刚性不够，还容易造成轴向和径向的变形过大，影响加工精度，严重的会导致刀具折断失效。

7）动平衡精度高，动态特性好。回转类微小型刀具比常规切削同类刀具对动平衡的要求更高，极高的主轴转速会对离心力产生平方效应，平方后放大的离心力会对切削过程产生重要影响，导致切削刃之间的切削载荷剧烈变化，使切削力波动明显加剧，严重的会导致刀具破损失效。为保证刀具的动态特性，使用前必须随同刀柄系统进行相关的动平衡测试。

8）定位精度高，夹持精确可靠。使用微小型刀具进行微细切削时，必须进行精确定位，以保证对微小型结构件中具有相对位置精度的结构进行加工。这就要求刀具应具有高精度的定位面或回转轴线，刀具与机床接触的夹持部分具有较高的接触刚度、相对较大的接触面积和重复定位精度，保证刀具夹持部分的稳定性和可靠性，以及主轴高速旋转下的动态特性，避免机床振动。

2. 微细电加工技术

电加工是一种特种加工工艺，对于某些具有特殊性能的超硬材料，用机械加工的方法很难实现，必须使用电加工、光刻化学加工或生物加工等方法。微细电加工的基本原理与普通电火花加工相同，区别在于为实现微细加工，必须进行微小型工具电极的制备，同时控制放电的微小能量、进行微量进给的伺服控制，以及加工中进行检测和系统控制等。

线电极放电磨削（WEDG）和线电极电化磨削（WECG）就是典型的两种微细电加工方法，WEDG 与 WECG 的加工机床和工艺基本相似。图 4-50 所示为用电火花线电极放电磨削技术加工微小型刀具的简明工艺流程。WEDG 技术可以稳定地制成直径为 10μm 的钻头，最小可达 6.5μm，这是传统磨削技术等所达不到的。图 4-50 中用作加工工具的电极丝在导丝器导向槽的夹持下靠近工件，在工件和电极丝之间设有放电介质。加工时，工件做旋转和直线进给运动，电极丝在导向槽中低速滑动，通过脉冲电源使电极丝和工件之间不断放电来去除材料成形。微细加工所用的脉冲电源的放电能量只是一般电火花加工的 1%，WECG 与WEDG 相似，只是在工件和电极丝之间浸入电解液，并采用低压直流电源。

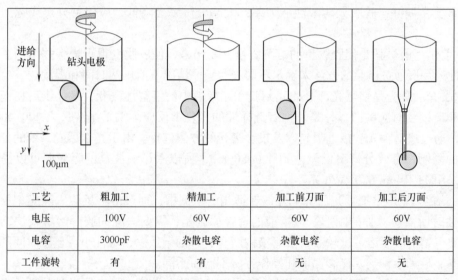

工艺	粗加工	精加工	加工前刀面	加工后刀面
电压	100V	60V	60V	60V
电容	3000pF	杂散电容	杂散电容	杂散电容
工件旋转	有	有	无	无

图 4-50　用电火花线电极放电磨削技术加工微小型刀具的简明工艺流程

3. 光刻加工技术

光刻加工是微细加工中广泛使用的一种加工方法，最早用于微电子集成电路制造。光刻加工是用成像或光敏胶膜在基底上图形化的过程，将光刻掩模上的图形印刷在涂有光致抗蚀剂的薄膜或基材表面，然后进行选择性腐蚀，刻蚀出所需要的图形。所用的基材有各种金属、半导体和介质材料，光致抗蚀剂又称光刻胶或感光剂。光刻技术主要用于集成电路的PN 结、二极管、电容器、整流器和晶体管等元器件的制造。

光刻加工一般要经过涂胶、前烘、曝光、显影、坚膜、刻蚀和去胶七个步骤，而在集成电路的生产中，要经过数百次这样的光刻过程。以负胶光刻为例，光刻加工工艺的基本流程如图 4-51 所示。

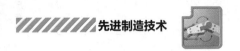

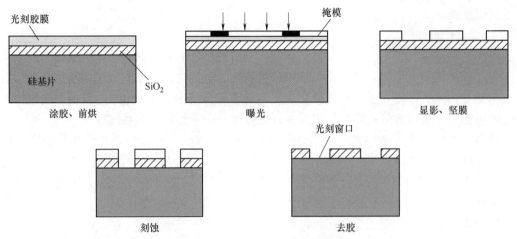

涂胶、前烘　　　　　　　　　　曝光　　　　　　　　　　显影、坚膜

刻蚀　　　　　　　　　　去胶

图 4-51　光刻加工工艺的基本流程

1）涂胶。涂胶过程就是在氧化硅的表面涂一层黏附性好的光刻胶膜。为保持良好的涂胶效果，最好在硅基片氧化或蒸发后立即进行，此时基片表面清洁干燥，易于涂胶。涂胶的厚薄一定要掌握好，胶膜太薄耐蚀能力差；太厚分辨率会降低，应使可分辨线宽为膜厚的5~8 倍。

2）前烘。前烘就是使胶膜里的溶剂缓慢挥发出来，使胶膜变得干燥，并增加了黏附性和耐磨性。一般通过试验的方法来确定不同胶和膜厚情况下前烘的时间和温度。

3）曝光。曝光是使曝光部分的光刻胶在显影液中的溶解性改变，经显影后在光刻胶膜上得到和掩模相对应的图形，是一种有选择性的光化学反应。常采用波长为 200~400nm 的紫外光，通过接触曝光、接近曝光以及投影曝光的方法进行。由于光学曝光系统的分辨率受光衍射的限制，有效分辨率仅能达到 400~800nm，所以采用短波长的曝光源可以提高分辨率，如采用 11~14nm 的极紫外光。

4）显影。显影是把曝光后的基片放在适当的溶剂中，通过溶解反应去除光刻胶膜，以获得溶蚀时所需要保护的图形。显影液的选择原则是：需要去除的胶膜溶解较快，溶解度大；需要保留的胶膜溶解度较小；显影液内所含有害的杂质少、毒性小。显影时间随胶膜种类、膜厚、显影液种类、显影温度和操作方法不同而不同。

5）坚膜。坚膜是在一定温度下对显影后的基片进行烘焙，除去显影时胶膜所吸收的显影液和残留水分，改善胶膜与基片的黏附性，增强胶膜的耐蚀能力。

6）刻蚀。刻蚀过程指采用适当的刻蚀剂，对未被胶膜覆盖的二氧化硅或其他代加工薄膜进行刻蚀，以获得清晰、完整、准确的光刻图形，从而为选择性扩散或金属布线做准备。光刻工艺对刻蚀剂的要求：只对需要去除的物质进行刻蚀，而对胶膜几乎不产生影响；要求刻蚀图形边缘整齐、清晰，刻蚀液环保无毒性，使用方便。刻蚀分湿法和干法刻蚀两种，湿法刻蚀是采用化学溶液，通过化学反应将不需要的薄膜去掉的图形转移方法；干法刻蚀是利用具有一定能量的离子或原子，通过物理轰击、化学腐蚀或者两者协同达到刻蚀目的。

7）去胶。去胶的过程就是把二氧化硅或者其他薄膜上的图形刻蚀出来后，将覆盖在基片上的胶膜去除干净。后续可以采用掺杂、氧化、蒸发、溅射以及外延等工艺方法，在硅基片的指定区域形成不同电特性的薄膜，从而完成基本元器件的制造。

4. LIGA 技术与准 LIGA 技术

LIGA 是一种使用 X 射线的深度光刻、电铸成形和注射成型相结合，实现深宽比大的微细构件的成形方法。该技术是在 1986 年由德国卡尔斯鲁厄核研究中心为提取铀 235 研制微型喷嘴结构的过程中产生的，是一种全新的三维实体微细加工技术。LIGA 的加工过程大致为：

1）深层同步辐射 X 射线光刻。即将 PMMA 等 X 射线感光材料，以 0.1~1mm 厚度涂在金属基板上，把从同步辐射源放射出的 X 射线作为曝光光源，在光致抗蚀剂上生成曝光图形的三维实体。与普通 X 射线相比，同步辐射源放射出的 X 射线不仅具有波长短、分辨率高和穿透力强的同类优点，而且还具有几乎完全平行的 X 射线辐射，可进行大焦深（>10μm）的曝光，减少了几何畸变的影响，具有比普通 X 射线强度高两个数量级以上的高辐射强度，可使用灵敏度较低但稳定性较好的光刻胶来实现单层胶工艺。

2）电铸成形。用曝光蚀刻的图形实体作为电铸用胎膜，用电沉积方法在胎膜上沉积金属，直到电铸成形的结构刚好把光刻胶模板的型腔填满，最后在剥离溶剂中对光刻胶形成的初级模板进行腐蚀剥离，剩下的金属结构即形成所需要的金属微结构件。

3）注射成型。将电铸制成的金属微结构作为注射成型的模具，即能加工出所需的微型零件。

LIGA 技术可制作深宽比大的、具有较厚结构的微小型机械结构，这是一般的微电子工艺技术所不具备的。由于 X 射线的平行度很高，使微细图形的感光聚焦深度比光刻法大很多，一般可达 25 倍以上，刻蚀厚度较大，制出的零件具有较强的实用性；另外，X 射线的波长极短，小于 1nm，使断面的表面粗糙度最小能达到 Ra 0.01μm。此外，用此法除可制造树脂类零件外，也可在精密成形的树脂零件基础上再电铸得到金属或陶瓷材料的零件。例如，目前应用 LIGA 法制造出直径为 130μm、厚度为 150μm 的微型涡轮；制造厚度为 150μm、焦距为 500μm 的柱面微型透镜时，可获得非常光滑的表面。

LIGA 技术极大地扩大了微结构的加工能力，使得原来难以实现的微机械能够制造出来。缺点是它所要求的同步辐射源比较昂贵、稀少，致使其应用受到限制，难以普及。后来出现了所谓的准 LIGA 技术，它是用紫外光源代替同步辐射源，虽然不具备和 LIGA 技术相当的深度或宽深比，但是它利用的是常规的设备和加工技术，这些技术更容易实现。如图 4-52 所示为利用 LIGA 工艺制造的机械手表内部齿轮。

图 4-52　LIGA 工艺制造的产品

4.5.3　微纳加工技术概述

纳米技术（Nanotechnology）是用单个原子、分子制造物质的科学技术，研究结构尺寸在 0.1~100nm 范围内材料的性质和应用，如图 4-53 所示为纳米制造的实例。纳米科学技术是以许多现代先进科学技术为基础的科学技术，它是现代科学（混沌物理、量子力学、介观物理、分子生物学）和现代技术（计算机技术、微电子和扫描隧道显微镜技术、核分析技术）结合的产物。

a) 利用纳米技术将原子排成IBM	b) 应用纳米技术制成的服装

图 4-53　纳米制造实例

1. 纳米制造技术概念

纳米制造是指对纳米尺度的粉末、液体等材料的规模化的生产，或者以纳米尺度按照自上而下或自下而上的方式制造器件的技术，是纳米技术的一项具体的应用。纳米制造尽管被美国国家纳米技术（NNI）倡议广泛使用，但并没有给出纳米制造的明确定义。相反，纳米组装则被定义为：通过直接或者自组装方法，在原子或分子水平上制造功能结构或者设备的能力。相对于纳米组装而言，纳米制造更偏重于纳米技术产品的工业级别制造，其重点更多的在于低成本和可靠性等方面。

至于纳米制造主要针对的对象，广义地说，只要尺寸在一维尺度上小于 100nm 的结构，都是纳米技术的制造对象。具体言之，该结构应满足以下几点要求：①它是一种符合物理和化学定律的结构，这些定律是在原子水平级上的；②它是一种生产价格不超过所需原材料和能源成本的结构；③它能定位装配和自我复制。定位装配就是在适当地方放上适当的分子零件，自我复制能使结构始终保持价格低廉。

纳米技术发展的不同时期，纳米制造对象的内涵也不同。例如，1990 年以前，主要集中在纳米颗粒（纳米晶、纳米相、纳米非晶等）以及由它们组成的薄膜与块体的制备；而 1990 年到 1994 年间主要是制备纳米复合材料，一般采用纳米微粒与微粒复合、纳米微粒与常规块体复合、以及发展复合纳米薄膜；1994 年以后，纳米制造的对象开始涉及纳米丝、纳米管、微孔和介孔材料；未来将研究制造仅由一个或数个原子构成的"纳米结构"，并以此来构筑具有三维纳米结构的系统。

2. 微纳加工定义

微纳加工是一种高度精密的制造技术，用于制造微小尺寸的结构和器件，通常在微米（百万分之一米）和纳米（十亿分之一米）尺度范围内。这种技术在许多领域中都有应用，包括电子、光学、生物医学、纳米技术和材料科学等。

微纳加工的主要目标是创建微小的结构和器件，以实现各种功能。主要包括微型电子元件（如晶体管和集成电路）、微型机械系统（如微机械传感器和微型执行器）、光学元件（如微型透镜和波导）、生物传感器（用于检测生物分子）以及纳米材料的制备。

4.5.4　微纳加工技术

纳米级加工可分为传统加工、非传统加工和复合加工。传统加工是指刀具切削加工、固定磨料和游离磨料加工；非传统加工是指利用各种能量对材料进行加工和处理；复合加工是采用多种加工方法的复合作用。

　　研究人员经过研究发现，在利用聚焦离子束铣削制备纳米刃口刀具方面，相对于传统的金刚石刀具的精密研磨加工，可获得较高精度、刃形复杂、表面损伤较低的金刚石刀具。成像、铣削、沉积和注入是聚焦离子束技术的 4 个核心功能，基于此采用聚焦离子束可实现纳米刃口刀具的制备。研究人员通过分析锋利刃口形成规律，采用多种手段优化制备工艺，突破了刃口半径高分辨率测量的难题，实现了刃口半径小于 15nm 刀具的重复制备。图 4-54所示为复杂轮廓刀具的制备，该刀具可应用于菲涅尔微光学元件的加工。

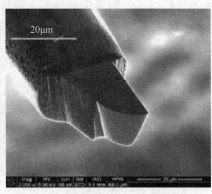

图 4-54　基于聚焦离子束的纳米刃口刀具的制备

　　纳米级加工技术也可以分为机械加工、化学腐蚀、能量束加工、复合加工、隧道扫描显微技术加工等多种方法。机械加工方法有单晶金刚石刀具超精密切削，金刚石砂轮和 CBN砂轮超精密磨削和镜面磨削，研磨、砂带抛光等固定磨料工具加工，研磨、抛光等游离磨料加工等。能量束加工可以对被加工对象进行去除、添加和表面改性等工艺，例如，用激光进行切割、钻孔和表面硬化改性处理，用电子束进行光刻、焊接、微米级和纳米级钻孔、切削加工，离子和等离子体刻蚀等。属于能量束的加工方法还包括电火花加工、电化学加工、电解射流加工、分子束外延等。隧道扫描显微技术加工是最新技术，可以进行原子级操作和原子去除、增添和搬迁等工艺。

4.5.5　微纳加工技术的发展与应用

　　微纳器件及系统因其微型化、批量化、成本低的鲜明特点，对现代生产、生活产生了巨大的促进作用，为相关传统产业升级、实现跨越式发展提供了机遇，并催生了一批新兴产业。微纳器件及系统在汽车、石化、通信等行业得到了广泛应用，目前正在向环境与安全、医疗与健康等领域迅速扩展，并在新能源装备，半导体照明工程，柔性电子、光电子等信息器件方面具有重要的应用前景。

　　1. 微纳加工技术的发展

　　1）微纳设计方面。随着微纳技术应用领域的不断扩展，器件的结构特征尺寸从微米尺度向纳米尺度发展，金属材料、聚合物材料和玻璃等非硅材料在微纳制造中得到了越来越多的应用，多域耦合建模与仿真的相关理论与方法、跨微纳尺度的理论和方法、非硅材料在微纳尺度下的结构或机构设计问题以及与物理、化学、生命科学、电子工程等学科的交叉问题成为微纳设计理论与方法的重要研究方向。

2）微纳加工方面。低成本、规模化、集成化以及非硅加工是微纳加工的重要发展趋势。目前正从规模集成向功能集成方向发展。而集成加工技术正由二维向准三维过渡，三维集成加工技术将使系统的体积和重量减小 1~2 个数量级，同时将提高互联效率及带宽，提高制造效率和可靠性。针对汽车、能源、信息等产业以及医疗与健康、环境与安全等领域对高性能微纳器件与系统的需求，基于微纳系统的集成化、高性能等特点，重点研究微结构与 1C 硅与非硅混合集成加工及三维集成加工等集成加工、MEMS 非硅加工、生物相容加工、大规模加工及系统集成制造等微纳加工技术。

针对纳米压印技术、纳米生长技术、特种 LGA 技术和纳米自组装技术等纳米加工技术，研究纳米结构成形过程中的动态尺度效应、纳米结构制造的多场诱导、纳米仿生加工等基础理论和关键技术，形成实用化纳米加工方法。

随着微加工技术的不断完善和纳米加工技术与纳米材料科学与技术的发展，基于微加工、纳米加工和纳米材料的各自特点，出现了纳米加工与微加工结合的自上而下的微纳复合加工和纳米材料与微加工结合的自下而上的微纳复合加工等方法，这是微纳制造领域的重要发展方向。

2. 微纳加工技术的应用前景

在中高档，尤其是新能源汽车上使用了很多传感器，其中 MEMS 陀螺仪、加速度计、压力传感器、空气流量计等所用的 MEMS 传感器约占 20%。手机、玩具等消费类电子产品中微麦克风、射频滤波器、压力计和加速度计等 MEMS 器件已开始大量应用，具有巨大的市场。这些产品均可采用微纳加工技术生产。

其次基于微加工技术制造的柔性电子可实现在任意形貌、柔性衬底上的大规模集成，从而改变传统集成电路的制造方法。制造技术直接关系到柔性电子产业的发展，目前待解决的技术问题包括有机、无机电路与有机基板的连接和技术、精微制动技术、跨尺度互联技术，需要全新的制造原理和制造工艺。21 世纪光电子信息技术的发展将遵从新的摩尔定律，即光纤通信的传输带宽平均每 9~12 个月增加一倍。据预测，未来 10~15 年内光通信网络的商用传输速率将达到 40Tb/s，基于阵列波导光栅的集成光电子技术已成为支撑和引领下一代光通信技术发展方向的重要技术。基于微纳制造技术的高性能、低成本，微小型医疗仪器具有广泛的应用前景和明确的产业化前景。基于微纳制造技术研究开发视觉假体和人工耳蜗，是使盲人重见光明和使失聪人员回到有声世界的有效途径。

4.6 绿色制造技术

4.6.1 绿色制造技术概述

绿色制造技术是指在保证产品的功能、质量、成本的前提下，综合考虑环境影响和资源效率的现代制造模式。它使产品从设计、制造、使用到报废整个产品生命周期中不产生环境污染或环境污染最小化，符合环境保护要求，对生态环境无害或危害极少，节约资源和能源，使资源利用率最高，能源消耗最低。

绿色制造模式是一个闭环系统，也是一种低熵的生产制造模式，即原料→工业生产→产品使用→报废→二次原料资源，从设计、制造、使用一直到产品报废回收整个生命周期对环境影响最小，资源效率最高，也就是说在产品整个生命周期内，以系统集成的观点考虑产品环境属性，改变了原来末端处理的环境保护办法，对环境保护从源头抓起，并考虑产品的基本属性，使产品在满足环境目标要求的同时，保证产品应有的基本性能、使用寿命、质量等。

绿色制造涉及三部分领域的问题：一是制造问题，包括产品生命周期全过程；二是环境保护问题；三是资源优化利用问题。

首先，绿色制造是"从摇篮到坟墓"的制造方式，它强调在产品的整个生命周期的每一个阶段并行、全面地考虑资源因素和环境因素，体现了现代制造科学的"大制造、大过程、学科交叉"的特点。

其次，绿色制造强调生产制造过程的"绿色性"。这意味着它不仅要求对环境的负面影响最小，而且要达到保护环境的目的。

最后，绿色制造对输入制造系统的一切资源的利用达到最大化。粗放式的能源消耗导致的资源枯竭是人类可持续发展面临的最大难题，如何最有效地利用有限的资源获得最大的效益，使子孙后代有资源可用是人类生产活动亟待解决的重大问题。

4.6.2　零部件再制造成形与加工技术

1. 零部件再制造

再制造，顾名思义，是指将废旧产品实施技术修复和改造，零部件再制造成形与加工技术是指在上述的修复和改造中所设计的一种技术，通常以零部件的性能失效分析、寿命评估等为基础，采用一系列的工程措施将损坏或失效的零部件再制造为能够重新服役的零部件。图 4-55 所示为产品的生命周期过程简图。由图可以看出再制造与维修、回收的区别。以往的产品报废后，一部分是将可再生的材料进行回收，另一部分将不可回收的材料进行无害化处理。在产品的生命周期过程中维修主要是针对在使用过程中因磨损或腐蚀等原因而不能正常使用的个别零件的修复。而再制造是在整个产品报废后，通过采用先进的技术手段对其进行再制造形成新的产品。

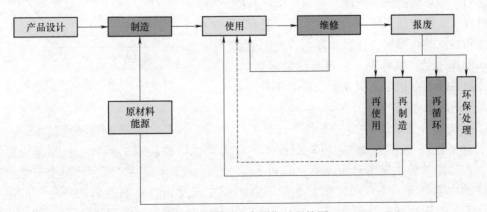

图 4-55　产品生命周期过程简图

2. 常见的零部件再制造成形与加工技术

零部件再制造成形与加工技术包括：激光增材再制造技术、等离子熔覆成形技术、铁基

合金镀铁再制造技术、金属表面强化减摩自修复技术、类激光高能脉冲精密冷补技术、金属零部件表面粘涂修复技术、再制造零部件表面喷丸强化技术。

（1）激光增材再制造技术　激光增材再制造是以激光熔覆技术为基础，对服役失效零件及误加工零件进行几何形状及力学性能恢复的技术。如图 4-56 所示，激光熔覆技术是指以不同的填料方式在被涂覆基体表面上覆盖选择的涂层材料，经激光辐照使之和基体表面一薄层同时熔化，并快速凝固后形成稀释度极低并与基体材料成冶金结合的表面涂层，从而显著改善基体材料表面的耐磨、耐蚀、耐热、抗氧化及电器特性等的工艺方法。激光增材再制造技术原理与激光 3D 打印技术相近，但又有其自身的特点。典型的激光增材再制造流程如下：拆解—清洗—分类—检测—判别—再制造修复—热处理—后加工—检验。对于拆解清洗后的待再制造件，需要先进行无损检测及寿命评估，然后对于能再制造零件进行再制造修复，接着再进行热处理及后加工，最后对再制造零件的质量进行检测评价，判定再制造产品是否合格，其中最核心的阶段是修复阶段。目前激光增材再制造技术已经在航空发动机、燃气轮机、钢铁冶金、军队伴随保障等领域得到了广泛的应用。

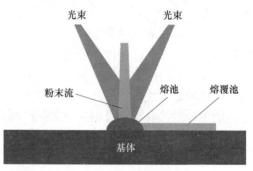

图 4-56　激光熔覆技术

（2）等离子熔覆再制造技术　等离子熔覆再制造技术是以等离子熔覆技术为基础，对服役失效零件及误加工零件进行几何形状及力学性能恢复的技术。等离子熔覆技术是在激光熔覆和等离子堆焊等技术的基础上发展而来的一种表面强化技术，其工作原理与激光熔覆相同，如图 4-57所示，它利用等离子束作为热源，通过基材的快速导热和周围环境的辐射传热，使材料熔化和凝固同时进行，形成晶粒细小、组织致密、没有微观气孔和裂纹的熔覆层，在被修复工件表面重新制备一层高质量、低稀释率、具有优异耐高温、耐磨、耐腐蚀的强化层，实现金属零部件表面或三维损伤的再制造成形。

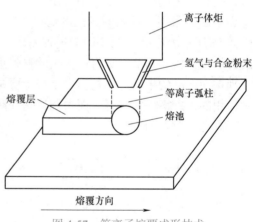

图 4-57　等离子熔覆成形技术

（3）铁基合金镀铁再制造技术　如图 4-58 所示，铁基合金镀铁再制造技术是一种主要用于修复各种类型零部件的再制造技术，在无刻蚀镀铁技术的基础上，在单金属镀铁液中加入适量的镍、钴等合金元素，获得 Fe、Ni、Co 合金镀层，使其比单金属镀铁层具有更好的力学性能，不仅可以恢复磨损零件的形位尺寸，且再制造后的产品性能不低于新品，工艺流程时间短，价格低，大量节省时间和资金成本，为国家和社会节约宝贵的资源，是一项非常有意义的实用型再制造技术，具有性能优异、长效稳定、成本低廉、节能环保等优点。

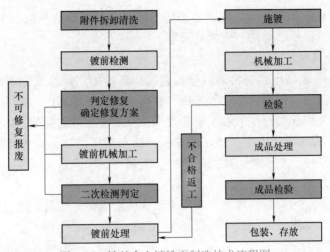

图 4-58 铁基合金镀铁再制造技术流程图

（4）类激光高能脉冲精密冷补技术 如图 4-59 所示，类激光高能脉冲精密冷补技术是利用钨电极与工件之间产生的高能脉冲电弧热快速熔化母材和填充焊材，实现精密冷补的新型焊补技术。该技术的冷补质量、冷补精度可达到激光焊补效果，可对零部件表面划伤、点蚀、裂纹等缺损以及特殊表面进行精密冷补。

类激光高能微脉冲精密冷补技术利用直流脉冲电源在氩气的保护下进行焊补，解决了电的稳定燃烧、瞬间的高能放电等问题，焊补时保护气体从焊枪的喷嘴中连续喷在电弧周围形成气体保护层隔离空气，以防止其对钨极、熔池及邻近热影响区的有害影响，获得优质的焊补层。

由脉冲电源提供按一定规律变化的脉冲电流进行焊补，焊补时由基本电流维持电弧稳定燃烧，用可控脉冲电流加热熔化工件，脉冲间隙熔

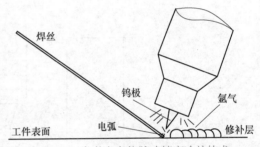

图 4-59 类激光高能脉冲精密冷补技术

池凝固成焊点，通过焊速和脉冲电流的调节，得到相互搭接的焊点，最后获得连续焊缝。脉冲电流由于能量集中、作用时间短，使得热影响区金属过热比较小，实现失效表面的"冷补"修复，有效地避免了零件修复时产生的形变。

该技术通过调节脉冲频率、脉冲时间、脉冲电流等参数来控制热输入量的大小，进而控制熔池的体积、熔深、热影响区大小，达到完美的焊补成形。通过改变基于电源-电弧系统建立的数学模型及被控量，可以精确完成极小划痕等精密零部件表面缺陷的修复。

利用脉冲电流的瞬间高能放电，其瞬时最大功率可达 40kW，产生的高能电弧使基体和冷补材料迅速熔化，并完全融合在一起，达到冶金结合，不仅冷补层致密，修复成形好，同时产生的气体容易逸出，不起泡、不易产生裂纹，冷补层厚度大、强度高，其冷补效果可与电子束焊、激光焊相媲美。

4.6.3 绿色清洗技术

绿色清洗是指与有竞争力的同类产品或服务相比对人类健康和环境产生较小影响的清洁

产品或服务。进行比较的方面可以是产品或服务涉及的原材料的获取、生产、加工、包装、物流、循环再利用、操作、维护、废物处理等。

1. 高压水射流清洗技术

先利用高压泵形成高压水，再通过喷嘴将高压低速的水转换成低压高速的射流，然后高速水射流以其冲击、动压力、空化等作用，在待清洗工件表面产生冲蚀、渗透、压缩、剪切、剥离、破碎，并引起裂纹扩散和水楔等效果，从而使污染物脱落，达到清洗的目的。

高压水射流清洗机可分为冷水高压清洗机、热水高压清洗机，可适用于废旧件表面油污、水垢等污染物清洗。对于喷射压力的选择，需通过试验确定，以免压力过大损伤工件表面，压力过小清洗效果不理想。

此外，对于难清洗污染物，可在水介质中添加碳酸氢钠等磨料，以提高清洗能力。这种方法主要用于除锈、除漆，清洗效率可提高 5~10 倍。

2. 超声波清洗技术

如图 4-60 所示，超声波清洗技术是通过换能器将声能转换成机械振动，经清洗槽壁将超声波辐射到清洗槽中的清洗液，使液体流动产生微小气泡。这些气泡在超声波纵向传播的负压区形成与生长，在正压区迅速闭合，即产生"空化效应"，并对污染层进行反复冲击。同时气泡"钻入"污染层裂缝中，加速污染物脱落。

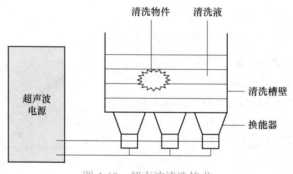

图 4-60　超声波清洗技术

影响超声波清洗效果的因素一般包括清洗介质、功率密度、超声频率、清洗温度。该技术主要适用于工程机械精密零件及管件表面油污清洗。

3. 熔盐超声复合清洗技术

该技术近几年开始在国内实现应用，其原理为将超声振动引入到熔融态的无机盐中，在熔盐的物理、化学作用以及超声空化冲击、搅拌分散的复合作用下，实现油漆、油污、泥垢、积碳等多污染层清洗。

以熔融状态的无机盐作为清洗介质，能够促进油漆酪基断裂，以及醚基、苯环、饱和烷烃等结构热解和气化。该技术主要适用于零部件表面老化漆层、油污、油泥等清洗，尤其适用于复杂零部件表面（内孔）油漆、重油污清洗，单批次清洗时间 15min 以内，具有较广阔的应用前景。

4. 激光清洗技术

激光清洗技术是采用高能激光束照射工件表面，使表面的污染物、锈斑或涂层发生瞬间蒸发和剥离，从而达到洁净化的工艺过程，如图 4-61 所示。清洗过程大致分为 4 个阶段，即激光气化分解、激光剥离、污染物粒子热膨胀、基体表面振动与污染物脱离。

该技术表面清洗效率与质量主要由激光功率、扫描线宽、扫描速度等参数决定。该技术清洗效率高、方便快捷、易实现自动化，主要适用于工程机械精密零部件外表面油漆、锈蚀清洗。

激光清洗不但可以用来清洗有机的污染物，也可以用来清洗无机物，包括金属的锈蚀、金属微粒、灰尘等。激光清洗主要应用于楼宇外墙的清洗、模具的清洗、武器装备的清洗、飞机旧漆的清除、电子工业中的清洗、精密机械工业中的精确去酯清洗、核电站反应堆内管道清洗。

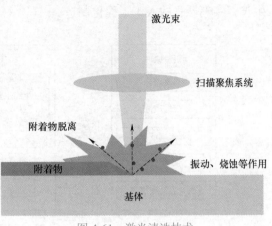

图 4-61 激光清洗技术

4.7 生物制造技术

4.7.1 生物制造技术概念与发展

21 世纪将是生物科学时代。由于生物科技在研发方面的重大突破，使得生物科技继工业革命及电脑革命后，成为人类的第三次革命，使生物科技产业被全球视为未来的明星产业。我国于 1982 年将生物技术列为八大重点技术之一。生物科学和技术的发展也将为制造技术带来重大影响，制造技术的一个重要方向——生物制造技术正在形成。生物制造作为迅速崛起的一种新兴制造技术，因其具有超过常规工艺的显著优势，军事应用前景广阔，对于发展军民颠覆性技术，推动技术创新，实现优质、高效、绿色、低成本的军工生产具有重要意义，成为新一轮科技革命的制高点。

生物制造是指运用现代制造科学和生命科学的原理和方法，通过单个细胞或细胞团簇的直接和间接受控组装，完成具有新陈代谢特征的生命体成形和制造的技术。仿生制造、生物质和生物体制造及涉及生物学和医学的制造科学和技术均视为生物制造。比如具体到机械制造领域，生物制造可以理解为直接利用生物大分子、细胞、组织、结构及生命过程等生物手段或采用基于生物原理的加工工具、润滑方式、运动方式等进行工程材料、结构、零件、系统的合成、加工、成形、操作的制造技术。

4.7.2 仿生制造技术

图 4-62 所示为生物制造工程的体系结构，反映了生物制造的基本内容。生物制造是建立在分形理论，以及分布式制造、自组织生长、生长型制造等原理上的一种新的加工成形方式，其技术基础是制造科学、生命科学、材料科学和信息技术。生物制造主要分为仿生制造和生物成形制造两大类。

仿生制造包括生物组织和结构的仿生、生物遗传制造和生物控制的仿生三个方面。

生物组织和结构的仿生原理是：选择一种能与生物相容，同时又可以降解的材料，用这

种材料制造出一个器官的框架，在这个框架内加入可以生长的物质，使其在这个器官框架内生长，实现器官的人工工程化制造。

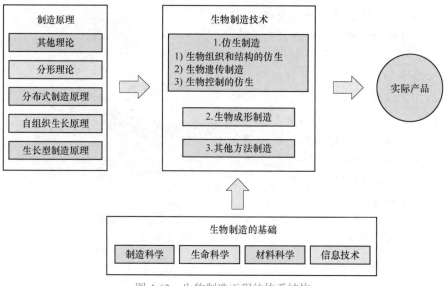

图 4-62　生物制造工程的体系结构

生物遗传制造基于生物 DNA 分子的自我复制能力，人或动物的骨骼、器官、肢体，以及生物材料结构的机器零部件等可通过生物遗传来实现。通过人工控制内部单元体的遗传信息，能使生物材料和非生物材料有机结合，直接生长出任何人类所需要的产品。

生物控制的仿生是应用生物控制原理来计算、分析和控制制造过程，得到各种计算、设计、制造方法，通过这些方法设计制造先进的设备为人类服务。

仿生制造一方面模仿生物，学习研究生物的某些特殊功能或结构，将生命科学和生物技术的新发现、新成就用于制造业。大自然中的生物具有自组织、自生长、自生成和遗传等性能，以及其他各种特性，需要人类进一步学习研究，并进行借鉴和发展。将生物长期以来进化发展的许多特性摸清楚，机理搞明白，并将它用于制造业，无疑将会进一步促进制造业的发展，甚至给制造业带来革命，推动仿生机械和仿生制造的发展。另一方面，生命科学、生物技术的发展也催生并萌发了生物制造业的发展。生命科学和生物技术赋予制造业新的历史使命和任务要求，希望能制造出某些特殊器件，能够仿照人体和生物的功能，帮助人们和生物延长其寿命，恢复某些器官的功能，能取代某些被损坏器官和组织的器件、机构等。这需要结合生物技术，升级制造技术，面向需求进一步研究开发生物制造技术。

4.7.3　生物成形技术

生物成形制造是通过某类生物材料的菌种来去除工程材料，实现生物去除成形；通过对具有不同标准几何外形和取向差距不大的亚晶粒的菌体的再排序或微操作，实现生物约束成形；通过对生物基因的遗传形状特征和遗传生理特征的控制，来构造社会所需产品的外形并赋予其生理功能，实现生物生长成形。图 4-63 所示为三种生物成形技术的内容。

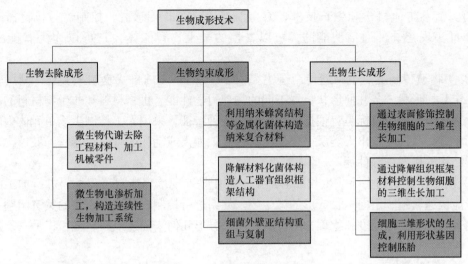

图 4-63 生物成形技术的内容

生物成形制造包括生物去除成形、生物生长成形及生物约束成形几方面。生物成形制造采用生物方法，利用生物的某些特性，通过腐蚀加工、约束控制和限制生长等技术方法，达到器官、零件成形的目的。

1）生物去除成形，以生物刻蚀加工为代表，生物刻蚀加工采用生物菌对材料进行加工，利用微生物在其生长过程中需要消耗某些金属元素实现其新陈代谢和生长繁殖的特点，通过生物氧化还原反应对金属工件进行去除加工，它是近年来发展的一种生物电化学和机械微细加工的交叉领域。

2）生物生长成形。它是通过控制基因的表达，利用基因工程的主要手段和技术实现生物生长，将生长因子与生物支架材料结合，生长出所需的零件。此外，还可以通过控制含水量来控制伸缩的高分子材料，制造类生物智能体，如制造人造肌肉。

3）生物约束成形。它通过复制或金属化某些不同亚结构与几何外形的菌体，再经排序或一系列微操作，从而实现生物约束成形。例如，生物沉积加工技术，即用化学沉积方法制备具有一定强度和外形的空心金属化菌体，并以此作为构形单元构造微结构或者功能材料。

随着生命科学和新兴技术的进步，生物制造的理论方法和相关技术将不断完善，进一步扩展传统制造领域的边界，推动生物制造技术的快速发展。未来生物制造必将成为制造技术创新研发、提升制造能力的重要突破口，在特殊结构材料、微纳复杂结构、功能界面制造、以及生物 3D 打印等方面获得广泛应用。

4.7.4 生物制造研究的主要内容及方向

1）生物活性组织的工程化制造。目前医学上采用金属等人工材料制成的器官替代物为医疗康复服务，但其缺点是异种组织器官存在人体的排异反应，无法参与人体的代谢活动，使康复工程有很大的局限性，因而需要开辟新的组织器官的制造方法。在这方面生长因子、活体细胞的培养技术已较成熟。

2）类生物智能体的制造。通过控制水含量来控制伸缩的高分子材料，能够制成人

153

工肌肉。借鉴生命科学和生长技术，有望制造出分布式传感器、控制器与执行器为一体的，并可实现与外部通信功能的，可以受控的类生物智能体，它可以作为智能机器人构件。

3）生物遗传制造。生物遗传制造主要依靠生物 DNA 的自我复制来实现，利用转基因实现一定几何形状、各几何形状位置不同的物理力学性能、生物材料和非生物材料的有机结合。生物遗传制造的目标是：根据制造产品的各种特征，采用人工控制生物单元体内的遗传信息为手段，直接生长出人类所需要的任何产品，如人或动物的骨骼、器官、肢体，以及生物材料结构的机器零部件等。

4）用生物机能的去除或生长成形加工。主要是发现培养能对工程材料进行加工的微生物，或能快速繁殖、定向生长成形的微生物。如何进行控制，是这一研究的关键问题，它决定了制造零件的结构精度和物理力学性能。利用分形几何来描述或控制生长将是一条途径。

4.8 本章小结

本章主要介绍了常见的先进加工技术与工艺，总体阐述了先进加工技术工艺的内涵，以及现有技术的特点和未来发展趋势。并分别从超精密加工技术、超高速切削加工技术、先进光学制造技术、特种加工技术、微细及微纳加工技术、绿色制造以及生物制造等方面，全面、具体地介绍了各种加工工艺的原理、分类和实际应用等。

目前，随着我国国防军事、航空航天和生物医疗等领域的高速发展，其内部核心元件需要实现纳米级面形精度、亚纳米级表面粗糙度及近无缺陷表面的超精密制造，以保障核心元件具有高精度、高负载、高稳定的工作性能。因此，传统制造技术还需在制造流程、制造功能、制造精度和制造品质方面进一步创新，以实现超高精度和极低损伤元件的超精密制造。利用以超精密加工技术、特种加工技术为代表的先进制造技术逐渐形成的技术优势，可以实现超精密元件的高品质制造。在未来的发展中，先进加工技术将呈现以下几个重要的趋势：

1）提高加工精度和表面质量。随着对核心元件精度要求的不断提高，先进加工技术将不断追求更高的加工精度和更优良的表面质量。新的加工方法和工艺将被开发，以满足微米级面形精度和亚纳米级表面粗糙度的要求。

2）提高加工效率和生产能力。随着工业生产需求的增长，提高加工效率和生产能力将成为关键。先进加工技术将不断探索新的加工模式和方法，以提高加工速度、降低制造成本，并实现批量生产和高效率的制造。

3）多技术融合与集成。为了实现更复杂和多功能的制造要求，不同的先进加工技术将更多地融合和集成。例如，光学制造技术与微纳加工技术的结合，可以实现光学微结构的制造；生物制造技术与特种加工技术的结合，可以实现生物芯片的制造等。通过技术融合与集成，可以提高制造的多样性和灵活性。

4）自动化和智能化制造。随着人工智能、机器人技术和自动化技术的发展，先进加工技术将朝着更自动化和智能化的方向发展。智能制造系统可以实现加工过程的实时监测和控制，提高生产率和质量稳定性，并减少人为错误和操作风险。

5）环境友好和可持续发展。绿色制造理念将在超精密制造中得到更广泛的应用。

参 考 文 献

［1］朱林.先进制造技术［M］.北京：北京大学出版社，2013.

［2］唐一平.先进制造技术［M］.北京：科学出版社，2020.

［3］王润孝.先进制造技术导论［M］.北京：科学出版社，2004.

［4］舒朝濂.现代光学制造技术［M］.北京：国防工业出版社，2008.

［5］刘璇.先进制造技术［M］.北京：北京大学出版社，2012.

［6］任小中.先进制造技术［M］.武汉：华中科技大学出版社，2013.

［7］石文天.先进制造技术［M］.北京：机械工业出版社，2018.

［8］任小中.先进制造技术［M］.武汉：华中科技大学出版社，2009.

［9］王振忠，施晨淳，张鹏飞，等.先进光学制造技术最新进展［J］.机械工程学报，2021，57：23-56.

［10］程灝波.先进光学制造工程与技术原理［M］.北京：北京理工大学出版社，2013.

［11］石文天.微细切削技术［M］.北京：机械工业出版社，2011.

［12］王振龙.微细加工技术［M］.国防工业出版社，2005.

［13］刘明.微细加工技术［M］.北京：化学工业出版社，2004.

［14］袁巨龙，王志伟，文东辉，等.超精密加工现状综述［J］.机械工程学报，2007：35-48.

［15］宗锦辉，杨亨勇，余安达，等.超精密加工技术综述［J］.中国科技信息，2021：34-36.

［16］顾长志.微纳加工及在纳米材料与器件研究中的应用［M］.北京：科学出版社，2013.

［17］房丰洲.纳米制造基础研究的相关进展［M］.中国基础科学，2014，16：9-15.

［18］袁哲俊.精密和超精密加工技术［M］.机械工业出版社，2005.

［19］胡跃强，李鑫，王旭东，等.光学超构表面的微纳加工技术研究进展［J］.红外与激光工程，2020，49：96-114.

［20］王立鼎，褚金奎，刘冲，等.中国微纳制造研究进展［J］.机械工程学报，2008，44：2-12.

［21］程亚.超快激光微纳加工：原理、技术与应用［M］.北京：科学出版社，2016.

［22］赵晓丽.高速切削中基于视觉的刀具磨损在线检测［J］.福建质量管理，2020（10）：272-273.

［23］李长河，丁玉成，卢秉恒.高速切削加工技术发展与关键技术［J］.青岛理工大学学报，2009，30（2）：7-16.

［24］耿芬然.高速整体硬质合金立铣刀设计及工艺研究［D］.河北：河北工业大学，2008.

［25］张永强.高速切削及其关键技术的发展现状［J］.航空精密制造技术，2001，37（2）：1-5.

［26］樊星光.高速五轴联动加工中心结构分析及误差补偿研究［D］.重庆：重庆大学，2012.

［27］白琨.超高速切削加工及其关键技术［J］.新技术新工艺，2009（9）：63-65.

［28］张伯霖.高速加工引起机床传动与结构的重大变革［J］.机械开发，1999（1）：1-6.

［29］荣烈润.高速磨削技术的现状及发展前景［J］.机电一体化，2003，9（1）：6-10.

［30］姜华.高速精密卧式加工中心开发的关键技术研究［D］.四川：四川大学，2007.

［31］宋华福.超高速磨床动静压主轴系统建模与仿真分析［D］.辽宁：东北大学，2005.

［32］荣烈润.面向21世纪的超高速磨削技术［J］.金属加工，2010（13）：1-4.

［33］王兰志，张怀存.高速切削技术［J］.航天制造技术，2008（5）：31-34.

［34］刘战强，艾兴.高速切削刀具的发展现状［J］.工具技术，2001，35（3）：3-8.

［35］刘忠伟，邓英剑，邓根清.高速切削技术的应用及其安全技术［J］.机电产品开发与创新，2007，20（2）：158-160.

［36］齐从谦.高速切削加工技术及其在汽车工业中的应用［J］.汽车与配件，2007（3）：16-19.

［37］梁彦学，高锋.我国高速加工技术现状及发展趋势［J］.工具技术，2002，36（1）：16-21.

［38］白雪.混粉准干式放电加工机理及工艺研究［D］.山东：山东大学，2014.

［39］钟俊坚.电火花成型加工中电规准参数的确定及其对工艺效果的影响规律研究［D］.江苏：江苏大学，2005.

［40］安虎平.电火花加工的机理及其在套料穿孔加工中的应用［J］.甘肃高师学报，2007，12（5）：33-37.

［41］贡宇飞.微细液态添加剂镜面电火花加工机理及工艺研究［D］.上海：上海交通大学，2010.

［42］赵万生.镜面电火花加工技术［J］.机电工程技术，2004，33（5）：76-78.

［43］吴岐山.液中喷气电火花铣削加工工艺与装置研究［D］.上海：上海交通大学，2011.

［44］梁栋.机电复合磨削技术应用及其相关装备研究［D］.山东：山东科技大学，2007.

［45］徐宁.电化学机械复合光整加工及表面特性研究［J］.机械设计与研究，2005，21（5）：84-87.

［46］汪强.脉冲电化学齿轮修形研究及应用［D］.辽宁：大连理工大学，2002.

［47］杨培剑.电液束加工微小凹坑阵列技术研究［D］.江苏：南京航空航天大学，2010.

［48］王先逵，吴丹，刘成颖.精密加工和超精密加工技术综述［J］.中国机械工程，1999（5）：570.

［49］荣烈润.特种微细加工的现状及应用［J］.机电一体化，2003，9（3）：6-9.

［50］黄绍服，张超.电化学复合加工技术研究［J］.安徽理工大学学报，2019，39（2）：49-55.

［51］高鹏.甚大规模集成电路中铝布线及铝插塞化学机械抛光的研究［D］.河北：河北工业大学，2005.

［52］何捍卫，胡岳华，周科朝，等.金属的化学-机械抛光技术研究进展［J］.应用化学，2003，20（5）：415-419.

"两弹一星"功勋科学家：孙家栋

第 **5** 章

Chapter

先进检测技术

5.1 概述

进入 21 世纪以来，制造业面临的主要挑战在于如何增强企业间的合作能力，缩短产品上市时间，提高产品质量和生产率，以及提高企业对市场需求的应变能力和综合竞争能力。在这些挑战中，检测技术起到了至关重要的作用。与测试技术相比，检测技术更多地关注于产品生产过程中的质量控制，确保产品符合设计规范和性能标准。

信息技术在提升和改造传统制造业方面扮演着关键角色。实施制造业信息化工程，推动制造企业实施数字化设计与制造集成策略，是机械制造业面临的一项紧迫任务（图 5-1）。在这个过程中，检测技术的应用变得尤为重要。采用先进的信息化检测技术和产品，可以有效地提升机械制造业的质量控制水平。

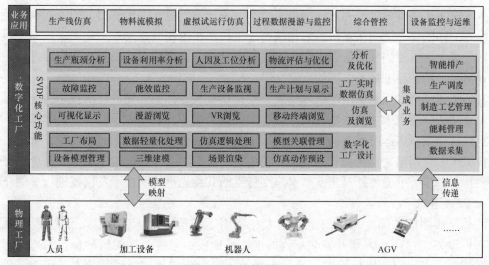

图 5-1　三维数字化工厂

检测技术作为现代制造系统运行质量保证体系的核心环节，不仅涉及数据信息的获取、分析和评定，还包括实时监控制造过程中可能出现的问题。高精度的检测设备和技术是现代加工技术与装备的核心部分，成为提高生产率和产品质量的关键因素。因此，应用和发展高效、精准的检测技术，对于制造业来说，是一个迫切且重要的任务。

现代制造技术在向精密化、极端化、集成化、智能化、网络化、数字化、虚拟化方向的发展过程中，促进了相应的先进检测技术的发展。同时，现代制造技术快速进步引发了许多新型测试问题，并将推进传感器、检测技术、检测仪器系统与现代制造系统的协同发展，相互支持，构建集成一体化的现代制造集成系统（CIMS），如图 5-2 所示。

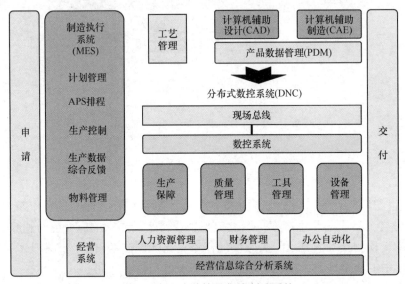

图 5-2 嵌入式计算机集成制造系统

5.1.1 先进检测技术的内涵

目前，普通机械加工的加工误差从过去的毫米级向微米级发展，在这一进程中，先进的检测技术扮演了关键角色。先进检测技术是一门集光学、电子、传感器、图像、制造及计算机技术为一体的综合性交叉学科，它与精密加工技术相辅相成，要求测量误差比加工误差高一个数量级。先进检测技术致力于在加工过程中及加工完成后对产品尺寸和性能进行实时监测和评估，是精密加工技术发展的重要支撑。

在实施"高档数控机床与基础制造装备"科技重大专项中，先进检测技术的应用尤为关键，对于高速数控机床、精密数控机床或重型数控机床，开展综合误差补偿技术研究十分必要，这包括形成机床运行误差的在线检测、预测及软硬件补偿的技术。在高速、重型、精密类数控机床中应用精密检测技术，能显著提高这些机床的工作精度，从而推动整个机械制造行业的技术进步。下面将针对当前具有典型特点的几类先进检测技术及仪器进行举例介绍。

1. 双频激光干涉仪

此种仪器测量准确度高，测量范围大，常用于超精密机床工作位置测量和控制测量反馈元件设备。目前，需要开发测量直线度、平面度、角度等性能指标参数的高性能激光测量系统，重点研究双纵模稳频、光强漂移及测量光束损耗的补偿等技术。研制以激光干涉为基础的数控转台测量仪、以激光差动干涉为原理的数控机床插补误差测量仪，如图 5-3 所示。

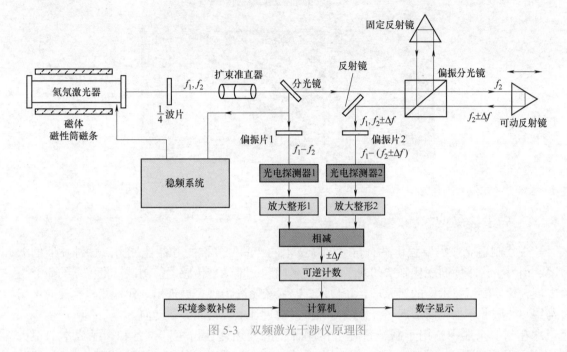

图 5-3　双频激光干涉仪原理图

2. 扫描显微测量技术和 X 射线干涉技术

扫描显微测量方法主要用于测量表面的微观形貌和尺寸，用极小的探针对被测表面进行扫描测出表面的三维微观立体形貌。X 射线干涉显微测量技术是近年来新发展的纳米测量技术，是一种测量范围大，较易实现的纳米级测量方法，如图 5-4 所示。

3. 在线检测技术

精密检测仪器进入生产现场已成为先进制造系统的一个重要标志，精密与超精密检测技术及误差补偿技术、加工检测一体化成为研究重点和热点问题。目前精密与超精密检测仪正向高分辨率、高准确度和高可靠性的方向发展，如图 5-5 所示。

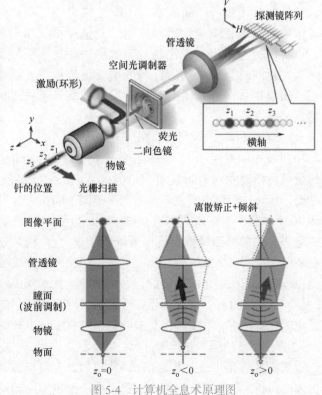

图 5-4　计算机全息术原理图

图 5-5　高精度测量机

5.1.2　先进检测技术的对象和特点

现代制造企业需要强化具有自主创新技术的产品开发能力和制造能力。这种发展的需要，引发了许多面向现代制造的新型检测技术问题，推动着传感器、测试计量仪器的研究与发展，促使测试技术中的新原理、新技术、新系统不断出现，展现出现代检测技术面向市场与用户、服务于加工制造现场、检测与加工制造过程融合集成等新动向。

在制造企业中，用于制造过程中检测计量的费用往往占生产设备和产品成本的很大比例。根据美国、日本等工业发达国家的统计资料，在汽车制造行业，用于测试仪器及测试计量的费用约占产品成本的 10%，在微电子制造行业高达 25%。随着制造业数控加工机床等先进装备快速发展和应用，测试计量仪器设备在生产设备中所占的比重越来越大，重要性更为突出。现代制造技术的快速进步引发了许多新型计量测试问题，推动着传感器、检测计量仪器的研究与发展，促使检测技术中的新原理、新技术、新系统不断出现。随着现代制造技术的应用发展，检测计量技术面临着新的挑战，也呈现出一些新的特点。

1. 精密检测与极端检测需求不断增加

20 世纪 50~90 年代，一般机械加工精确度由 0.1mm 量级提高到 0.001mm 量级，相应的几何量测量精确度从 1μm 提高到 0.01~0.001μm。大型发电设备、航空航天机械系统等产品的发展，导致从微观到宏观的尺寸测量范围不断扩大，目前从微观到宏观的尺寸测量范围已达到 40 个数量级。在现代制造系统中，部分测量问题呈现测量对象复杂化、检测条件极端化的趋势。如需要测量整个机械系统或装置，存在参数多且定义复杂等问题；或需要在高温、高压、高速、高危场合进行测量，使得检测条件极端化。

在线检测与机电系统的集成化，要求检测技术从传统的非现场、事后检测，进入制造现场，参与到制造过程，实现现场在线检测，促进现代制造系统的集成化与智能化，为制造业信息化工程的推进、实施现代集成制造系统奠定技术基础，如图 5-6 所示。

2. 检测系统的网络化与智能化

检测仪器系统进一步实现了网络化以后，仪器资源将得到更大的延伸，其性能价格比将获更大的提高，机械工程检测领域将出现一个更加蓬勃发展的新局面。

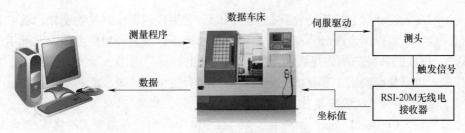

图 5-6　轴类工件在线检测系统工作原理

3. 检测信息的集成与多信息融合

传统机械系统和制造中的检测问题，主要面向几何量的检测，涉及的测量信息种类比较单一。当前复杂机电系统功能扩大，精确度提高，系统性能涉及多种参数，检测问题已不局限于几何量，往往包含多种类型被测量，如力学性能参数、功能参数等。测量信息种类多、信息量大是现代制造系统的重要特征，信息的可靠、快速传输和高效管理以及如何消除各种被测量之间的相互干扰，从中挖掘多个信息融合后的目标信息将形成一个新的研究领域，即多信息的集成与融合。

5.1.3　先进检测技术的类型

高端测量仪器一般依赖于某种先进测量原理、工艺或算法等，以实现高精确度和准确度、高稳定性、高可靠性等目标。按测量时被测表面与计量器具的测头是否接触可分为接触式和非接触式。工业上常用的接触式测量方法主要包括有三坐标测量机和扫描探针显微技术。非接触式测量方法分为超声测量、电磁测量、光学测量等。由于光学测量具有非接触、高效率、高准确度、可溯源和易于实现自动化的特点，长期以来一直是测量技术研究的热点。

1. 扫描探针显微技术

扫描探针显微技术指利用探针与样品间的不同作用原理探测物体表面相关性质的方法。扫描隧道显微镜（Scanning tunnel microscope，STM）和原子力显微镜（Atomic force microscope，AFM）等，统称为扫描探针显微镜（Scanning probe microscope，SPM）。SPM 是最前沿的纳米测量技术之一。AFM 是 SPM 中的典型代表，是一种可用来研究包括绝缘体在内的固体材料表面结构的分析仪器。AFM 基本原理如图 5-7 所示，它通过检测待测样品表面和一个微型力敏感元件之间的极微弱的原子间相互作用力，研究物质的表面结构及性质。将一对微弱力极其敏感的微悬臂一端固定，另一端的微小针尖接近样品，这时针尖将与样品相互作用，作用力将使得

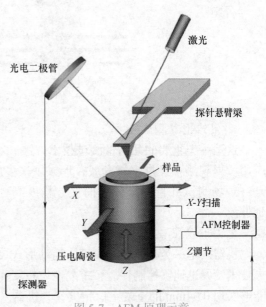

图 5-7　AFM 原理示意

微悬臂发生形变或运动状态发生变化。扫描样品时，利用传感器检测这些变化，就可获得作用力分布信息，从而以纳米级分辨率获得表面形貌结构信息及表面粗糙度信息。近年来，在AFM基础上形成的各种扫描力显微技术发展很快，主要有静电力、摩擦力、磁力、剪切力等显微技术，可以分别应用于非导体、磁性物质甚至有机生物体等表面的纳米级测量。

2. 共焦显微成像及测量技术

共焦显微镜（Confocal Microscope）于20世纪50年代中后期由美国哈佛大学M.Minsky研制，并于1957年申请了美国发明专利。如图5-8所示为激光扫描荧光共焦显微成像基本原理，激光束经照明针孔形成点光源照明样品的一个微小区域，被照明区域发出的辐射光，经探测针孔滤波，通过逐点扫描合成一幅完整的层析图像。由于是点扫描共轭聚焦成像，对离焦像场进行了有效抑制，因而共焦显微镜克服了普通显微镜图像模糊的缺点。共焦显微镜采用点照明、点扫描、点探测，实现三点共轭聚焦成像，具有高横向分辨率和轴向光学层析能力，因而成为20世纪显微光学领域所取得的最重大的发明之一，目前已经广泛应用于生物医学、工业检测、精密工程和材料科学等。

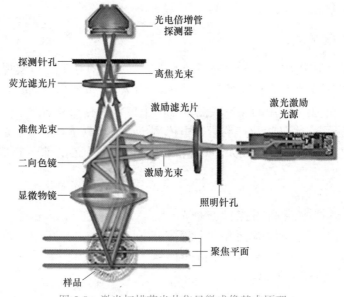

图 5-8　激光扫描荧光共焦显微成像基本原理

3. 三维形貌测试技术

这是一类重要的几何量测试技术方法，在模具、逆向工程、质量控制等方面有着广泛应用。形貌测量经过多年发展，形成了很多应用技术和系统。当前，形貌测量的研究方向是：现场测试并且要求使用简便、精度高、速度快；量程扩大，向微纳和超大尺寸两端延伸。

4. 机器人测试技术

机器人是一类具备高自由度、运动形式灵活、高度柔性的自动化设备。近些年来，机器人技术发展迅速，控制性能、重复定位精度和可靠性都有很大程度提高。目前，工业机器人能够实现0.04mm的重复定位精度，为机器人用于测量提供了精度保证。以机器人为运动平台，与应用精密测量原理的在线精密测量设备相结合，具有高度柔性和灵活的应用形式，展现出良好的应用前景。

5. 计算机视觉测试技术

基于计算机视觉的测试技术是一种将计算机视觉、图像处理和测试技术相结合的光学测试方法，具有非接触、可实时在线、精度高、信息量丰富等优点。与计算机视觉研究的视觉模式识别、视觉理解等内容不同，视觉测试技术重点研究物体的几何尺寸及物体的位置测量，如轿车车身三维尺寸的测量、模具等三维面形的快速测量、大型工件同轴度测量、共面性测量等。视觉检测技术在目前被认为是实现在线精密测试的一种最有效手段，可以理想地解决多尺寸在线测试问题，通过对生产线中每个加工环节的加工状态、加工产品的每个零部件进行实时检测，提供制造过程生产线状态和产品质量的完整信息。

视觉测试技术发展很快，如图 5-9 所示。早在 20 世纪 80 年代，美国国家标准局就预计将检测任务的 90% 由视觉测试系统来完成。目前，国内外利用视觉检测技术研制的仪器与系统已较为普遍，如高速高精度数字化扫描系统、非接触式光学三坐标测量机等先进仪器。基于计算机视觉测试系统结构的工作原理为：在需要的环境光照条件下，成像设备（CCD、摄像机、图像采集卡等）把被测对象三维场景的图像采集到计算机内部，应用图像处理技术对采集到的原始图像进行预处理，通过边缘提取和亚像素技术得到所测对象的亚像素级边缘，从图像中提取感兴趣的特征，进行模式识别与分类整理，运用人工智能等方法完成所要求的测试任务。

图 5-9　计算机视觉检测系统

在视觉测试系统中，图像识别处理技术已经成为测试技术中的重要课题之一。图像识别测量过程包括图像信息的获取和图像信息的加工处理。判断分类与结果输出将视觉测试系统与工业机器人相结合并运用于现代制造系统，进行自动控制、零件测试、模式识别等工作是本学科领域研究的热点问题之一，具有视觉功能的智能机器人将得到越来越广泛的应用。针对柔性生产线机械加工工件的种类多、传送不规范、运动速度较快以及现场环境光线多变的特点，采用视觉检测技术获取机械零部件的几何结构信息，开发研制了用于工业机器人的、在运动过程中检测、识别和定位机械零部件的视觉检测系统。该系统可实现对机械零部件的检测、图像信息处理、定位与选取，如图 5-10 所示为缺陷识别处理。

6. 无损检测技术

材料的某些物理量由于有缺陷会发生变化，通过无损检测测量这些变化量，从而判断材料内部是否存在缺陷。目前，常用的无损检测方法主要包括磁粉检测、渗透检测、涡流检测、超声检测、X 射线检测等方法。无损检测是工业生产中实现质量控制、节约材料、改进工艺和提高劳动生产率的重要手段，也是设备安全运行的重要检测手段。目前，超声检测技术也由以前的模拟检测仪器发展到数字化检测仪器，由以前的依靠经验判断缺陷发展到全自动探伤，并可对缺陷进行定性和定量的分析，如图 5-11 所示。目前国内外超声检测正在向着自动化、数字化和智能化方向发展。

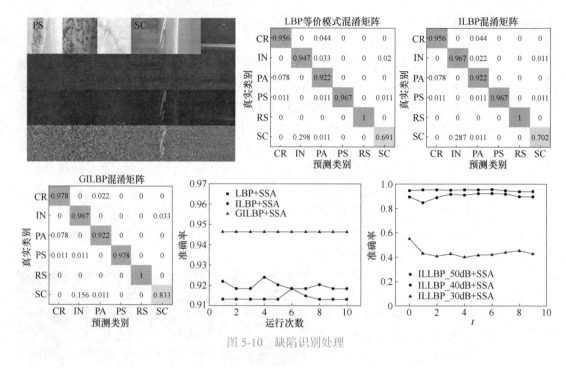

图 5-10 缺陷识别处理

5.1.4 先进测量仪器的现状和制约

1. 我国机械制造中测量领域存在的问题

纵观我国机械制造业测量技术及仪器设备的现状与发展，和国外先进水平相比，存在一些不足。

1）自主创新能力差，原创技术少。在已有主流的各类测量技术及仪器设备中，很少有我们自己的原创技术。长期以来我国和工业发达国家在制造技术上的差距，在相当程度上影响了测量技术的研发能力。但不可否认的是，对测量技术的作用和地位认识上的不充分、研究力度和资金投入不足、研究工作不扎实、急

图 5-11 超声检测技术

功近利、只重数量不重质量，只重理论成果，不重工程应用等因素，也直接促成了当前研究缺乏活力的状况。

2）高端、高附加值测量仪器设备几乎空白。当前主流行业应用中的高增仪器设备，国内品牌被排斥在外。高端仪器设备的高额利润建立在高技术含量的基础上，因为利润高，保证了后续研发有充足的资金投入，形成了良性循环。与此形成反差的是，国内建立在原材料和人力成本优势基础上的仪器设备，必然利润微薄，继而造成研发投入不足，严重制约着我国测量技术及仪器设备的进一步发展。

3）测量仪器（装置）本身的可靠性差。对基础技术和制造工艺的研究不够，一些影响可靠性的关键技术，如精密加工技术、密封技术、焊接技术等至今还没有得到很好的解决。

现有国内高档产品的可靠性指标（平均无故障时间）与国外产品相比，大致要差 1~2 个数量级。

4）测量设备的性能、功能落后。现有国内测量产品在测量精度和功能上与国外产品相比还具有相当差距。目前国外智能化测量程度相当高，网络化已经进入了实用阶段，通过对原始信息的数据处理，更好地排除了外部干扰对信息的影响，提高了测量手段的耐环境性和测量真实性。而我国在该领域的研究基本上处于起步阶段。

5）缺乏针对使用对象开发的专用解决方案。国外近年测量技术的发展趋势是开发与应用对象紧密结合的个性化解决方案。而我国目前的研发力量主要集中在高校和科研院所，研发资源和技术储备与企业应用需求脱节，有限的资源没有得到合理的应用。

2. 先进光学元件的检测的现状和制约

（1）先进光学元件检测的要求和难点　军事需求在光学制造的发展过程中起到关键的促进作用。航空、航天、国防等高技术项目对光学元件的加工精度要求越来越高，对先进光学元件的超精密制造提出了越来越严峻的挑战。中大口径光学元件的制造主要采用机械制造的方法完成，但任何制造过程都是有误差的，被加工表面的实际形状与理想面形存在偏差，这种偏差就是面形误差。为了确保光学元件的制造精度，对光学元件的加工误差进行准确的测量显得至关重要。业界已经对光学制造与检测形成了一个共识，即现代光学元件的检测比现代光学元件的制造更具有挑战性。一个合格的光学元件制造者必须要学习光学元件的各种检测方法和技术。光学科学技术与产业发展至今，光学检测是光学科学与工程的重要组成部分。

按照空间频段，光学元件的制造误差可分为低频面形误差、中频波纹度误差和高频表面粗糙度误差。

先进光学元件的加工是一个系统工程。平面、球面与非球面是现代光学系统中应用最多的光学表面形式。民用光学产品中，数码照相机、手机、摄像机等需求量迅猛增加，为了达到小巧、轻便、质好等要求而大量使用小口径非球面透镜。对于小口径光学元件的测量主要采用三种方式：①使用触针式表面粗糙度轮廓仪测量；②使用标准平面反射镜与被测非球面透镜在干涉仪上组成透镜式的自准直光路测量；③使用投影式镜头检验仪检查这类镜头的分辨力，评价总体成像质量。由于小口径光学元件主要采用模压法制造，因此上述三种方法虽都不适于大批量生产中的工艺检验，但可基本上解决小口径光学元件的测量需求。光学元件检测的难题主要是大中型光学元件。大中型光学镜面的加工一般经历铣磨、研磨、抛光等阶段，不同阶段的加工产生的面形误差和缺陷不同，每个阶段需要的测量方法和手段也不同。光学元件铣磨阶段的面形精度约为 $10\mu m$，面形检测方法以坐标测量机为主。抛光阶段面形误差为亚微米级，该阶段一般不需进行面形精度的测量，而表面粗糙度可用波面干涉仪进行高精度测量。研磨阶段是决定后续的抛光阶段能否收敛到高精度的关键阶段，该阶段的面形误差在 $12\mu m$ 到数十微米级，但此时的表面通常还不是光学镜面，或者面形误差太大而不能实现常规的干涉测量，而通用的表面测量技术又很难达到整个口径上的高精度测量要求。目前较为可行的方法是采用激光位移传感器，或开发大范围、高精度的坐标测量机；但由于表面曲率容易引起光散射，也存在很多难以解决的问题。能否衔接铣磨、研磨和抛光三个阶段之间的检测和加工，是制约大中型光学镜面推广应用的一个关键技术。除测量技术外，对测量结果的处理与评价技术也是光学检测的重要研究方面。加工表面除低频的面形误差外，往

往还含有较多的小尺度制造误差——中、高频误差，而中、高频误差的存在严重降低了光学系统的性能。但目前对中、高频误差的评价方法仍缺乏比较有效的手段，常根据美国 NIF 工程定义的 PSD 标准进行评价。

从上面的分析可知，现代光学技术迅猛发展，对光学元件的要求越来越高。因此，当前的光学检测技术必须满足如下要求。

1）光学材料种类越来越多，光学元件的面形越来越复杂。当前的光学材料已不再局限于普通的光学玻璃，为满足特殊的要求，大量的光学材料开始进入光学应用领域，如熔融石英光学玻璃、氟化钙（CaF_2）、激光玻璃、磷酸二氢钾（KDP）、磷酸二钾（DKDP）、SiC 和蓝宝石等，不同的材料性质对检测的要求不同。此外光学元件的面形复杂化，球面、轴对称非球面、非轴对称非球面等面形的光学元件使用广泛化，加工与检测非球面光学元件要比同样口径的平面元件的难度大得多。

2）光学元件的口径跨度大，且口径逐渐大型化。光学元件的口径相差数千倍，这对光学测量设备和仪器量程要求较高。如天文望远镜主镜口径的测量，由于口径极大，经常为几十米甚至上百米，用常规的测量仪器无法进行测量，需寻求新的测量方法和设备解决其测量问题，如拼接技术。此外，随着光学元件口径的增大，工件搬运移动将为加工和定位带来更大的误差风险，且费时费力。因此，为保证加工坐标系与测量坐标系一致，减少精度损失，应开发在位测量技术与装置。

3）对光学元件的高中低频面形误差要求更严格，接近甚至达到纳米级水平。高的面形加工精度是光学系统性能提高的必要保证。重要的光学系统对光学元件的高、中、低频误差要求更为严格，如要求将面形精度控制在微米甚至亚微米级别，这将要求测量系统的分辨率与精度需在更高一级的水平才可完成此类任务。

（2）光学元件的检测技术　由于光学元件的口径、面形和材料不同，在不同的制造阶段，甚至在同一个制造阶段，为实现其面形误差以及亚表面质量的检测，均可能采用不同的测量技术和设备。目前，光学元件面形误差的检测方法中，基于坐标的测量方法和基于干涉的测量方法是主要的测量方法。

由于研磨及粗抛光阶段的面形误差尚未达到光波长量级，表面粗糙度较大，使用常规的干涉检测比较困难，导致坐标测量方法仍然是研磨和粗抛光阶段的主要测量方法。

坐标测量方法的典型应用是由美国亚利桑那大学开发的大型非球面镜的摆臂式轮廓测量仪。该装置通过测量非球面与某一球面之间的偏离量实现对非球面面形的测量，也称为极坐标测量法或倾斜轮廓仪测量法。该装置可对直径 1~2m 非球面镜进行在位检测，测量精度达到 50nm。在各种坐标测量方法中，最为经典的是直角坐标测量方法，也称为线性轮廓测量方法。它通过测量工件表面多条子午截线实现对非球面面形的测量。此外，日本佳能公司在研制的光学自由曲面超光滑表面抛光机上开发了超精密在位坐标测量系统，英国 Taylor Hobson 公司生产的轮廓仪，在接触式测量方法中也具有代表性，如图 5-12 所示。

图 5-12　Taylor Hobson 轮廓仪

干涉测量技术利用光波的干涉原理实现高精度光学镜面的面形检测。受其自身测量方法的特点限制，主要用于光学元件最终抛光阶段的面形检测。当前，中大口径光学元件的最终加工手段主要采用确定性抛光技术。该技术容易在光学表面形成中频误差，中频误差对强激光系统和高分辨率成像系统的光学系统具有决定性影响，但常用的光学加工误差评价方法所表述的指标缺乏定量化的波前频谱描述功能，不能准确地反映系统对光学元件的要求。基于此，美国劳伦斯·利佛莫尔国家实验室提出了以能量谱密度（Power Spectral Density，PSD）特征曲线对光学加工误差进行评价的方法。

PSD 特征曲线如图 5-13 所示。评价光学元件加工质量是否合格的条件是：将光学加工表面误差的 PSD 曲线与特征曲线相比较，当加工误差的 PSD 曲线在特征曲线之下时元件合格，在特征曲线之上则元件不合格。国际标准化组织于 1997 年颁布光学国际标准 ISO：10110 时，PSD 成为了评价光学元件表面质量的新参数。

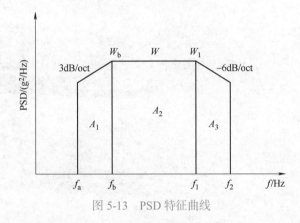

图 5-13　PSD 特征曲线

功率谱密度特征曲线可以评价光学加工误差的频带特征，但也存在着不足。首先，PSD 是一种基于傅里叶变换的信号处理方法，是一种全局性的变化，无法判断不合格频率在光学表面发生的对应区域，从而难以为修形加工提供指导；其次，这一曲线不能与具体的光学性能建立联系，所以不能经济、高效地加工出满足光学性能要求的光学元件。为此，有研究提出利用结构函数的方法进行光学元件表面误差的评价。

随着检测技术水平的提高，目前望远镜主镜的面形误差通常通过干涉仪输出的 Zernike 多项式系数来评价，不过该过程需要建立面形误差和大气湍流误差之间的直接比较关系，即建立 Zernike 多项式与结构函数之间的转化关系。目前，结构函数与分形函数和小波理论的结合使评价方法有了新的发展方向。

此外，常用的光学元件误差评价方法还有基于散射理论的评价方法、基于统计光学理论的评价方法。

5.2　先进制造中的现代精密测量技术与设备

5.2.1　轮廓仪

轮廓仪是一种能够测量物体轮廓的测量仪器，不仅可以测量物体的形状和尺寸，还可以

帮助检测物体表面的粗糙度、平整度、平行度、垂直度、圆度、直线度、角度和深度等特征。轮廓仪扫描物体表面，并采集表面数据，然后通过计算机算法和软件来重建物体的三维形状。在测量形状和尺寸方面，轮廓仪的分辨率可以达到亚微米级别，这使得它成为了许多工业领域进行质量控制和产品检验的重要工具之一。

轮廓仪有多种类型，包括光学轮廓仪、激光轮廓仪、白光干涉式轮廓仪、扫描电子显微镜、电动轮廓仪等。这些仪器通常配备了计算机软件来处理测量数据，可以自动生成图形、报告和其他相关数据。在制造业中，轮廓仪可以帮助生产商快速、准确地检测零件的几何特征，从而确保产品的质量和一致性。除了在制造业中的应用，轮廓仪也被广泛应用于科学研究领域，例如地质学、生物学、材料科学等。轮廓仪可以用于研究地球表面形貌、生物形态学和生物力学特征、材料表面和体积的形状、大小等方面。

光学轮廓仪（图 5-14）采用激光光源和光学成像系统，对物体进行非接触式、高精度的三维测量，适用于复杂形状的物体。其测量原理如图 5-14b 所示，在工作时光源发出的光经过扩束准直后经分光棱镜分成两束，一束经被测表面反射回来，另外一束光经参考镜反射，两束反射光汇聚并发生干涉，显微镜将被测表面的形貌特征转化为干涉条纹信号，通过测量干涉条纹的变化来测量表面三维形貌。与此相对的，激光轮廓仪则使用激光束作为测量光源，可以对被测物体表面进行快速、高精度的测量，适用于大批量生产中的检测。

触针式表面轮廓仪也是常用的一种轮廓仪，其使用触针法测量。触针法是一种接触式测量方法，由于测量时需要触针与被测表面接触，因此可能会在被测表面上产生一些划痕，这会对被测表

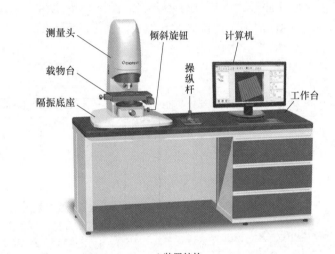

a) 装置结构

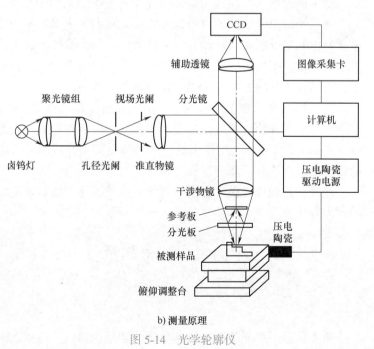

b) 测量原理

图 5-14　光学轮廓仪

面的形貌和粗糙度产生影响。此外，触针法的测量范围有限，通常只能测量微小的表面形貌，对于大尺寸表面或深度较大的孔隙等不易测量。因此，对于大尺寸或深度较大的工件，可能需要使用其他测量方法。

尽管存在上述局限性，触针式表面粗糙度测量仪仍然是目前最常用、最可靠的表面粗糙度测量方法之一。触针式表面粗糙度测量仪的优点在于，它可以测量工件表面的粗糙度、平直度、平行度、垂直度、角度和轮廓等多种特征，能够准确地表征被测工件的表面质量和形状。此外，触针式表面粗糙度测量仪可以测量多种形状的工件表面，如平面、球面、圆柱面、棱柱面等，具有较强的适用性。现代的触针式表面粗糙度测量仪通常配备了先进的数字化处理系统，可以实现高精度的测量和数据分析，还具有自动化、智能化和多功能化的特点，能够满足不同领域的测量需求。例如，它们可以通过接口与计算机相连，实现数据的存储、管理和分析，同时可以进行自动化测量和数据处理，大大提高了工作效率和测量精度。此外，近年来，随着微电子技术和计算机技术的不断发展，触针式表面粗糙度测量仪的性能和功能也得到了不断提升。例如，新型的微型触针式表面粗糙度测量仪可以在微米级别下进行高精度的表面测量，适用于微机械、集成电路和纳米技术等领域。因此，触针式表面粗糙度测量仪具有广泛的应用前景和发展潜力。它在制造业、航空航天、汽车、电子、医疗等领域的产品检验、故障分析、质量控制和研究开发等方面都具有重要的作用，并且将继续成为各国国家标准及国际标准制定的重要依据。

5.2.2　激光干涉仪

20 世纪 60 年代初激光的出现，特别是 He-Ne 激光器的问世，使干涉技术得到了迅速发展，并广泛应用于计量技术中。激光作为光源具有亮度高、方向性好、单色性及相干性好等特点，这是其他光源所不能比拟的。目前以 He-Ne 激光器作为光源的激光干涉技术已经比较成熟。随着精密仪器向高精度、自动化方向的发展，激光干涉技术逐渐发展成为用微机控制、自动记录、显示完善的系统。无论在精度和适应能力上，还是在经济效益上，都显示出了它的优越性。激光干涉仪，如图 5-15a 所示，它使用迈克尔森干涉系统的一般长度来测量已知长度的激光波长，除测量长度外，激光干涉仪还可用于测量线性位置、速度、角度、平行度和垂直度，可用于精密工具机或测量仪器的校正。如图 5-15b 所示，工作时一个反射镜 M_1 紧紧固定在分光镜上，形成固定长度参考光束。另一个反射镜 M_2' 相对于分光镜移动，形成变化长度测量光束。如果两光程差发生变化，每次光路变化时都能观察到相长干涉和相消干涉两端之间的信号变化。这些变化（条纹）被数出来，用于计算两光程差的变化，测量的长度等于条纹数乘以激光波长的一半。

激光干涉仪在工业、医疗、科学研究、艺术等领域都有广泛的应用。在制造业中，它被广泛应用于汽车制造、航空航天、电子制造和医疗设备制造等领域。

现如今有代表性的激光干涉仪有很多种类型，其工作原理除了声光频移法，还有其他方法，如电光调制法、电声调制法、电子干涉法等。其中，以声光频移法为代表的双频激光干涉仪，可以调制出不同频差的激光。比如，英国的雷尼绍公司、美国的 ZYGO 公司的干涉仪，就采用了声光频移法。雷尼绍公司推出的 XM-60 多光束激光干涉仪，如图 5-16 所示，它可以通过一次设置直接测量任何形式的线性轴上的六个自由度（线性、俯仰、偏航、垂直和水平直线度、横滚），这使得它在制造业中应用非常广泛。

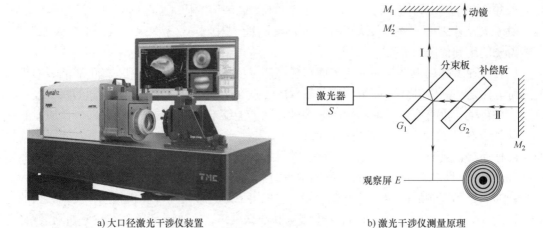

a) 大口径激光干涉仪装置　　　　　b) 激光干涉仪测量原理

图 5-15　激光干涉仪

图 5-16　XM-60 多光束激光干涉仪

5.2.3　三维激光扫描仪

三维激光扫描仪是三维激光扫描系统中的主要组成部分，主要由扫描平台、时间计数器、运动系统、控制箱、CCD 相机、计算机等组成。有的仪器还加设了定位导航设备。不同的扫描仪其内部构件有一定相似性，但其工作原理却有一定的区别。三维激光扫描仪根据其工作原理主要分为脉冲式扫描仪和相位式扫描仪。

1. 脉冲式三维激光扫描仪特点及应用

脉冲式三维激光扫描仪是一种现代化的高精度三维测量仪器，可以实现对待测物体的精确测量和数字化建模。它具有高精度、高效率的特点。激光脉冲发射器的发射速度快，可以在很短的时间内测量到大量采样点，而且采样点数据的精度非常高，可以达到亚毫米级别，甚至更高的精度。

这种高效率的测量方法可以大大提高测量效率和精度，同时也可以降低人工干预的风险。它还具有全方位测量的特点。三维激光扫描仪可以在水平面上 360° 旋转扫描，竖直方向也可以进行 270° 以上的旋转扫描，因此可以实现对待测物体的全方位测量和数字化建模，尤其适用于需要高精度和全面测量的领域，如建筑测量、文物保护、工业生产检测等，如图 5-17 所示。

2. 相位式三维激光扫描仪特点及应用

相位式三维激光扫描仪（图 5-18）在测量精度方面优于脉冲式三维激光扫描仪，但也存在一些局限性。相位式三维激光扫描仪的测量精度受到环境因素的影响较大，如温度变化、空气湿度、大气压力变化等因素都可能导致测量误差的增加，因此在使用时需要对环境因素进行校准和控制。此外，相位式三维激光扫描仪在测量时也会受到物体材质和表面颜色等方面的影响。例如，当物体表面反射率较低、纹理过多或存在强烈反光时，都可能导致测量误差的增加。

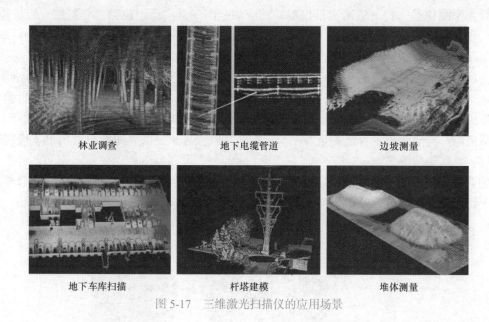

林业调查　　　　地下电缆管道　　　　边坡测量

地下车库扫描　　　杆塔建模　　　　堆体测量

图 5-17　三维激光扫描仪的应用场景

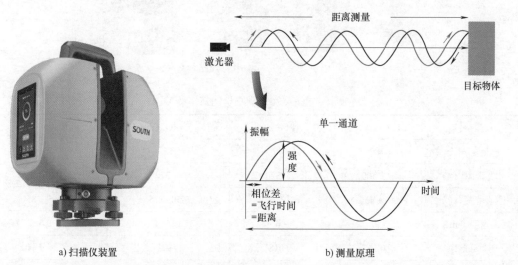

a) 扫描仪装置　　　　　　b) 测量原理

图 5-18　SD-1500 型三维激光扫描仪

　　相位式三维激光扫描仪的应用领域非常广泛，包括工业制造、建筑工程、文化遗产保护、医学等。在工业制造领域，相位式三维激光扫描仪可以用于产品的三维检测和测量，如汽车车身、飞机零部件、手机外壳等的尺寸精度检测和形貌分析。在建筑工程领域，相位式三维激光扫描仪可以用于建筑物的三维测量和检测，如建筑物立面、立柱、梁柱等的尺寸测量和形态分析。在文化遗产保护方面，相位式三维激光扫描仪可以用于古建筑、雕塑、石窟

171

等文物的三维扫描和数字化保护。在医学领域，相位式三维激光扫描仪可以用于人体表面的三维测量和形态分析，如面部、手部等部位的测量和分析。

5.2.4 激光跟踪仪

激光跟踪仪是一种高精密测量仪器，其应用范围非常广泛，包括工业制造、机械加工、建筑工程、航空航天、船舶制造等领域。激光跟踪仪主要利用激光束对目标点位进行测量，其测量精度通常可以达到亚毫米级别。激光跟踪仪采用先进的控制技术和计算机光电技术，可以实现对目标点位的实时追踪和测量，并通过内置的计算机系统将实时数据反馈给用户。在工业制造领域，激光跟踪仪广泛应用于大型装配、校准、检测、测量等环节，如船舶、汽车、飞机等大型机械设备的装配、精度校准等工作。在建筑工程领域，激光跟踪仪可用于地基沉降监测、高层建筑垂直度测量等工作。在航空航天领域，激光跟踪仪可用于飞行器的姿态控制、导航定位等方面。

随着激光技术的不断发展和应用领域的扩大，未来激光跟踪技术市场仍将持续增长。目前主要商用激光跟踪仪的外形如图5-19所示，主要参数见表5-1。

图 5-19　激光跟踪仪

表 5-1　主要激光跟踪仪的技术参数

仪器型号	Leica AT901	API Radian	FARO ION	Etalon NG
测量范围 /m	80	80	55	0.2~20
水平范围 /(°)	±360	±320	±270	±225
垂直范围 /(°)	±45	−59~+79	−50~+75	−35~+85
跟踪速度 /(m/s)	6	6	4	0.6
测角分辨率	0.14″	0.018″	—	—
ADM 精度	10μm	10μm	8μm+0.4μm/m	—
IFM 精度	±0.5e10⁻⁶m	±0.5e10⁻⁶m	±(2μm+0.4μm/m)	±0.2μm+0.3μm/m

在航空航天领域中，激光跟踪仪广泛应用于飞机和火箭发动机的装配和调试，可实现对复杂结构的高精度测量和控制。在汽车制造领域中，激光跟踪仪可用于车身检测、车轮对中等测量任务，可提高汽车生产线的生产率和产品质量。激光跟踪仪的测角功能采用的是光栅度盘测角技术，度盘刻有18000条分划线，角度测量分辨率可以达到0.14″。组成光栅度

盘的主要元件有发光管、指示光栅、接收管等。其中发光管的作用是与光栅度盘形成莫尔条纹，通过监测度盘上光栅条纹移动的情况来计算角度，进而得出被测目标的角度值。激光跟踪仪的测距功能采用激光干涉测量技术，可以实现对目标点的精确测量，测距精度可以达到0.1mm。

激光跟踪仪的跟踪控制部分是其十分重要的组成部件之一。在实际应用中，激光跟踪仪可以用于跟踪运动目标并实时测量其位置、速度等参数。跟踪功能是通过四象限光电位置感应器（Position Sensitive Detector，PSD）实现的。这种感应器具有高灵敏度、高分辨率、快速响应等特点，广泛应用于自动控制、导航等领域。激光跟踪仪的跟踪控制部分主要由PSD、跟踪控制系统、反射镜等组成。通过 PSD 控制跟踪仪激光束始终跟踪棱镜中心运动，从而实现跟踪测量。

5.2.5 测量机器人

测量机器人是一种集成先进技术的自动化测量设备，其核心技术是全站仪技术和智能化控制技术。全站仪作为一种精度高、功能多样的测量仪器，可以同时测量角度、距离、高度、坐标等参数，并通过数据处理软件进行分析和计算。而测量机器人则是在全站仪的基础上增加了步进电动机和 CCD 影像传感器等硬件设备，使得其能够自动搜索、跟踪、辨识和瞄准目标，并获取更为精确的角度、距离、三维坐标以及影像等信息。测量机器人的智能化控制技术是其最为核心的部分。其主要指通过程序实现对自动化测量仪器的智能化控制和管理，能够模拟人脑的思维方式判断和处理测量过程中遇到的各种问题。这种智能化控制技术可以有效提高测量机器人的自动化程度，减少了人工操作带来的成本和风险，同时可以提高测量数据的精度和可靠性，为各行各业提供了更为便捷、快速和准确的测量服务。

20 世纪 70 年代末至 80 年代初，欧洲的一些研究机构和仪器生产厂家进行了大量的基础性的研究和实验。由 H Kahmen 教授领导的课题组于 1983 年成功研制了一种由视觉经纬仪改制而成的组合式的测量机器人（Kahmen，Suhre，1983），并成功应用于煤矿的边坡监测，可自动监测几百个变形目标点。20 世纪 90 年代中期，则是测量机器人全面应用与发展的年代。Leica 公司在推出 TPS1000 系列测量机器人后，迅速推出了其配套自动化极坐标测量软件系统（APSWin），并提供全面的二次开发工具和方法，自此，基于测量机器人的各种开发与应用在世界范围内得到了迅速的推广与发展。

随着计算机技术和机器人技术的不断发展，测量机器人也在不断演化和改进。近年来，激光扫描技术、三维成像技术、超声测距技术等新技术的应用，使得测量机器人在精度、速度和效率等方面得到了大幅提升。除了在测量和监测领域的应用，测量机器人还被广泛应用于工业生产线上的自动化生产和质量控制。在生产线上使用测量机器人，可以实现对产品尺寸、形状等关键参数的自动测量和记录，减少人工干预的错误，提高产品质量和生产率。

工业测量中的测量机器人技术在近年来得到广泛应用，不仅在大尺寸工业设备高精度安装、检测等方面，也在其他领域得到了应用。例如，在立式罐的计量测量中，采用 Leica TCRA 系列测量机器人进行自动化容量标定测量，如图 5-20 所示，这种技术已经被广泛采用。此外，随着测量机器人仪器设备的普及，其在毫米级精度的工业测量自动化中将得到越来越广泛的应用，从而提高工业生产的效率和质量。Leica 的 Axyz 和解放军信息工程大学测绘学院开发的 Metron 工业大尺寸柔性三坐标测量系统中的测量机器人采用了无反射目标

直接测距技术，这种技术可以大大提高测量的精度和速度，从而满足了工业测量中高精度和自动化的需求。此外，这些测量系统还具有柔性、可重复性和自适应性等特点，可以根据不同的测量需求和场景进行定制和配置。

图 5-20　测量机器人

从以上的陈述可以看出，测量机器人技术自从进入全面应用与发展期以来，已经得到了广泛的研究和应用，并在不断地进行改进和创新。在工业测量领域中，各个厂家和科研机构都在进行基础研究和技术探索，以提高测量机器人的精度、速度和适用范围。

未来新一代的测量机器人将会带来更加革命性的变化。当前的测量机器人在进行测量时需要通过合作目标进行测量，但是未来的测量机器人将不再需要合作目标，而是可以通过影像处理的方法自动识别、匹配和瞄准目标。通过深度学习和模式识别等技术，测量机器人将会具备更强的智能化能力，能够进行更加复杂的测量任务和数据分析，从而获得更加高效和准确的测量结果。未来的测量机器人在应用范围上也将会得到进一步的扩大。除了在传统的工业制造领域中得到广泛应用外，未来的测量机器人还可以被应用于智能家居、智能交通等领域，从而实现更加便捷和智能化的生活方式。

5.3　制造现场在线检测技术

在线检测是指检测器具、装置、系统或检测工作站在空间上被集成在制造系统中，制造过程与检测过程没有时间上的滞后或只有很短的时间滞后的技术，几种典型应用场合如表 5-2 所示。在目前的技术水平下，配置在线过程中的检测系统常常使装备昂贵和复杂化，所以在线过程中检测环节的配置普遍投资巨大。因此，除了少数关键工序外，在线过程后检测要比在线过程中检测应用更为普遍。与传统的人工检测不同，自动在线检测具有如下优点：①实时监测：自动在线检测技术可以实时监测数据，快速发现问题，避免问题扩大化；②提高效率：自动在线检测技术可以自动完成大量的检测任务，减少人工检测的时间和成本，提高工作效率；③减少人为误差：自动在线检测技术采用计算机程序进行检测，能够减少人为误差的发生；④数据精度高：自动在线检测技术采用高精度的传感器和仪器，能够获得更加准确和可靠的数据，提高数据精度。

表 5-2 机械制造过程在线检测中的质量参数、测量方法及传感器

应用场合	质量参数	测量方法及传感器
表面形貌检测及监控	表面形貌包括表面粗糙度、表面波纹度等	触针式轮廓仪、光切法、光学探针法、全积分散射法、离焦误差检测法、共焦扫描法、外差干涉法、干涉显微镜、力显微镜、扫描隧道显微镜、扫描近场光学显微镜等
自由曲面测量	曲面的几何形状精度、曲面平滑度、尺寸公差等	坐标测量机和三维扫描测头、光电 CCD 扫描，如：单光点三角法、光切法、雷达测距法、结构光传感器、线性位移激光探头等
圆柱形零件在线检测	圆柱形孔直径、圆度、圆柱度、同轴度等	衍射测量法、激光扫描法、气电测量传感器
振动监测	振动幅度、频率分布、振动模式等	电涡流式、电容式、电动式、压电式、压阻式、光纤测振等
无损检测、无损探伤	内部缺陷（如裂纹、空洞）、材料密度不均、组织不均匀性等	超声检测、X 射线检测、核辐射检测等

先进制造系统中，典型的在线过程中检测是利用自动检测系统进行的。实现自动在线检测有两种途径：一种是在设备上安装自动检测装置；另一种是在自动生产线上设置自动检测工位。目前自动在线检测装置多用于磨削加工中，例如刀片周边磨削时，利用装于磨床上的声发射传感器和尺寸检测装置，在磨削过程中实施检测并记录检测结果，直到合格时才停止加工，自动卸下工件。

先进制造系统的显著特点是自动化、智能化、集成化、敏捷化和高精度，而这一切都离不开现代传感技术和自动检测技术。自动检测技术已经成为先进制造系统中一个必不可少的组成部分，在现代制造技术领域处于非常重要的地位。通过使用各种自动化检测装置和系统能够为制造过程控制、产品质量检测与控制提供各种有价值的信息。自动检测系统常常是以多种先进的传感技术为基础，且能与计算机系统结合，在相关软件支持下，自动检测系统可以自动地完成数据采集和处理、特征提取和识别以及多种结果分析与计算，如图 5-21 所示。

图 5-21 智能化无人工厂

自动检测是指检测过程所包含的一个或多个检测阶段（或环节）的自动化技术，一般包括以下三种典型应用形式：①自动检测仪器设备自动完成实际检测的过程，但需手工装卸被测工件；②自动检测仪器设备需要自动化装卸传输系统和其他操作机构的支持；③工件装卸与检测全部自动完成。

5.3.1 数控机床在线检测技术

数控机床是一种高精度、高效率的自动化设备，是制造业的加工母机。每当一批零件

开始加工时，有大量的检测需要完成，包括夹具和零件的装卡、找正、零件编程原点的测定及加工过程中的工序间检测和加工完毕检测等。目前完成这些检测工作的主要手段是手工检测、离线检测。这些检测手段费时费力，影响加工效率。针对如何提高加工效率、编程质量、机床安全性、设备利用率和节约刀具成本等问题，研究人员研究出了数控机床在线检测技术。在线检测也称实时检测，是一种基于计算机自动控制的检测技术，在加工的过程中对刀具进行实时检测。其检测过程由数控程序来控制，依据检测的结果做出相应的处理，既保证了数控机床精度，增加数控机床功能，又改善数控机床性能，提高数控机床加工效率。

数控机床在线检测系统分为两种，一种为直接调用基本宏程序，不需要计算机辅助；另一种则要用户自己开发宏程序库，借助计算机辅助编程系统，随时生成检测程序，然后传输到数控系统中。数控机床的在线检测系统由机床系统和软件系统组成。机床系统通常由以下几部分组成。

1. 数控装置

数控装置是数控机床的核心，负责从内部存储器中读取数控加工程序。数控装置的逻辑电路或系统软件通过编译、运算和逻辑处理，输出各种控制信息和指令，确保机床按预定程序运动。

2. 测量系统

测量系统是在线检测的关键，包括接触触发式测头、信号传输系统和数据采集系统。关键部件是测头，它能在加工过程中进行尺寸测量，并根据测量结果自动调整加工程序，提高加工精度。测头的原理通常是基于触发式或非接触式传感技术，如电容式测头利用电容的变化来检测工件尺寸。当测头接近工件表面时，电容发生变化，从而精确测量出距离或尺寸。激光扫描测头使用激光技术扫描工件表面，根据激光的反射时间和角度变化来确定工件的几何尺寸。超声波测头发射超声波并接收其回波，通过分析回波的时间和强度来测量工件的尺寸和表面特性。

3. 软件系统

软件系统由计算机软件组成，负责测量数据的采集和处理、检测程序的生成和仿真以及与数控机床的通信等。软件系统可以减少测量结果的分析和计算时间。

这种配置允许数控机床在加工过程中进行实时监测和调整，确保加工质量和效率。通过这些高级的传感器和智能软件，数控机床不仅能高效加工，还能自动进行精度校验和质量检测。数控机床具有高效、高精度、高自动化等特点，是现代制造业中的关键设备。然而，随着数控机床的使用时间的增长，其机械部件的磨损、松动等问题也会逐渐显现，进而影响其加工精度和稳定性。为了保证数控机床的加工质量和生产率，需要对数控机床进行定期维护和检测。

传统的数控机床检测方法一般采用离线检测，即将机床停机后进行检测和维修，这种方法会导致生产率降低、生产成本增加、工人工作强度大等问题。因此，近年来，研究人员开始探索数控机床在线检测技术。数控机床在线检测技术是指在数控机床工作过程中，通过传感器采集机床各个部位的实时数据，实现对机床状态的实时监测和故障诊断，从而提高机床的运行效率和稳定性的技术。数控机床在线检测技术主要包括以下几个方面。

1. 机床运动监测

机床运动监测是指通过安装传感器，采集机床各个轴向运动的实时数据，包括位置、速

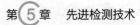

度、加速度、振动等信息，从而判断机床的运行状态和工作质量的技术。常用的传感器有位移传感器、速度传感器、加速度传感器、振动传感器等，例如：机床位移传感器能够实时监测机床各个轴向的位移情况，并将数据传输给计算机分析。

2. 机床温度监测

机床温度监测是指通过安装温度传感器，采集机床各个部位的温度数据，从而判断机床是否存在过热等问题的技术。常用的温度传感器有热电偶、红外线传感器等。

3. 机床液压系统监测

机床液压系统监测是指通过安装压力传感器、流量传感器等，采集机床液压系统各个部位的实时数据，包括液压压力、流量、温度等信息，从而判断机床液压系统是否存在故障或异常情况的技术。通过液压流量传感器，能够实时监测机床液压系统的流量情况，并将数据传输给计算机进行分析处理。

4. 机床声音监测

机床声音监测是指通过安装声发射传感器，采集机床运行过程中产生的声发射数据的技术。常用的机床声发射传感器的原理如图 5-22 所示，当材料（如金属、塑料、木材）内部发生微观结构变化时，会产生声波，这些波是瞬态弹性波，以声波形式在材料内传播。当这些弹性波到达传感器的压电元件时，压电体因受到机械应力而产生电压变化，从而将声波转换为电信号。这些电信号通常非常微弱，因此需要通过预放大器加以放大。然后，信号被传输到数据处理系统，进行滤波、放大和数字化处理。通过分析这些信号的特性（如振幅、频率、持续时间等），可以获得材料内部发生的微观结构变化信息。

图 5-22　声发射传感器

5. 机床振动监测

机床振动监测是通过安装振动传感器实现的，其原理如图 5-23 所示。这些传感器通常包含一个质量块 - 弹簧 - 阻尼系统。当传感器随物体振动时，质量块相对于传感器外壳移动。这种移动改变了质量块和传感器元件（通常是压电材料或应变片）之间的相对位置，从而产生电信号。这个信号与质量块的加速度成正比。电信号经过放大和处理后，可用于分析物体的振动特性，如频率、振幅和振动模式。

6. 机床状态诊断

通过对机床运行过程中采集的各种数据进行分析处理，可以实现机床状态的实时诊断，判断机床是否存在故障或异常情况。常用的诊断方法有神经网络、支持向量机、模糊逻辑等方法，例如基于神经网络的机床状态诊断系统，它能够通过分析机床运行时采集的各种数据，实现机床状态的实时诊断和故障预测。

机床在线检测技术的发展，为机床制造业在提高效率、降低成本、提高产品质量等方面提供了有力的支持。随着技术的不断创新和发展，机床在线检测技术将会更加智能化、精细化、自动化，为机床制造业的转型升级和智能化发展提供更多的支持和保障。数控机床在线

检测技术的未来发展趋势如下。

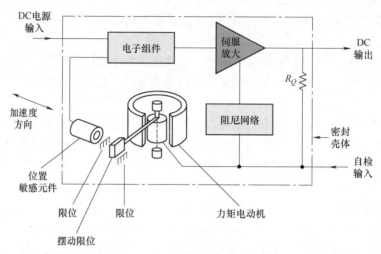

图 5-23　振动传感器

1. 设备操作更加人性化、智能化

伴随现代计算机技术、控制技术和网络技术的发展，工业生产设备及其操作开始向着人性化、智能化的方向发展，工业生产设备操作和产品制造过程将更多的考虑人的因素。数控机床在线检测相关技术、设备，也必将沿着该条道路向前发展，特别是检测智能化将成为数控机床在线检测系统发展的主流。

2. 信息化水平、开放程度将更高

信息化、开放性是当前数控机床在线检测技术发展的主要趋势，也是其主要亮点。在信息化方面，国内外越来越多的专家、学者、数控机床设备生产厂商等开始关注概念性数控机床研究与生产，进一步提高数控机床的信息化水平，旨在实现数控机床的远程操作与控制；开放性也是数控机床在线检测系统的一大亮点，其支持数控机床操作人员、数控编程开发人员对数控系统进行优化改进。

3. 模块化、标准化技术发展方向

当前世界上数控机床、控制系统和检测系统的种类越来越多，各数控机床、控制系统和检测系统的研究人员、生产厂商之间基本都是独立工作的，缺乏有效的沟通，导致不同类型数控机床、控制系统和检测系统之间无法进行有效协作与合作，严重阻碍了设备的推广、使用。为了促进数控机床在线检测技术的应用，以构成模块化、操作标准化为基础的在线检测系统将成为数控机床在线检测系统未来发展的主方向。

未来，随着人工智能、大数据、物联网等技术的发展，数控机床在线检测技术将迎来更加广阔的发展前景。首先，数控机床在线检测技术将会更加智能化，可以通过机器学习算法实现自动调节、自我诊断和优化加工参数等功能。其次，数控机床在线检测技术将会更加实时化和精细化，可以实现对机床加工过程的高精度监测和控制。最后，数控机床在线检测技术将会更加多元化和集成化，可以将不同的监测技术和控制策略进行集成，实现全方位、全过程的机床在线监测和控制。总之，数控机床在线检测技术将会持续推动机床制造技术的发展，为工业生产提供更加高效、高质量和可靠的解决方案。

5.3.2　测量仪器与制造系统的集成设计

测量仪器与制造系统的集成技术是一种将测量仪器与制造系统进行无缝集成的技术，通过将测量仪器与制造系统的数据传输、信息共享、任务协调等关键环节进行集成，可实现制造过程中的实时监测、控制和优化。

在集成设计技术中，首先需要选择适合的测量仪器和制造系统，然后通过网络通信、协议转换、数据处理等技术手段，将测量仪器和制造系统进行无缝集成。具体来说，可以通过开发适合的接口和协议，实现测量仪器与制造系统之间的数据交换和通信。通过开发数据处理和分析软件，对测量仪器采集到的数据进行实时监测和分析，以实现制造过程中的实时控制和优化。通过开发任务协调和管理软件，实现测量仪器与制造系统之间的任务协调和优化，提高制造系统的效率和质量。该技术在工业制造领域中具有广泛应用，可以用于实现制造过程中的实时质量控制、工艺优化和智能化制造等目标。

但是，同飞速发展的其他先进设计、制造技术相比，生产过程质量检测技术在总体上还相当落后。目前的制造过程产品质量检测，或者大量采用事后手工检测，或者依赖于彼此相互独立的测试设备。这些测试设备犹如测试"孤岛"，其测量功能和范围专用、固定，难以扩展，使得测试的计划、实施和结果处理缺乏柔性，质量检测的系统性、整体协调性以及其质量控制和保证作用难以有效体现。现行的制造过程质量检测技术和仪器设备已经难以适应先进制造技术发展的要求，无法满足产品研制、生产过程中对质量检测的迫切需求。

现代制造系统中，质量控制方法已经不再局限于产品制造质量检测和质量控制（如工件尺寸精度、表面粗糙度等），而是扩大到整个制造过程的质量控制和质量监控，扩大到对制造系统生产设备运行状态和加工过程工艺状态的检测和监控。制造系统的某些环节一旦发生故障或异常，轻则影响产品质量，影响系统正常运行，缩短生产设备使用寿命，重则导致整个系统瘫痪，酿成破坏性事故。为了保证制造系统稳定、可靠、准确地正常运行，使产品达到设计质量标准要求，避免设备损坏，必须对制造系统的设备运行状态和制造过程工艺状态（可统称为工况）进行实时在线检测、监视和监控。工况监控与故障诊断系统是保证先进制造系统过程质量和工作质量的基础，它可完成制造过程中对加工对象、加工设备以及加工工具的在线自动检测和监控。先进制造系统工况监控与故障诊断的关键技术主要有：信号特征提取、状态识别模型建立以及故障诊断决策等。工况监控与故障诊断系统的工作原理如图 5-24 所示。

图 5-24　工况监控与故障诊断系统工作原理

根据工况信息评价制造系统当前工作状况，智能地诊断出已出现或将要出现的设备故障，以便及时或提早应付异常和紧急情况，必要时发出工况视听信息，进行报警、停机或起动备用设备，保障设备和人身安全，并采取相应的维护措施。

工况监控与故障诊断的研究和应用大致可分为两种情况：

1）现有生产制造系统和设备大都不具备工况监控与故障诊断的功能，即使具有，也很不完善且功能偏弱，需要另行开发配置。

2）为未来先进制造系统开发设计此类功能，使之与制造系统有机集成，融为一体。当前对待现有制造设备和系统，开发研制工况监控与故障诊断系统，其实质是对现有生产设备和制造系统设计信息的二次利用，以模块化、标准化、智能化和工具化为追求目标，充分利用和集成已有的先进成熟技术和检测仪器设备，实现工况监控与故障诊断功能，并为将来先进制造系统工况监控与故障诊断功能开发设计奠定基础，提供借鉴经验。

通过以下三个例子可以深入理解当代制造业中工况监控与故障诊断系统的应用：柔性制造系统（FMS）的监控与诊断系统、刀具与砂轮的过程检测和监控系统以及视觉测量仪器与制造系统的集成。通过深入分析这些系统的运作机制和优势，我们可以更好地理解现代制造业如何利用高科技手段提高效率、保障质量并实现智能化生产。

1. FMS 的监控与诊断系统

FMS 检测监控系统主要包括对加工设备监控和对工件的监控。加工设备监控的对象有数控机床、加工中心、机器人、自动导引小车等。工件监控是指对制造过程中工件加工精度的检测和控制。按监控阶段又可分为工序间监控和最终工序监控。FMS 检测监控系统是一个复杂系统，它包括多个子系统和为数众多的软硬件。按照当前 FMS 中经常采用的比较成熟的检测监控功能划分，FMS 检测监控系统可分为以下 5 个子系统：① FMS 系统运行状态子系统：监视工件流（包括运输小车的位置及装载状态、故障状态、工件装卸状态等）、刀具流（包括刀库、对刀仪、换刀装置等的工作状态）和信息流（包括工件流控制系统、刀具流控制系统、数控系统与通信系统之间的工作状态、主控管理系统的工作状态等）的运行状态；②机床工作状态子系统：包括机床故障检测监控、机床加工状态监控等；③刀具状态子系统：主要包括刀具破损及磨损的检测监控、刀具使用寿命的检测；④工件状态子系统：包括毛坯质量状态检测、工件安装定位状态及精度检测、工件加工尺寸精度检测（分为加工尺寸的在线检测监控和成品、半成品尺寸的检测）；⑤系统安全子系统：包括电网电量参数检测监视、意外事故监视、人身安全监视。在数控机床位置测量中广泛应用的传感检测系统有光栅、感应同步器、容栅、磁栅、球栅，如表 5-3 所示。

表 5-3　数控机床常用检测系统及其主要性能

测量系统名称		测量范围	分辨率	精确度
感应同步器	直线式	$10^{-3} \sim 10^{4}$ mm	$1 \sim 5 \mu m$	$\pm 1 \sim 2.5 \mu m / 250 mm$
	旋转式	$0° \sim 360°$	—	$\pm 0.5'' \sim \pm 1''$
光栅	长光栅	$10^{-3} \sim 10^{4}$ mm	$0.1 \sim 1 \mu m$	$\pm 1.5 \sim \pm 10 \mu m / 1m$
	圆光栅	$0° \sim 360°$	—	$\pm 0.5'' \sim \pm 1''$
磁栅	长磁栅	$10^{-3} \sim 10^{4}$ mm	—	$\pm 1.5 \sim \pm 10 \mu m / 1m$
	圆磁栅	$0° \sim 360°$	—	$\pm 1''$
容栅		—	$5 \mu m$	$\pm 30 \mu m$
球栅		—	$10 \mu m$	$\pm 10 \mu m$
He-Ne 激光测长		—	$\lambda = 0.6328 \mu m$ $\lambda/16$	—

柔性制造系统（FMS）的未来发展趋势主要包括以下几个方面：①智能化：随着人工智能技术的不断发展，FMS 系统将越来越智能化，能够自主进行生产调度、故障诊断和预测性维护等。②网络化：FMS 系统将更加网络化，实现设备之间的信息共享和协同生产，提高生产率和质量。③数字化：FMS 系统将更加数字化，实现生产过程的全程可视化和数据化管理，提高生产过程的透明度和精度。④灵活化：FMS 系统将更加灵活化，能够快速响应市场需求和生产变化，实现生产线和生产模式的快速转换。⑤绿色化：FMS 系统将更加注重环保，实现节能减排和资源循环利用，降低生产对环境的影响。

2. 刀具与砂轮过程检测和监控系统

刀具与砂轮过程检测和监控系统是一种用于监测刀具或砂轮加工过程中磨损情况的系统。该系统主要由传感器、数据采集系统、信号处理系统和控制系统等组成。传感器主要用于采集加工过程中的相关信号，如切削力、振动、功率等。数据采集系统用于对传感器采集到的数据进行处理和存储，以便后续分析和判断。信号处理系统主要用于对采集到的数据进行滤波、降噪、特征提取等处理，以便更好地反映刀具或砂轮的磨损情况。控制系统主要用于根据信号处理系统的结果，对加工过程进行实时控制和调整，以保证加工质量和效率。

通过刀具与砂轮过程检测和监控系统，可以实现以下几个方面的优化：①提高加工质量：通过实时监测刀具或砂轮的磨损情况，可以及时发现并更换已经磨损的刀具或砂轮，从而保证加工质量；②提高生产率：通过实时控制和调整加工过程，可以最大限度地利用刀具或砂轮的寿命，从而提高生产率；③降低成本：通过延长刀具或砂轮的使用寿命，可以降低更换成本和生产停机时间，从而降低成本。

切削与磨削过程是常见的材料切除过程。按磨钝标准，刀具与砂轮磨损到一定限度或出现破损，会使它们失去切削、磨削能力或无法保证加工精度和加工表面完整性时，称为刀具失效或砂轮失效。在切削过程中，刀具的失效（主要包括磨钝、破损）与砂轮的磨削过程工况（如砂轮与工件的接触、砂轮磨钝和砂轮修整控制等）的变化，严重影响切削、磨削过程的正常进行。刀具失效是机械加工过程中最常见的故障之一。工业统计表明，刀具失效是引起机床故障停机的首要因素，由此引起的停机时间占数控机床总停机时间的 1/5~1/3。此外它还可能引发设备故障或人身安全事故甚至重大事故。采用刀具与砂轮监视与控制装置后，可以避免 75% 以上因机床停机和人为因素引起的危害，大大提高机床利用率。

典型的刀具与砂轮的过程检测和监控系统有：①以切削力、扭矩为特征参数的刀具实时监控系统。常用于间接监视刀具磨损或破损以及磨削过程状态，并实现切削力、磨削力的优化控制。②基于机床主轴电动机、进给电动机功率、电流的刀具和切削过程监视系统。它利用机床主轴电动机和进给电动机的有关变量（如功率、电流、电压、相位等）与刀具磨损、破损或切削颤振等工况的相关性，来实现刀具和切削过程状态的检测与监控。③声发射刀具实时监控系统。声发射传感器已经成为制造过程和装备监视中一种常用的传感器，基于声发射传感器的刀具实时监控系统可用于车、钻、端铣、机动攻丝等多种刀具磨损、破损的实时监视。④切削区域噪声监视系统。机床运行及进行切削加工时，切削区的噪声中包含了许多与机床运行状态和刀具工况有关的信息，可采用多模式的模式识别技术进行准确识别。

3. 视觉测量仪器与制造系统的集成系统

当今制造业中，视觉测量技术已经成为了一种重要的质量控制手段。视觉测量仪器可以通过高分辨率的摄像头和精密的图像处理算法，对零件进行二维或三维测量，可用于检测零

件的尺寸、形状和位置等。视觉测量仪器主要由高分辨率的摄像头、光源、图像处理算法和计算机控制系统等组成。通过摄像头对零件进行拍摄，并将拍摄到的图像传输到计算机控制系统中进行图像处理。图像处理算法可以对图像进行滤波、降噪、特征提取等处理，从而提取出零件的尺寸、形状和位置等信息。

视觉测量仪器具有以下几个特点：①非接触式测量，不会对零件造成损伤；②测量范围广，可用于大型和小型零件的测量；③测量精度高，可达到亚微米级别；④测量速度快，可实现高效的自动化测量。

视觉测量仪器与制造系统的集成系统可以将视觉测量仪器与制造系统集成，实现自动化测量和反馈控制。该系统主要由视觉测量仪器、控制系统和制造系统组成。在制造过程中，视觉测量仪器可以对零件进行自动化测量，并将测量结果反馈给控制系统。控制系统可以根据测量结果对制造过程进行实时控制和调整，从而保证零件的质量和精度。同时，控制系统也可以将测量结果存储到数据库中，以便后续的质量分析和追溯。对视觉测量仪器与制造系统进行集成是一种重要的质量控制手段，可以实现自动化测量和反馈控制，从而提高生产率和质量。

5.3.3 机器人检测技术

工业制造领域中，机器人检测技术对于机器人系统的正常工作是非常重要的，主要用于确保机器人系统在操作过程中的安全性。下面是工业制造领域中常见的机器人检测技术：①姿态和位置检测：机器人操作时需要保持一定的姿态和位置，这需要通过使用各种传感器和算法对机器人的姿态和位置进行实时监测和控制；②环境感知：机器人操作时需要考虑周围环境的安全性，因此要使用各种传感器和算法对机器人周围的环境进行感知和建模，以避免机器人碰到其他物体或者进入危险区域；③动态运动学分析：机器人操作时需要考虑机器人的动力学和运动学特性，因此需要使用数学模型和算法对机器人的动态运动进行分析和优化；④故障诊断和预测：机器人系统在长时间的运行中可能会发生故障，因此需要使用各种传感器和算法对机器人系统进行实时监测和分析，以诊断机器人系统中的故障，并进行预测和预警。

在工业制造领域中，机器人检测技术的应用范围非常广泛，可以涵盖从制造到装配的整个过程。例如，在汽车制造中，机器人检测技术可以用于对焊接机器人的姿态和位置进行实时监测和控制，以确保焊接的质量和效率，如图 5-25 所示。在电子电路元件制造中，机器人检测技术可以用于对贴片机器人的动态运动进行分析和优化，以提高贴片的精度和速度。

近年来，机器人的核心技术突破明显。以往，传统工业机器人主要依从一系列控制指令完成任务，随着人工智能技术在感知、人机交互、行动控制、智

图 5-25 汽车制造中的机器人检测技术

能决策等领域的发展，机器人也在逐步升级。例如通过机器人视觉能够让分拣机器人更快地识别等。随着人工智能等先进技术的快速发展，机器人迅速从工业领域向服务行业渗透，服

务机器人展现出比工业机器人更为广阔的市场空间。

因为劳动力价格的上涨，中国制造业的人口红利正在不断消失，技术进步和产业升级使得"机器换人"成为一种不可避免的趋势。我国的民营检测机构已经陆续开发了基于机器人的智能化检测系统。利用机器人的优势，可达到极高的效率、精度和一致性，同时有效降低人工操作及人为错误对检测质量和效率的影响。

为应对全球经济发展放缓，世界各国正通过采用机器人等智能制造方法来调整产业结构。国家质检总局和相关部门正积极推进中国机器人检测认证体系的建设，以促进机器人产业的健康发展。机器人检测标准在国际上主要由 ISO 发布，分为工业机器人和服务机器人两大类。目前，工业机器人的检测标准已相对成熟，而服务机器人的检测方法还在不断发展之中。近年来，针对特定应用场景，如医护领域，ISO 也制定了专门的检测标准和方法。尽管我国的机器人产业与工业发达国家相比还存在差距，但在机器人技术和检测方面依然取得了显著成就。在未来，机器人检测技术的发展将会呈现出以下趋势。

1）多传感器融合。随着传感器技术的发展和成本的降低，机器人检测技术将会使用越来越多的传感器，包括视觉传感器、力传感器、惯性传感器等，以获得更全面和准确的机器人运动和环境信息。

2）智能算法应用。随着人工智能技术的发展和应用，机器人检测技术将会使用更多的智能算法，包括机器学习、深度学习等，以提高机器人系统的自适应性和学习能力。

3）智能维护和预测。随着物联网和大数据技术的发展和应用，机器人检测技术将会使用更多的智能维护和预测工具，以实现机器人系统的自动化维护和预测，提高机器人系统的可靠性和运行时间。

机器人检测技术在工业制造领域中扮演着非常重要的角色，它不仅可以提高机器人系统的安全性和稳定性，还可以提高机器人系统的运行效率和生产能力。随着技术的不断发展和应用，机器人检测技术将会进一步发展和完善，为工业制造的智能化和自动化提供更好的支持和保障。

5.3.4 计算机视觉测试技术

工业制造领域计算机视觉测试技术是指利用计算机视觉技术进行工业产品的检测和测试。它可以通过图像处理、模式识别和人工智能等技术，实现对工业制造中各种产品的自动化检测和测试，从而提高产品的质量和生产率。计算机视觉测试技术在工业制造领域中的应用非常广泛，例如在电子产品制造中，可以利用计算机视觉技术进行电路板检测和元器件识别；在汽车制造中，可以利用计算机视觉技术进行车身和零部件的检测；在食品制造中，可以利用计算机视觉技术进行食品品质的检测等，如图 5-26 所示。

图 5-26 工件视觉检测现场

183

计算机视觉测试技术主要包括以下步骤：①图像采集：通过相机等设备对待检测物品进行图像采集；②图像预处理：对采集的图像进行预处理，包括去噪、增强、滤波等操作，以提高图像的质量和准确度；③特征提取：对预处理后的图像进行特征提取，提取出与待检测物品相关的特征信息，如颜色、形状、纹理等；④模式匹配：将待检测物品的特征信息与预先存储的标准信息进行比对，以识别待检测物品是否符合要求；⑤结果输出：根据检测结果，对待检测物品进行分类或判定，输出检测结果。

在精密检测技术领域，计算机视觉检测具有极大的发展潜力，它将电子学、图像处理光学探测和计算机技术综合起来进行运用，能够快速测量物品平面或三维位置尺寸，其主要特点有：柔性好、速度快和非接触性，在现代制造业中有着非常广阔的应用前景。

目前，国内视觉检测领域所需要的视觉检测设备大多是进口的，国内生产的设备缺乏较高的检验精度和较强的实时性；但是进口设备大大增加了检测成本，不少中小企业无力承担。面对国内检测需求日益增加的情况，如何积极进行成本较低、精度较高的检测设备的开发成为一个急需解决的问题，需要引起重视。

1. 检测系统的工作原理

计算机视觉检测系统工作流程分为三个部分，分别是图像信息获取、图像信息处理以及机电系统执行检测结果。如果系统有需求，能够借助人机界面对参数进行实时的设置与调整。当被检测对象移动到特定的位置时，位置传感器就会发现它，并将探测到被检测物体的电脉冲信号发送给 PLC 控制器，经过计算，PLC 控制器将物体移动到 CCD 相机采集位置，然后将触发信号准确地发送给图像采集卡，采集卡检测到此信号后，会要求 CCD 相机立即进行图像采集。被采集到的物体图像会发送到工控机，运用专门的分析工具软件分析处理图像，分析检测对象是否与设计要求相符合，执行机会依据合格或者不合格的信号对被检测物体进行相应处理。经过这样的反复的工作，系统对被检测物体进行队列连续处理。

计算机视觉不同于一般的图像处理，除了图像到图像的转换外，它还包括对外部环境的识别、研究和操纵。计算机视觉系统的核心环节是 CCD 摄像机，其光谱敏感波长范围为420~1100nm。CCD 摄像机具有体积小、重量轻、抗冲击、寿命长、可靠性高、功耗低、无电子束偏转漂移、无内部高压等优点。

2. 计算机视觉检测系统的组成

在工业检测领域，计算机视觉检测系统可以用于尺寸测量、工件定位、特征检测、图形图像以及字符识别等方面。计算机视觉检测系统按照功能模块可以划分为图像信息获取模块、图像信息处理模块、人机交互模块、机电执行模块以及系统控制模块五部分，如图5-27所示。各个部分之间存在逻辑关系，其中处于核心位置的是系统控制模块，该模块不论是在被检测物体位置信息的触发，还是机电执行模块所需检测结果信息的获取等各个方面都必须参与其中，否则检测无法完成；而人机交互模块则是与核心模块有着直接联系，通过与其直接通信，可实时更新检测系统参数以及执行指令等。

计算机视觉检测技术在制造业上的应用十分广泛，而且越来越贴近生活。例如在汽车生产行业，现代汽车制造业的生产周期日益缩短，生产日益集团化，原材料和零部件供应呈现大宗化，而这就给运用计算机视觉检测技术提供了客观环境。随着计算机视觉技术的不断发展，计算机视觉测试技术在工业制造领域中的应用越来越广泛。未来，计算机视觉测试技术将会更加智能化和自动化，可以通过使用深度学习等技术，实现对更加复杂和精细的产品进行检测和测试。

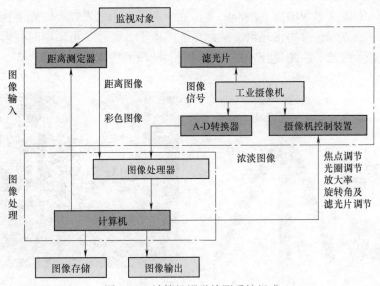

图 5-27　计算机视觉检测系统组成

5.4　纳米级测量技术

科学技术不断向微小领域发展，由毫米级、微米级，已至纳米级，形成微纳技术。纳米级加工技术可分为加工精度和加工尺度两方面。加工精度由本世纪初的最高精度微米级发展到现有的纳米数量级。金刚石车床加工的超精密衍射光栅精度已达 1nm，使用该机床已经可以加工 10nm 以下的线、柱、槽等结构。微纳技术的发展，离不开微米级和纳米级的测量技术与设备。

纳米级测量技术包括：纳米级精度的尺寸和位移的测量及纳米级表面形貌的测量。在纳米级测量中，常规的机械量仪、机电量仪和光学显微镜等仪器已难以达到要求的测量分辨率和测量精度。其中接触法测量不但不易达到要求的精度，而且很容易损伤被测表面。纳米级测量技术可以在达到预期精度的前提下不损伤被测表面。现在纳米级测量技术主要有光干涉测量技术和扫描显微测量技术两个发展方向。

1. 光干涉测量技术

光干涉测量技术是一种基于光波干涉原理的测量技术，可以用于测量物体的尺寸、形状、表面形貌等。该技术具有非接触式、高精度、高灵敏度等优点，因此被广泛应用于制造业、材料科学、生物医学等领域。

光干涉测量技术的基本原理是利用光波的相位差引起干涉现象，通过对干涉条纹的观察和分析，推导出被测物体的尺寸和形貌信息。常用的光干涉测量技术主要包括以下几种。

1）激光干涉测量技术：激光干涉仪（图 5-28）利用激光光源产生单色光束，通过分光器将光束分为两路，经过反射镜反射后在被测物体表面交汇，形成干涉条纹，通过分析干涉条纹的变化来推导出被测物体的表面形貌信息。激光干涉测量技术具有高分辨率、高精度、

185

高灵敏度等优点，适用于对微小形貌特征进行测量。

2）白光干涉测量技术：白光干涉仪（图 5-29）与激光干涉仪类似，也是利用干涉条纹来推导被测物体的表面形貌信息。不同的是白光干涉仪采用白光光源，光束在经过分光器分成两路后，通过色散元件分离出光谱，从而形成多条干涉条纹，可以同时获得物体表面多个方向的形貌信息。白光干涉测量技术适用于对较大面积的物体进行测量。

图 5-28　激光干涉仪

图 5-29　zygo 高精度白光干涉仪

3）波前传感器技术：波前传感器（图 5-30）是一种利用光学元件实现相位检测的光学干涉测量设备，可以直接测量物体表面的形貌、偏差、波前畸变等信息。波前传感器通过将物体表面反射的光波聚焦到内部的探测器上，利用探测器上的光电元件对波前的相位差进行测量和分析，可以获得物体表面的形貌和偏差信息。波前传感器技术适用于高精度、高灵敏度的形貌测量和光学元件质量检测。

2. 扫描显微测量技术

扫描隧道显微镜（STM）（图 5-31）的工作原理是依据量子力学的隧穿效应，通过探针与样品表面保持纳米级间距，并施加固定的偏置电压，使探针上产生大小与距离有关的隧穿电流。基于反馈回路对该电流大小的监测，可以观察样品表面上单原子级别的起伏。这种超高分辨率使扫描隧道显微技术具有绘制三维形貌和电子密度的测量能力的同时，也赋予了它精确操纵单个分子或原子的微纳加工潜力。受限于它的工作原理，理论上只能应用于导电样品。

图 5-30　HASO4FIRST 波前传感器

扫描探针显微镜（SPM）（图 5-32）是基于扫描探针显微学原理的显微镜。它通过探测样品表面的物理和化学性质，如表面形貌、力、磁性等，获得样品表面的形貌和性质信息。SPM 包括接触模式、非接触模式、振荡模式、侧向力模式等多种模式，具有高分辨率、高灵敏度、高精度等特点，广泛应用于生物、化学、材料科学等领域。

总的来说，扫描显微测量技术具有非接触、高分辨率、高灵敏度等优点，可以应用于测量各种材料的形貌、尺寸、表面粗糙度等物理量，对于微观和纳米级别的物体的形貌测量具有重要意义。

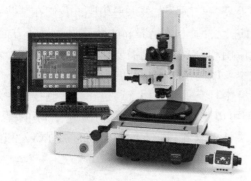
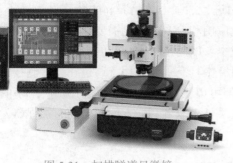

图 5-31　扫描隧道显微镜　　　　　　　　　　图 5-32　扫描探针显微镜

纳米测量方法的测量分辨率、测量精度、测量范围等性能的对比见表 5-4。

表 5-4　几种纳米测量方法的对比

测量方法	分辨率 /nm	测量精度 /nm	测量范围 /nm	最大速度 /（mm/s）
激光干涉测量法	0.600	2.00	1×10^{12}	5×10^{10}
光外差干涉测量法	0.100	0.10	5×10^{7}	2.5×10^{3}
F-P 标准测量法	0.001	0.001	5	5~10
X 射线干涉测量法	0.005	0.010	2×10^{5}	3×10^{-3}
衍射光学尺	1.0	5.0	5×10^{7}	1×10^{6}
扫描隧道显微测量法	0.050	0.050	3×10^{4}	10

5.5　本章小结

　　本章涵盖了制造现场在线检测技术、先进制造中的现代精密测量技术与设备。通过对这些主题的探讨，我们得出以下结论。

　　首先，制造现场在线检测技术在实现实时监测和质量控制方面发挥着重要作用。随着制造业的发展和市场竞争的加剧，对产品质量和效率的要求越来越高。在线检测技术可以提供即时的数据反馈，帮助制造商实时监测和调整生产过程，从而减少不良品率、提高生产率和降低成本。这些技术包括激光测量、光学成像、无损检测和传感器技术等，它们为制造业的质量管理和持续改进提供了重要的支持。

　　其次，先进制造中的现代精密测量技术与设备对产品质量和精度的控制至关重要。随着制造工艺的发展，对产品的要求越来越高，对尺寸、形状和表面质量的精确度要求也越来越严格。现代精密测量技术，如三坐标测量、光学扫描仪、精密表面分析仪等，能够提供微米甚至纳米级的测量精度，帮助制造商实现产品设计与实际制造之间的精准匹配，并确保产品符合客户的要求和标准。

　　纳米级测量技术是近年来快速发展的领域，对于纳米尺度材料和器件的测量和表征具有重要意义。纳米级测量技术可以揭示材料的微观结构和性能，帮助科研人员和制造商更好地理解和控制纳米材料的行为。

　　我国先进测量仪器的发展取得了显著进展，但仍面临一些制约因素。一方面，国内在先

187

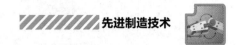

进测量技术和仪器方面的研究和创新水平仍有待提高。与国际先进水平相比，我们在某些关键领域仍存在差距，需要加大科研投入和技术引进，加强人才培养和团队建设。另一方面，先进测量仪器的高成本和复杂性也限制了其广泛应用和普及。我们需要加强技术转化和产业化，推动仪器的研发和生产，提高性能和降低成本，以满足不同行业的需求。

综上所述，先进检测技术在制造业和科学研究中具有重要作用。通过在线检测技术、现代精密测量技术和纳米级测量技术的应用，我们可以实现产品质量的提升、生产率的提高和科学研究的深入。然而，在实际应用中仍需解决技术瓶颈和成本问题，同时加强研发和创新，以推动先进测量仪器的发展和应用。

参 考 文 献

［1］丁少闻，张小虎，于起峰，等.非接触式三维重建测量方法综述［J］. Laser & Optoelectronics Progress，2017，54（7）：700031.

［2］邵兵，慈旋.基于激光跟踪仪的垂直发射架导轨精度检测方法［J］.宇航计测技术，2013，33（3）：63.

［3］YEH Y L，CHEN B H，CHEN S H，et al. Flatness and Thickness Measurements of Circular Plate Component Using Laser Distance Meter［J］. Sensors & Materials，2022，34.

［4］HU Y，CHEN Q，FENG S，et al. Microscopic fringe projection profilometry：A review［J］. Optics and lasers in engineering，2020，135：106192.

［5］苏榕，刘嘉宇，乔潇悦，等.用于表面形貌测量的扫描白光干涉技术进展［J］. Laser & Optoelectronics Progress，2023，60（3）：0312005.

［6］骆敏舟，方健，赵江海.工业机器人的技术发展及其应用［J］.机械制造与自动化，2015，44（1）：1-4.

［7］MOHAMED A，HASSAN M，M'SAOUBI R，et al. Tool Condition Monitoring for High-Performance Machining Systems-A Review［J］. Sensors，2022，22（6）：2206.

［8］ILIYAS AHMAD M，YUSOF Y，DAUD M E，et al. Machine monitoring system：a decade in review［J］. The International Journal of Advanced Manufacturing Technology，2020，108（11）：3645-3659.

［9］王军，周婷婷，衣明东.金属切削刀具磨损监测技术研究进展［J］.工具技术，2021，55（1）：3-10.

［10］刘亚辉.基于机器视觉铣削刀具磨损在机检测系统研究［D］.哈尔滨：哈尔滨理工大学，2020.

［11］滕洪钊，邓朝晖，吕黎曙，等.多传感器信息融合的加工过程状态监测研究［J］.机械工程学报，2022，58（6）：26-41.

［12］褚巍，赵学增.纳米尺度表面形貌测量的双图像拼接法［J］.机械工程学报，2005，41（9）：166-170.

［13］YING Y L，HU Z L，ZHANG S，et al. Nanopore-based technologies beyond DNA sequencing［J］. Nature Nanotechnology，2022，17（11）：1136-1146.

［14］郭杰，李世光，赵焱，等.电子束硅片图形检测系统中的纳米级对焦控制技术［J］.中国光学，2019，12（2）：242-255.

［15］PONG W T，DURKAN C. A review and outlook for an anomaly of scanning tunnelling microscopy（STM）：superlattices on graphite［J］. Journal of Physics D：Applied Physics，2005，38（21）：R329.

［16］PETHICA J B，OLIVER W C. Tip surface interactions in STM and AFM［J］. Physica Scripta，1987（T19A）：61.

"两弹一星"功勋科学家：杨嘉墀

第 6 章

Chapter

先进制造系统

6.1 概述

6.1.1 系统定义与组成

系统（System）是由若干相互联系、相互作用的要素组成的，具有一定的结构和功能，并处在一定环境下的有机整体。系统无所不在。系统的概念应用很广泛。例如，机床、夹具、刀具、工件和操作人员组成一个机械加工系统，其功能是改变工件形状和尺寸。

制造系统（Manufacturing System）是由制造过程所涉及的人员、硬件和软件等构成，通过资源转换以最大生产率而增值，经历产品全生命周期的一个有机整体。在功能上，制造系统是一个通过资源转换以最大生产率而使资源增值的输入输出系统。它为生产和生活提供产品和服务，具有鲜明的经济性；在结构上，制造系统是由制造模式和制造技术两要素构成的有机整体。模式是形式，技术是内容，两者是辩证统一的，内容决定形式，形式影响内容；在过程上，制造系统是制造活动所经历的产品全生命周期。制造过程的主要环节包括市场分析、产品设计、工艺设计、加工装配、检验包装、销售服务和报废处理等。

6.1.2 先进制造系统的内涵

先进制造系统是当代信息技术、自动化技术、现代企业管理技术和通用制造技术的有机结合；是传统制造技术不断吸收机械、电子、信息、材料、能源及现代管理技术成果，将其综合应用于制造全过程，实现优质、高效、低耗、清洁、灵活生产，获得理想技术经济效果的制造技术的总称。包括自动控制理论、网络通信技术等在内的信息自动化技术，为先进制造系统的发展和应用提供了日益增多的高效手段。图 6-1 所示为先进制造设备。

制造实践表明，不同的特定任务需要不同类型的制造系统。为了满足多样的生产需求，完成不同的特定任务，先进制造系统的种类非常丰富。随着新技术的创新和突破，以及制造行业的激烈竞争需求，加速了制造系统的升级迭代。新技术和新管理概念也被尝试着应用在制造系统中，按照技术分类和管理概念的不同可以将制造系统分为：智能制造系统、敏捷制造系统、并行工程、虚拟制造系统、精益生产、全能制造系统等。结合制造实际生产情景，通常对制造系统分类的方法有按照产品类型、生产批量、生产计划、层次结构和制造模式的不同进行分类。目前制造业已形成成熟的市场规模，针对生产制造任务通常采用生产计划进行分类，针对制造产业链通常采用层次结构进行分析。

图 6-1　先进制造设备

1. 按生产计划分类

根据客户交货期要求和制造系统的实际生产周期，制造系统可通过不同方式的生产计划来满足客户的需求，其中可将制造系统分为自主式和订单式两种。

（1）在自主式制造系统中，生产计划是依据库存数量而非客户订货数量而制定的　所制造的产品一般先进入仓库而不直接面对客户。采用这个方式主要有两个原因：一是客户要求的交货期很短；二是产品变化很小，客户需求可准确预测。该系统适用于大量生产，其生产计划的制定和执行比较容易。

（2）在订单式制造系统中，生产计划的下达是根据客户订货进行的　其生产计划的制定和执行就相对困难一些，可选择的制造策略有以下几种：

1）按订货设计。这种制造策略适合于具有很大的技术复杂性及小批量的产品，如具有复杂部件的大型产品，产品需要根据订货组织设计，再进行生产，典型产品是电厂锅炉。

2）按订货加工。这种制造策略适合于在订货之前已完成设计，按订货进行加工的产品。采用这种策略的产品的需求通常不可预测，典型产品是火力发电机组。

3）按订货装配。这种制造策略适合于在订货之前已完成设计及零部件加工，按订货进行装配的产品。采用这种策略的产品通常有许多部件，产品的需求是可预测的，而客户需要较短的交货期，典型产品是汽车。

2. 按层次结构分类

制造系统的结构在层次上可以分成单元级制造系统、车间级制造系统、企业（工厂）级制造系统和全球制造系统四级，如图 6-2 所示。这四级彼此之间可通过通信网络进行信息交换。其中单元级和车间级是目前最普遍的传统制造系统，而随着计算机和通信技术的发展，企业级和全球制造系统也将得到发展。

（1）单元级制造系统　单元级制造系统是组成更高效制造系统的基础，其主要任务是实现给定生产任务的优化分批，实施制造资源的合理分配和利用，控制资源的活动，高效益地完成给定的全部生产任务。产品的物理转换都是由单元级制造系统来实现的，因此单元级制造系统的运行特性对整个企业具有举足轻重的作用。

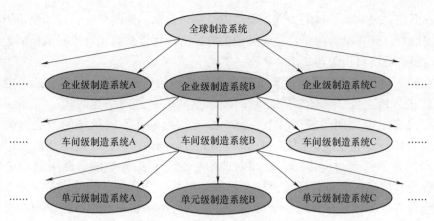

图 6-2　制造系统层级结构

　　单元级制造系统对不同的硬件环境必须具有空间开放性。在功能结构上具有柔性，对不同的生产任务能够灵活地分割及组合，提供不同的服务，并能方便地修改或增加开发的新功能。在应用与实施过程中具有适应性，适应各种生产环境，在异构计算机环境中能够方便地从一种操作系统转换到另一种操作系统。针对以上特性要求，单元制造系统应是可重构单元。其中单元是由若干个具有相对独立功能的工作站组成的。单元控制器所控制的工作站数目，是随着生产任务的不同而动态变化的，同时也是一种逻辑上可重构的单元。工作站的物理位置是固定的，单元重构时是通过计算机网络实现对工作站的分布式控制的。因此，单元级制造系统也称为逻辑单元或虚拟单元。

　　（2）车间级制造系统　车间级制造系统通过生产计划将上层输入的加工订单分解为可执行的工序计划。在计划实施过程中，当执行情况与计划出现偏差时，采用相应的控制手段使偏差缩小，完成生产调度和控制的功能。车间级制造系统采用的方法根据生产模式或生产组织形式而定。典型的车间管理模式有推动式生产和拉动式生产，前者是由前一工作岗位（如工序）的任务驱动后一工作岗位的工作；而后者是用后一岗位的任务来拉动前一岗位的工作。

　　车间级制造系统的功能分为以下两大类。

　　1）直接完成物料处理的活动，包括运输、储存、加工以及测试检验等。

　　2）进行车间生产的管理、调度和控制活动，包括：①生产管理，接受厂级下达的生产任务，制定本车间的生产作业计划，并监督计划执行的情况；②资源管理，对车间的人事、设备和物料进行管理，进行设备维护和检修、财务管理和成本统计分析等；③质量管理，对车间内的产品质量负责，使之满足质量要求；④车间报告，按时将车间的生产、资源和质量的情况上报工厂有关部门。

　　（3）企业级制造系统　企业级制造系统又称为工厂级制造系统，它把制造范围从车间扩大到全厂，它可达到在全厂范围内生产管理过程、机械加工过程和物料储运过程全盘自动化，并由计算机局域网络进行联系。企业级制造系统的分布式多级计算机系统必须包括制定计划和日生产进度计划的生产管理级主计算机，以该主计算机作为最高一级计算机，与CAD/CAM 系统互联。物料储运系统必须包括自动仓库，以满足存取大量的工件和刀具。铣削、车削与磨削等各种形式的 CNC 机床数量一般在十几台以上乃至几十台。系统可以自动

地加工各种形状、尺寸和材料的工件。全部刀具可以自动输送与更换，自动测量刀具和工件位置，并按照来自计算机的指令自动地补偿位置。工厂可以从自动仓库提取所需的坯料并以最有效的途径进行物料传送与加工。

（4）全球制造系统　随着远距离交通和通信基础的迅速改善，世界变成了地球村。世界经济正在进入跨企业、跨国家和超越时间、空间的信息网络化时代。世界经济的全球化，使得产品全生命周期的各个环节，都可以分别由处在不同地域的企业，通过某种契约进行互利合作，这就是全球制造（Global Manufacturing）。这一概念是适应市场国际化和跨国公司的发展需要而提出的。全球制造的思想是利用异地的资源来制造市场所需产品。这种资源和信息的共享将通过全球互联网络进行。全球制造的特点是制造工厂和销售服务遍布全世界，就在客户身边。全球制造系统通过网络协调和运作把分布在世界各地的工厂和销售点连接成一个整体，它能够在任何时候与世界任何一个角落的用户或供应商打交道。

6.1.3　制造系统过程组成

对于各种不同层次的制造系统，人们提出了关于制造系统运动流的不同理论。不同层次的制造系统，由运动流构成的子系统功能也不同。下面将分别讨论单元级和企业级制造系统的运动流及其相应的子系统。

1. 单元级制造系统的运动流及其子系统

（1）运动流　对于机械加工的单元级制造系统，存在物料流、信息流和能量流三种运动。流即流动，是混沌学描述过程动态性的一种概念和方法，常用于描述过程运动的变化，替代状态这一概念。

1）物料流。它是在整个加工过程中（包括加工准备阶段）物料的输入和输出的运动过程。机械加工系统输入原材料或坯料（有时也包括半成品）及相应的刀具、量具、夹具、润滑油、切削液和其他辅助物料等，经过输送、装夹、加工和检验等过程，最后输出半成品或产品。

2）能量流。它是机械加工过程中所有能量的运动过程。来自机械加工系统外部的能量（一般是电能），多数转变为机械能。在信息流的监视、控制和管理下，一部分机械能用以维持系统中的物料流，另一部分到达机械加工的切削区域，转变为分离金属的动能、势能和热能。能量损耗形式有摩擦生热扩散、电磁辐射等。

3）信息流。它是信息在机械加工系统中的运动过程。为保证机械加工过程的正常进行，必须集成各方面信息，主要包括加工任务、加工工序、加工方法、刀具状态、工件要求、质量指标、切削参数等。上述信息又可分为静态信息（如工件尺寸要求、公差大小等）和动态信息（如刀具磨损程度、机床故障状态等）。

（2）子系统　机械加工的单元级制造系统由三个子系统所组成：

1）物质系统。它可分为：①加工系统，由机床、刀具、夹具、工件所构成，它直接改变工件的形状、尺寸和性质。②物料系统，完成加工系统的各个组成部分的存储、输送和装卸等。③检验系统，检测加工质量。

2）能量系统。它提供整个制造系统所需的能量，并进行能量的自动转换和分配输送。

3）信息系统。它由所有信息及其交换和处理的过程所构成。它控制和监视整个机械加工过程，以保证机械加工的效率和产品质量。

2. 企业级制造系统的运动流及其子系统

（1）运动流　在企业级制造系统的运行过程中有四种运动流：物料流、信息流、资金流和劳务流。

1）物料流（Material Flow）。物料流简称物流。它是制造系统内部的物料流，通常是指原材料、工件、工具、水、电、燃料等物质的流动。这里仅讨论狭义物流。企业级制造系统的物料流包含了单元级制造系统的物料流和能量流。

物料流是一个输入制造资源（原材料、能源等）通过制造过程而输出产品（或半成品），并产生废弃物的动态过程，同时可能造成环境污染。企业从环境取得原材料，坯件和配套供应的零件、器件、组件、部件，经过制造活动把其转换为产品或废品、切屑等，再送回环境中。产品以商品的形式销售给客户并提供售后服务。物料从供方开始，沿着各个环节向需要方移动。

2）信息流（Information Flow）。它是指制造系统与环境和系统内部各单元间传递与交换各种数据、情报和知识的运动过程。它不像物流那样直观，但是制造系统中的信息流仍是随处可知的，工厂的经营活动离不开对市场信息的把握，生产计划调度离不开对车间生产状态信息的准确了解，零件的加工和装配离不开图样中的信息。物料和资金都是以信息的形式向人们反映。

按供应链构成将信息分为需求信息和供给信息。需求信息从需求方向供给方流动，这时还没有物料流动，但它引发物流，如客户订单、生产计划、采购合同等。而供给信息与物料一起从供方向需方流动，如入库单、完工报告单、库存记录、提货单等。信息流表明制造过程中的信息采集、特征提取、信息组织、交换、传递等特性。企业中有些职能部门的主要目的就是产生、转换和传递信息。例如，设计部门根据市场信息产生产品信息，生产计划部门根据产品信息、市场信息以及生产状态信息产生指导车间生产的计划信息。

3）资金流（Bankroll Flow）。制造系统的经济学本质是资金的不断消耗或物化，并创造附加价值的过程。这种创造附加价值和消耗资金的过程称为资金流。它以货币形态存在于制造系统之中。物料是有价值的，物料的流动引发资金的流动。制造系统的各项业务活动都会因消耗资源而导致资金流出。只有当消耗资源生产出产品出售给客户后，资金才会重新流回制造系统，并产生利润。一个商品的经营生产周期，是以接到客户订单开始到真正收回货款为止。为合理使用资金，加快资金周转，必须通过企业的财务成本控制系统来控制各个环节上的各项经营生产活动；通过资金的流动来控制物料的流动；通过资金周转率的快慢体现企业系统的经营效益。也可以把资金流称为价值流。

4）劳务流（Labor Flow）。它又称为工作流，是指制造系统中有关人员的安排、技术的组织与分布等业务活动。信息、物料、资金都不会自己流动。劳务流决定了各种流的流速和流量，制造系统的体制组织必须保证劳务流畅通，对瞬息万变的环境做出响应，加快各种流的流速（生产率），在此基础上增加流量（产量），为企业系统谋求更大的效益。

（2）子系统　企业级制造系统的四个运动流之间相互联系、相互影响，形成一个不可分割的有机整体。为了分析方便，把制造系统分为四个子系统。

1）物流系统。它代表制造系统的物料流，以资源利用率最高或废弃物产生最小作为目

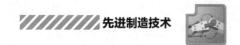

标，充分考虑优化产品生产周期过程中影响资源消耗的各个环节，实现适度的自动化生产。它是由材料、设备和能源等资源构成的系统。影响物流系统的因素是系统性的，包括制造系统的结构（如设备构成、车间布局等）、产品设计、工艺方案、制造过程、产品出厂及使用后的处理等。

2）信息系统。它代表制造系统的信息流，实现信息流的集成及信息处理的最佳化。

3）财务系统。它代表制造系统的资金流，在供产、销售环节实现资金运动的最大效益。

4）人事系统。它代表制造系统的劳务流，实现企业人力资源的有效管理与开发。

6.1.4 先进制造系统特点

21 世纪的市场竞争，就是先进制造系统的竞争。先进制造系统贯穿了从产品设计、加工制造到产品销售及使用维修等全过程。因此，21 世纪的先进制造系统应具有如图 6-3 所示特点。

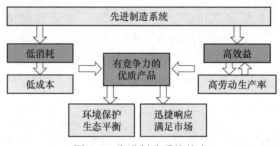

图 6-3 先进制造系统特点

1. 以低消耗创造高效益、高劳动生产率

低消耗意味着低成本，从而可以创造高效益。降低能源的消耗和有效地利用能源成为未来制造业十分关心的问题。工业生产消耗了大量能源，人们希望不断提高生活水准，也带来了全球能源的高消耗，从而引起人们对节能的关注。改进原有生产过程可以有效地降低工业过程的能耗。例如：大范围内实现质量控制，不仅可以提升产品质量，而且也节省了用于生产不合格产品而消耗的能源。

2. 提供有竞争力的优质可售产品

先进制造企业需提供产品自身质量保证。其"质量"一词的含义已不仅是"零缺陷"，由于越来越多的公司都能有效地保证产品无缺陷，因此，人们把质量重新定义为"零缺陷"与"用户满意"。产品的工业设计过程也不仅仅是为保证其无缺陷，而且还要从许多实际方面使得用户满意。能让用户满意的产品才有竞争力。

3. 采用适用、先进的工艺装备

计算机技术、自动化技术、新材料技术、传感技术、管理技术等的引入，使制造技术成为一个能驾驭生产过程的物质流、能量流和信息流的系统工程。适用、先进的工艺和装备能快速生产出产品，并保证质量。

4. 具有迅捷响应市场的能力

当前，工业正进入市场和经济因素高度分散、快速变化时代。企业为了求得生存就必须对付这些频繁的变化，要想在不断变化的环境中做到迅速响应，就必须重视技术与管理的结合；重视制造过程组织和管理体制的简化与合理化，使硬件、软件和人集成的大系统和体系结构具备前所未有的柔性。这同时也体现了未来制造系统的先进性。

5. 满足环境保护和生态平衡的要求

现如今环境问题已成为企业运行的关键因素。随着社会对环境问题越来越关注，市场需求要求企业工艺系统以及设备向环境安全型转化。面对环境的日益恶化，世界范围内环保大潮不断高涨，政府及民间组织对制造业提出更严格的要求。于是，人们提出了面向环境的设计理念（DFE）。美国 IBM、DEC 及 AT&T 等大公司率先采用了 DFE 理念。DFE 节约了材料和能源的消耗，提高产品的重新利用率，增强了企业的经济效益。

6.1.5　先进制造系统演化

从 20 世纪 90 年代初，人们已开始将制造技术本身的发展与新材料、信息技术和现代管理技术相结合，逐步形成了先进制造技术和先进制造系统的概念。每个制造企业都是一个制造系统，制造系统是制造业的基本组成实体。进入 21 世纪以来，众多的国内外制造企业认识到了制造系统的重要性，开始尝试计算机集成制造系统的实践，形成了先进制造系统的概念。现如今衡量一个制造企业实力的重要指标就是制造系统的集成化、自动化水平。制造系统的发展历史如图 6-4 所示。制造系统的更新，主要围绕着改进制造系统的柔性和生产率进行。柔性是制造系统对市场变化的快速响应能力，即灵活的可变性。生产率是单位时间内生产的产品数量。

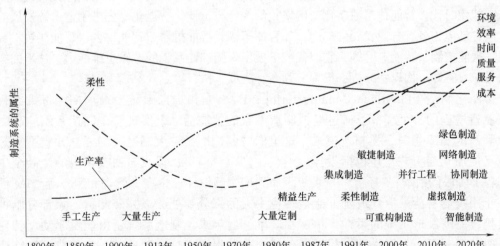

图 6-4　制造系统发展过程

制造系统演化的特点为：①动态性，它是不断发展更新的；②继承性，新的制造模式是在旧模式的基础上发展形成的；③多样性，在同一历史时期可能会存在多种制造模式；④重叠性，同期并存的各种制造模式具备许多相似的概念、原理和技术。

在市场需求瞬息万变的形势拉动下，制造业生产规模的发展特征是：小批量→少品种大批量→多品种变批量；在高科技迅速发展的推动下，制造业资源配置的变化特征是：劳动密

集→设备密集→信息密集→知识密集。与此相适应，制造业生产方式的发展路径是：手工→机械化→机械自动化→刚性自动化→柔性自动化→集成化制造→智能化制造。

制造系统作为制造业重要组成部分，其发展趋势和制造业相同。本章依据制造系统主要特点将其分为三类：智能化制造系统、效益化制造系统、生态化制造系统。智能化制造系统包括：智能制造系统、虚拟制造系统等；效益化制造系统包括：敏捷制造、并行工程、精益生产等；生态化制造系统包括：绿色制造、服务型制造等。

6.2 智能化制造系统

智能（Intelligence）是知识和智力的总和。知识是被验证过的、正确的、被人们相信的结构化的信息。智力是指获取知识和运用知识求解问题的能力。信息是有价值的数据。能力是人在完成某一活动中所体现出来的素质。人工智能给出的定义：智能是在巨大的搜索空间中迅速找到一个满意解的能力。智能是感知信息和处理知识的能力。智能体现于具体的行为和技术，智能的实现大多可以用硬件、软件或装备，即在具体的"器"的层面。智慧融汇于思维和谋略，智慧的标志是审时度势之后再择机行事，即在抽象的"道"的层面。总之，智能广于智慧，智慧高于智能。智慧的判断和决策只有人能够做得出来。

智能化（Intelligent）是指由新一代信息通信技术、计算机网络技术、智能控制技术汇集而成的针对某一方面的应用。智能化源于人工智能的研究。人工智能就是用人工方法在计算机上实现的智能。制造信息化是自动化、数字化、网络化和智能化制造的统称。它包含产品设计及其生产过程的自动化、数字化、网络化和智能化高度集成。当今信息化时代要走向未来智能化时代。智能化是数字化与网络化的融合与延伸。智能化是先进制造系统发展的战略方向，已成为各行各业发展的趋向，如智能车辆、智能机器、智能仪表、智能建筑、智能材料、智能控制、智能电网等，它取代或扩展了人脑神经系统的逻辑思维能力，从事的智能活动是学习感知、构思、分析、推理、判断、决策、执行等。

智能化制造（Intelligent Manufacturing，IM）是指面向系统生命周期，将机器智能融入制造过程的各个环节，通过模拟制造专家的智能活动，实现整个制造系统的高度柔性化和高度集成化的一类制造模式。这里的"制造"是"大制造"的概念，它不只是传统意义的加工与工艺，还包括设计、组织、供应、销售、报废与回收在内的产品全生命周期各个阶段的活动；"环节"是系统生命周期中的设计、生产、管理和服务等。IM的核心在于用机器智能来取代或延伸制造环境中人的部分智能，以减轻制造专家部分脑力劳动负担，提高制造系统的柔性、精度和效率。近年来，制造系统正由能量驱动型转变为信息驱动型，逐步实现设计过程智能化、制造过程智能化和制造装备智能化，最终建立智能制造系统。

纵观半个多世纪以来制造业的发展，每一个时代均有各自时代的先进制造，逐渐从自动化发展到如今的数字化、网络化和虚拟化等智能化制造，这样的发展已成为必然，而智能化制造是未来制造业发展的核心。

6.2.1 数字化制造

数字化是技术进步的重要标志。信息化最大的结果是数字化。如今的"数控一代"就是在所有设备上数字化，而"智能一代"，就要使设备智能化。数字化制造的概念，首先来源于数字控制技术和数控机床。

1. 数字化制造的原理

（1）数字化制造有狭义和广义之分　狭义的数字化制造是指将数字技术用于产品的制造过程，通过信息建模和信息处理来改进制造过程，提高效率和质量，降低成本所涉及的相关活动的总称。广义的数字化制造是指将信息技术用于产品设计、制造以及管理等产品全生命周期中，以达到提高效率和质量，降低成本，实现快速响应市场的目的所涉及的一系列活动的总称。

制造必须解决两个问题：第一个问题是做什么的问题。第二个问题是解决如何做的问题。本质上，数字化制造是将计算模型、仿真工具和科学实验应用于制造装备、制造过程和制造系统的定量描述与分析，促使制造活动由部分定量、经验的试凑模式向全面数字化的计算和推理模式转变，实现基于科学的高性能制造。

模式上，数字化制造就是指制造领域的数字化。数字化制造包含了以设计为中心，以控制为中心和以管理为中心这三大部分。数字化制造是制造技术、计算机与管理科学的融和与应用的结果，也是制造企业、制造系统与生产过程实现数字化的必然趋势。

（2）数字化制造的主要特点

1）产品数字化。数字化技术在产品中得到普遍应用，形成"数字一代"创新产品。

2）信息无纸化。广泛应用数字化设计、建模仿真、数字化装备、信息化管理，工程图样和纸质文件在企业逐渐隐退，表现为无纸化设计、无纸化生产、无纸化办公。

3）过程协同化。从硬件到软件、从技术到管理、从企业到全社会的组织与个人、从局部资源到全球资源，使制造资源具有分布性与共享性；生产经营的信息以光速在光纤中传送，形成了制造业的信息流，实现生产过程的并行化与集成优化。

（3）数字化制造可以概括为以下五个对象：

1）数字化设计。它是指通过实现产品设计手段与设计过程的数字化和智能化，缩短产品研发周期。包括三维数字设计系统、数字产品开发及数字化装配系统、面向行业的三维数字设计系统构件和专用工具集，重点建设产品设计全生命周期管理系统。

2）数字化装备。它是指通过实现制造装备的数字化、自动化和精密化，提高产品精度和加工装配的效率。包括数控机床、基于数字信号处理的智能化控制的高精密驱动技术和嵌入式转件系统等。

3）数字化加工。它是指通过实现生产过程控制的数字化、自动化和智能化，提高企业生产过程的自动化水平，降低企业生产成本。包括过程控制与自动化技术、流程工业物流管理与产品质量管理技术、计划与调度技术及软件等，其重点是计划与调度软件。

4）数字化管理。它是指通过实现企业内环管理的数字化和最优化，提高企业管理水平。包括企业资源计划、客户关系管理、供应链管理、电子商务标准等技术的应用，其重点是企业资源计划与客户关系管理。

5）数字化企业。它是指通过实现公共环境下企业内部、外部资源的集成和运作，提高企业专业化和社会协作水平。它包括企业集成平台技术、区域网络化制造平台技术、基于互联网络的产品异地协同设计与协同制造技术、套装软件集成技术、基于网络化制造应用的集成服务技术等，其重点是企业集成平台软件产品与套装软件产品。数字化企业包括数字公司

和数字工厂。

2. 数字化制造的应用

（1）关键技术　数字化制造的关键技术如图 6-5 所示。图中单元技术由三部分组成：上游的三维计算机辅助设计（CAD）、制造仿真和虚拟制造；中游的企业资源计划，管理信息系统和虚拟企业；下游的制造执行系统，如计算机辅助数字控制加工、装配、检验（CNC/CAA/CAI）等。数字化制造的核心是管理方式的完善和提高，信息技术是其实现的主要工具。但是企业不能因技术而成为技术的奴隶，而是要成为驾驭技术的主人，将技术作为提升企业竞争力的手段。

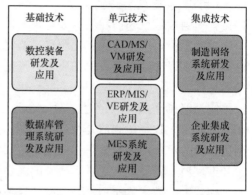

图 6-5　数字化制造的关键技术

因此数字化制造的研究重点为：

1）先进制造企业。关注基于模型的企业数据与基础结构。当前目标是建立最新的基于模型的定义和技术数据包标准，开发全标注的三维模型；利用诸如协同技术的云计算等创新解决方案，演示并验证这些三维模型在供应商之间的可靠转换，并将基于模型的企业的要求与车间能力进行连接，演示并验证供应链的集成。

2）智能机器。关注用于外形自适应加工的即插即用工具集。当前目标是开发即插即用的软硬件工具集，让新旧生产机床和机器人设备在一个外形自适应加工的模式下操作，也就是具备实时原位状态感知、自适应刀具路径修改以及加工结果虚拟测量的能力。

3）先进分析。关注集成测量的设计与制造综合模型。研究目标是通过先进计算模型、预测和测量工具的使用，对制造工艺和零件性能进行预先评估，降低产品成本并加速推向市场。这些模型和工具将融入更大的产品全生命周期与全价值链的"数字线"，实现更快、更精确的设计与生产决策。

（2）目的与任务　数字化制造的目的是把信息变成知识，将知识变成决策，把决策变成利润，从而使制造业的生产经营能够快速响应市场需求，达到前所未有的高效益。

从企业经营的角度来看，企业经营中最主要的因素有四个：企业产品销售、企业技术开发能力、企业文化和企业抵御风险能力。数字化制造的建设任务包括三个方面：

1）硬件方面。其包括互联网的连通，企业内部网和企业外联网的构建，科研、生产、营销、办公等各种应用软件系统的集成或开发，企业内外部信息资源的挖掘与综合利用，信息中心的组建以及信息技术开发与管理人才的培养。

2）软件方面。其包括相关的标准规范问题以及安全保密问题的研究与解决，信息系统的使用与操作以及数据的录入与更新的制度化，全体员工信息化意识的教育与信息化技能的培训，与数字化相适应的管理机制、经营模式和业务流程的调整或变革。

3）应用系统方面。其包括网络平台、信息资源、应用软件建设三大部分。企业主要应用系统有技术信息系统、管理信息系统、办公自动化系统、企业网站系统和企业电子商务系统等。这些系统必须有相应的企业综合信息资源系统和数据维护管理系统的支持。所有系统要建立在计算机网络平台之上，并要配有网络资源管理系统和信息安全监控系统。

（3）应用层次　如图 6-6 所示，基于企业内部的前三层形成企业内部数字化。前三层必须统一规划、统一设计、统一标准和统一接口，以实现企业资金流和信息流的有机统一。

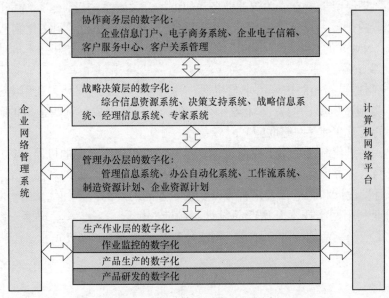

图 6-6　数字化制造的应用层次

1）生产作业层的数字化。这是在业务活动底层实现数字化，包括产品研发的数字化、产品生产的数字化和作业监控的数字化。

2）管理办公层的数字化。用信息技术对生产、采购、销售、库存、财务等数据进行处理，它包括企业量身定做的信息系统软件和通用程度很高的管理软件。

3）战略决策层的数字化。这是建立在前两层数字化的基础上的数字化。为决策提供依据的基础数据来自于业务层和管理层。它包括支持战略决策的信息系统软件。

4）协作商务层的数字化。这是面向企业与外部联系的数字化。

（4）数字化制造对企业产生的作用

1）有利于企业适应国际化竞争。数字化是企业实现跨行业、跨地区、跨国家经营的重要前提。数字化有助于宣传产品，可以提高企业知名度。

2）实现企业快速发展的前提条件。利用数字化得到产品、技术、销售、行业、竞争对手等信息，及时分析，快速做出市场反应，达到企业快速发展的效果。

3）有助于实现传统经营方式的转变。越来越多的企业逐步开展了网上经营的方式。

4）节约营运成本。数字化使信息资源得到共享，有利于加速资金流在企业内部和企业间的流动速度，实现资金的快速重复有效利用。

5）促进企业管理模式的创新。数字化可大大促进企业业务流程重组和优化以及组织结构的扁平化，拉近管理者与基层之间的和谐关系，提高工作效率。

6）提高企业的客户满意度。数字化缩短企业的服务时间，并可及时地获取客户需求，实现按订单生产，促使企业全部生产经营活动的自动化和智能化。

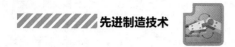

6.2.2 网络化制造

互联网的发展催生了网络化制造。随着经济全球化和信息技术的高速发展，国际上越来越多的制造企业不断地将大量常规业务（如一般性零部件设计与制造等）外包给一些发展中国家的企业，只保留最核心或关键的业务（如市场、关键系统设计、系统集成、总装配销售等）在其企业内进行。经济全球化、互联网和先进制造的发展对网络化制造（Networked Manufacturing，NM）的产生有直接的影响。网络化制造是需求拉动和技术推动的结果。

1. 网络化制造的原理

1）网络化制造是指面对市场需求与机遇，针对某一个特定产品，利用电子网络灵活而快速地组织社会制造资源，按资源优势互补原则，迅速地组成一种跨地域的、靠网络联系的、统一指挥的运营实体（网络联盟）。

具体地说，网络化制造是指企业通过计算机网络远程操纵异地的机器设备进行制造。企业利用计算机网络搜寻产品的市场供应信息和加工任务、发现合适的产品生产合作伙伴、进行产品的合作开发设计和制造以及销售等，实现企业间的资源共享和优化组合利用与异地制造。它是制造业利用网络技术开展产品设计、制造、销售、采购、管理等一系列活动的总称，涉及企业生产经营活动的各个环节。网络化制造的概念如图 6-7 所示。

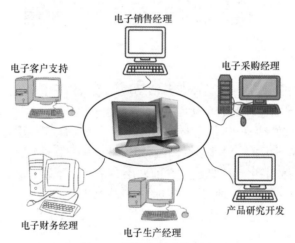

图 6-7　网络化制造的概念

网络化制造作为网络联盟，它的组建是由市场牵引力触发的。针对市场机遇，以最短的时间、最低的成本、最少的投资向市场推出高附加值产品。当市场机遇不存在时，这种联盟自动解散。当新的市场机遇到来时，再重新组建新的网络联盟。显然，网络联盟是动态的。

2）网络化制造的基本特点，见表 6-1。

表 6-1　网络化制造的基本特点

特点	说明
数字化	借助信息技术来实现真正完全的无图纸化虚拟设计和虚拟制造
敏捷化	对市场环境快速变化带来的不确定性做出的快速响应能力

（续）

特点	说明
分散化	资源的分散性和生产经营管理决策的分散性
动态化	依据市场机遇存在性而决定网络联盟的存在性
协同化	动态网络联盟中合作伙伴之间的紧密配合，共同快速响应市场和完成共同的目标
集成化	制造系统中各种分散资源依靠电子网络能够实时地高效集成

2. 网络化制造的实施

网络是现代新型制造模式的基础设施，是现代制造企业生存的运行环境。网络化，是现代制造业发展的必由之路。

1）关键技术。顺利实施网络化制造需要组织和机制方面的保障，同时需要技术方面的支持。网络化制造的关键技术主要包括综合技术、使能技术、基础技术和支撑技术。其中，综合技术主要包括产品生命周期管理、协同产品商务、定制化和并行工程等。使能技术主要包括 CAD、CAM、CAE、CAPP、CRM、ERP、MES、SCM、SRM 等。基础技术主要包括标准化技术、产品建模技术和知识管理技术等。支撑技术主要包括计算机技术和网络技术等。

2）实施和运维。网络化促进企业间有关资源互补、共享、最佳配置，实现制造的有序化、整体化、全球化以及效益化与人性化的集成，达到最优服务，实现服务制造一体化。网络化制造系统的实施工作步骤如图 6-8 所示，系统的运维步骤如图 6-9 所示。

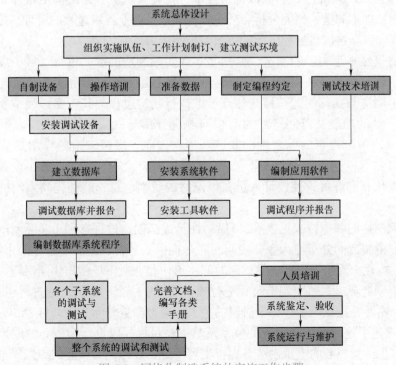

图 6-8　网络化制造系统的实施工作步骤

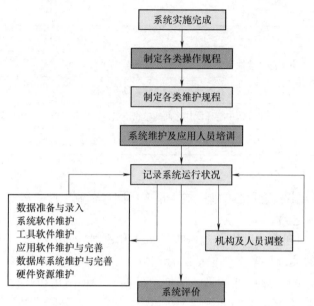

图 6-9　网络化制造系统的运维步骤

6.2.3　虚拟制造

1. 虚拟制造的原理

（1）虚拟制造（Virtual Manufacturing，VM）　虚拟制造是实际制造过程在计算机上的本质实现，即采用计算机仿真与虚拟现实技术，在计算机上群组协同工作，完成产品的设计、工艺规划、加工制造、性能分析、质量检验，以及企业各级过程的管理与控制等产品制造的本质过程。以增强制造过程各级的决策与控制能力。

虚拟制造虽然不是实际的制造，但却是实现实际制造的本质过程。从手段来看，虚拟制造是仿真、建模和分析技术的综合应用，以增强各层制造设计和生产决策与控制；从结果来看，虚拟制造与实际制造一样在计算机上执行制造过程，其中虚拟模型是在实际制造之前用于对产品的功能及可制造性的潜在问题进行预测；从环境来看，虚拟制造是一个用于增强各级决策与控制的综合性的制造环境。因此，虚拟制造的作用是从软件上沟通了 CAD/CAM 技术、生产过程与企业管理，在产品投产之前，把企业的生产和管理活动在计算机上加以仿真和评价，使设计人员获得及时的反馈信息，能够提高人们的预测和决策水平。

（2）虚拟制造的基本特点见表 6-2　简易性是虚拟制造过程有别于实际制造过程的一个突出特点。虚拟制造的分布性为企业之间的联合提供了平台，提高了企业的市场竞争能力。虚拟制造的并行性大大缩短了新产品试制时间，可使企业对市场做出快速反应。

（3）虚拟制造要求对整个制造过程进行统一建模　一个广义的制造过程包括产品设计、生产和控制。由此，按照与生产各个阶段的关系，虚拟制造分为三类，见表 6-3。

图 6-10 描述了这三类虚拟制造的关系及其主要目标。以设计为核心的虚拟制造是虚拟信息系统；以生产为核心的虚拟制造是虚拟物理系统；以控制为核心的虚拟制造是虚拟控制系统。

表 6-2　虚拟制造的基本特点

特点	说明
简易性	通过可反复修改的模型来模拟产品和制造过程，无须研制实物样机，模型使生产高度柔性化
分布性	协同完成虚拟制造的人员和设备在空间上是可分离的，不同地点的技术人员通过网络可共享产品的数字化模型
并行性	利用软件模拟产品设计与制造过程，可以让产品设计、加工过程和装配过程的仿真并行地进行

表 6-3　三类虚拟制造的比较

类别	特点	主要目标	主要支持技术
以设计为核心的虚拟制造（Design-Centered VM）	为设计人员提供制造信息；使用基于以设计为核心的虚拟制造的仿真以优化产品和工艺的设计；在计算机上生成多个样机	评价可制造性	特征造型；面向数学模型设计；加工过程仿真技术
以生产为核心的虚拟制造（Production-Centered VM）	建立制造过程仿真模型，以快速评价不同的工艺方案；提供资源需求规划、生产计划的产生及评价的环境	评价可生产性	虚拟现实；嵌入式仿真
以控制为核心的虚拟制造（Control-Centered VM）	将仿真加到控制模型和实际处理中；可直接仿真，使实际生产周期内不进行优化	优化车间控制优化制造过程	仿真技术；对离散制造，实时动态调度；对连续制造，最优控制

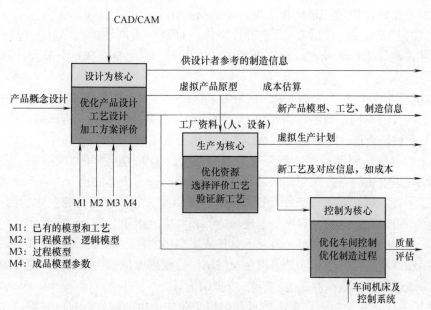

图 6-10　虚拟制造的分类与关系

（4）虚拟制造体系结构模型如图 6-11 所示　主要由三部分组成。

203

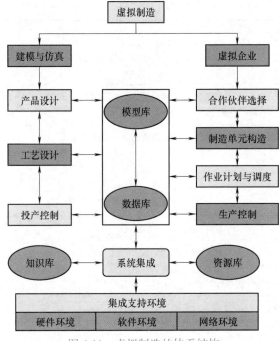

图 6-11　虚拟制造的体系结构

1）建模与仿真。它是以计算机仿真技术为前提，对设计、制造等生产过程进行统一建模，在产品设计阶段，适时地、并行地模拟出产品未来制造全过程及其对产品设计的影响，预测产品性能、产品制造技术、产品可制造性、产品可装配性，从而更经济、更灵活地组织生产，使车间和工厂的设计与布局更合理、更有效，以达到产品的开发周期和成本的最小化、产品设计质量的最优化、生产率的最高化。借助于建模和仿真技术在产品设计时，便可以把产品的制造过程、工艺设计、作业计划、生产调度、库存管理以及成本核算和零部件采购等生产活动在计算机屏幕上显示出来，以便全面确定产品设计和生产的合理性。

2）虚拟企业。又称为虚拟公司，它是为了快速响应某一市场需求通过信息网络通信技术，将产品涉及的不同企业临时组建成一个资源和信息共享的、统一指挥的合作经营实体。虚拟企业是一种跨企业、跨地区的、有伙伴关系的企业组合。

虚拟企业可以按照其运作特点划分为两种类型：①机构（空间）虚拟型。它没有有形的结构，没有集中式的办公大楼，而是通过信息网络将分布于不同地方的资源（包括人力资源）联系起来，实现协同工作。②功能（资源）虚拟型。它具有完整的企业功能，如研发、设计、生产、销售等，但却没有执行上述功能的相对应的组织。该企业仅保留了自己最擅长的一部分如功能型组织，而将自己暂时不具备或不突出的能力转由外部的伙伴提供。与机构虚拟企业相比，功能虚拟企业才是虚拟企业的精髓。根据虚拟的功能不同，这类虚拟企业又可以细分为虚拟设计、虚拟制造（生产）、虚拟销售等。

3）系统集成。它是综合建模、仿真和虚拟企业中产生的信息，并以数据、知识和模型的形式，通过建立交互通信的网络体系，支持分布式的、不同计算机平台的和开放式的 VM 支持环境。其目标是为合作伙伴制造企业的活动提供一个紧密集成的稳健结构和工具，并使虚拟企业共享合作伙伴企业的技术、资源和利益，以达到最大的敏捷性。通过互联网交换合作伙伴之间的信息，是虚拟企业成功的关键问题。虚拟企业里的合作伙伴通过建立基于Internet 的 Web 服务器，共享产品、工艺过程、生产管理、零部件供应、产品销售和服务等信息。

由此可知，虚拟制造提供了将相互独立的制造技术集成在一起的虚拟环境，这一环境小到虚拟的加工设备，大到虚拟的生产线和生产车间，甚至虚拟的工厂。在这个环境中，工艺工程师可以通过观察零件在虚拟设备和车间的加工过程，在设计的构思阶段就及时地将设计评价反馈给设计工程师，同时也设计出更合理的工艺过程，获得更科学的生产调度计划和管理的数据。

2. 虚拟制造的应用

（1）虚拟制造以数字化描述为基础　它对设计、加工、装配等工序统一建模，形成虚拟环境、虚拟过程、虚拟产品、虚拟企业。虚拟制造可以实现以下三个层次的虚拟过程。

1）产品设计在设计过程完成虚拟设计和虚拟装配，客户能够参与建立数字化产品模型，实现高交互和沉浸式并行开发的虚拟环境，从而达到预先体验产品性能的目的。

2）厂内生产在生产过程层次上检验产品的可加工性、加工方法和工艺的合理性，对制造系统性能进行有效而近乎实时的评价。

3）厂外合作进行生产计划、组织管理、车间调度、供应链及物流设计的建模和仿真，并延伸到虚拟研发中心和虚拟企业的建立。虚拟研发中心将异地的、各具优势的研发力量，通过网络和视像系统联系起来，进行异地开发和网上讨论。

（2）虚拟制造的关键技术

1）虚拟现实技术。它是指利用计算机和外围设备，生成与真实环境相一致的三维虚拟环境，允许客户从不同的角度来观看这个环境，并且能够通过辅助设备与环境中的物体进行交互关联。双向对话是虚拟现实的一种重要工作方式。虚拟现实技术的组成部分有：①人机接口，是指向操作者显示信息，并接受操作者控制机器的行动与反应的所有设备；②软件技术，是指创建高度交互的、实时的、逼真的虚拟环境所需的关键技术；③虚拟现实计算平台，它是在虚拟现实系统中综合处理各种输入信息并产生作用于客户的交互性输出结果的计算机系统。

2）建模技术。虚拟制造系统应当建立一个包容 3P 模型的信息体系结构。3P 模型是指：①生产模型，包括对系统生产能力和生产特性的静态描述和对系统动态行为和状态的动态描述；②产品模型，不仅包括产品物料清单、产品外形几何与拓扑、产品形状特征等静态信息，而且能通过映射、抽象等方法提取产品实施中各活动所需的模型；③过程模型，过程模型是将工艺参数与影响制造功能的产品设计属性联系起来，以反应生产模型与产品模型间的交互作用。它包括以下功能：物理和数学模型、统计模型、计算机工艺仿真、制造数据表和制造规则。

3）仿真技术。虚拟制造系统中的产品开发涉及产品建模仿真、设计过程规划仿真、设计思维过程和设计交互行为等仿真，对设计结果进行评价，实现设计过程的早期反馈，可减少或避免实物加工出来后产生的修改、返工。

4）可制造性评价。在给定的设计信息和制造资源信息的计算机描述下，确定设计特性（如形状、尺寸、公差、表面精度等）是否是可制造的。若设计方案是可制造的，则确定可制性等级，即确定为达到设计要求所需加工的难易程度；若设计方案是不可制造的，则找出引起制造问题的设计原因，并给出修改方案。

6.2.4 智能制造使能技术

智能制造使能技术是为智能制造基本要素（感知、分析、决策、通信、控制、执行等）的实现提供基础支撑的共性技术，如云计算、大数据、物联网、人工智能、虚拟现实、数字孪生、智能传感与测量等。本节简要介绍与新一代信息技术关系较为密切的云计算、大数据、物联网、数字孪生四种智能制造使能技术。

1. 云计算技术

（1）云计算概念 云计算（Cloud Computing，CC）是利用互联网实现随时、随地、按需、便捷地访问共享资源（如服务器、存储器、应用软件等）一种新型计算模式。通过云计算，用户可以根据其业务负载需求在互联网上申请或释放所需要的计算资源，并以按需付费方式支付所使用资源的费用，在提高服务质量的同时大大降低资源应用和维护的成本。

云计算通常是由资源提供者、资源使用者和云运营商三方组成。资源提供者将所拥有的服务资源通过云计算平台接入虚拟化服务云池；资源使用者根据应用需求，可通过云计算平台请求云计算服务；云运营商负责管理并经营云池中的服务资源，根据资源使用者的请求将云池中的资源接出，为资源使用者提供所需的资源服务。

通俗地说，云计算的"云"就是存在于互联网上的服务器集群资源，包括硬件资源和软件资源。使用者需要时可通过本地计算机向互联网云计算平台发送需求信息，在云端使若干计算机为其提供所需的资源服务，并将服务结果再返回到本地计算机。这样，本地计算机几乎不需要做什么，所有的计算处理都在云端的计算机集群中完成。这样的云计算模式具有如下特征：①弹性服务，云计算所提供的服务规模可根据业务负载要求快速动态变化，所使用的资源与业务需求相一致，可避免因服务器过载或冗余而导致服务质量下降或资源的浪费；②资源云池化，云计算的资源是以共享资源云池的方式进行统一管理，资源的放置、管理与分配策略对用户透明；③按需服务，云计算以服务的形式为用户提供应用程序、数据存储、基础设施等应用资源，并根据用户的需求自动分配资源，而不需要系统管理员干预；④服务可计费，自动监控、管理用户的资源使用量，并根据实际使用资源多少进行服务计费；⑤泛在接入，用户可以利用各类终端设备（如 PC、智能终端、智能手机等）随时随地通过互联网访问云计算服务。

（2）云计算技术架构 云计算有不同的解决方案，其技术架构也各有差异。如图 6-12 所示的一种云计算技术架构，包括：①基础设施即服务（Infrastructure as a Service，IaaS），是将由多台服务器组成的云端基础设施作为一种服务提供给用户，用户可按需租用相应硬件实施的计算和存储能力，而不再需要自行配置硬件设备，大大降低了在硬件上的开销；②平台即服务（Platform as a Service，PaaS），是将云开发平台或环境作为一种服务，为用户提供开发环境、服务器平台、应用服务器和数据库等，在该平台上用户可以进行应用开发、计算或试验等各种应用作业；③软件即服务（Software as a Service，SaaS），是将应用软件部署在云端服务器上，用户可根据需求订购应用软件服务，并按照所订软件的数量、时间长短进行付费，而无须在软硬件以及维护人员上花费资金。

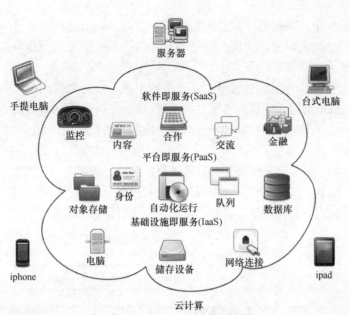

图 6-12　云计算技术架构

（3）云计算关键技术　云计算目标是以低成本的方式提供高可靠、高可用、规模可伸缩的个性化服务。为此，需解决资源的虚拟化、海量数据的存储、并行数据处理、资源管理与调度等若干关键技术。

1）虚拟化技术。虚拟化是 IaaS 的重要组成部分，也是云计算的最重要特点。虚拟化技术是实现云计算资源池化和按需服务的基础。通过虚拟服务器可封装用户各自的运行环境，有效实现多用户分享数据中心资源。用户利用虚拟化技术，可配置私有的服务器，指定所需的 CPU 数目、内存容量、磁盘空间，实现资源的按需分配。通过虚拟化可将物理服务器拆分成若干虚拟服务器，以提高服务器的资源利用率，减少浪费，有助于服务器的负载均衡与节能。

2）海量数据存储技术。云计算环境下海量数据的存储，既要考虑系统的 I/O 性能，又要保证数据的可靠性、可用性和经济性。为此，云计算通常是采用分布式、冗余存储方式来存储海量的数据，即将一个大文件划分成若干固定大小（如 64MB）的数据块，分布存储在不同的计算节点上。为了保证数据可靠性，每一个数据块都保存有多个副本，所有文件和数据块副本的元数据由元数据管理节点管理。

3）数据处理与编程模型。PaaS 平台不但要实现海量数据的存储，而且要提供面向海量数据的分析处理功能。由于 PaaS 平台部署于大规模硬件资源上，所以对海量数据的分析与处理需要一个抽象处理过程，并要求编程模型支持规模扩展、屏蔽底层细节并且简单有效。目前，云计算数据处理与编程大多采用 MapReduce 模型。MapReduce 是一种用于处理和产生大规模数据集的编程模型，是要求在其 Map 函数中指定各分块数据的处理过程，在 Reduce 函数中指定如何对分块数据处理的中间结果进行归约，然后进行分布式并行程序的编写。而不需要关心如何将输入文件的数据分块以及分配和调度等问题。

（4）云制造系统　云制造（Cloud Manufacturing，CM）可看作为云计算技术的应用和拓展，是一种网络化、服务化的新型制造模式。它融合与发展了现有信息化制造技术及云计

算、物联网、智能科学、高效能计算、大数据管理等新一代信息技术，将制造资源和制造能力虚拟化，构建制造服务云池，使用户通过终端和网络就能随时按需获取制造资源与能力服务，以完成其制造全生命周期的各类活动。

与云计算模型类似，云制造系统可由制造资源提供端、资源使用端以及云制造服务平台组成。制造资源提供端通过云制造服务平台提供相应的制造资源和制造能力服务，资源使用端可向云制造服务平台提出所需制造资源服务请求，服务平台根据用户请求提供相关的资源服务与管理。云制造系统大大丰富、拓展了云计算所提供的资源共享与服务的内容。如图 6-13 所示，在共享资源方面，云制造系统除了共享计算资源之外，还可共享包括制造过程中的各种模型、数据、软件、信息、知识等软制造资源以及数控机床、机器人、仿真实验设备等硬制造资源，此外还有制造过程中有关论证、设计、生产、管理、运营、维修等制造资源。

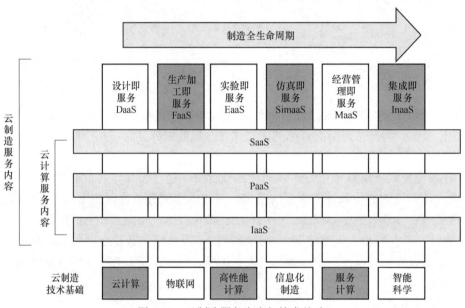

图 6-13　云制造服务内容与技术基础

在服务内容方面，云制造系统将云计算所提供的 IaaS、PaaS、SaaS 与制造全生命、全周期各个环节的服务进行相互交叉和融合。在产品设计、生产加工、仿真试验、经营管理等各个生产环节中，当需要计算基础实施时，能够提供诸如高性能计算集群、大规模存储等 IaaS 类服务；当需要特定计算平台支持时，能够提供诸如定制操作系统、中间件平台等 PaaS 类服务；当需要各类专业软件工具辅助制造时，能够提供诸如 SaaS 类服务。除此之外，云制造更重视制造全生命周期中所需要的其他服务，如设计即服务（Design as a Service，DaaS）、实验即服务（Experiment as a Service，EaaS）、经营管理即服务（Management as a Service，MaaS）、集成即服务（Integration as a Service，InaaS）等。以云计算为基础的云制造系统，为制造业信息化提供了一种崭新的理念与模式，支持制造业在广泛的网络资源环境下，为产品提供高附加值、低成本和全球化制造的服务，其未来具有较大的发展空间。

2. 大数据技术

目前，人类社会已进入一个大数据时代，这大大拓展了人们的洞察能力与观察空间。为此提高大数据的处理和分析能力已成为越来越多企业日益倚重的技术手段，从而获得企业数据价值的最大化。

（1）大数据概念　大数据可认为是其数据量超出常规数据工具的获取、存储、管理和分析能力的数据集，是蕴含海量信息的数据集合。由于大数据所包含的数据丰富度远超过普通数据集，促使了一批新兴的数据处理与分析方法出现，可使越来越多的新知识从大数据的金矿中被挖掘出来，以改变人们原有的生活、研究和经济模式。

大数据是工业 4.0 时代的一个重要特征。现代制造业的大数据兴起是由于下述因素引发：制造系统自动化产生了大量的数据，而这些数据所蕴藏的信息与价值未能得到充分的挖掘；随着传感技术、检测技术和通信技术的发展，实时数据的获取成本已不再如先前那样昂贵；嵌入式系统、低能耗半导体、处理器、云计算等技术的兴起使数据运算能力大幅提升，具备了大数据实时处理的能力；制造系统流程越来越复杂，仅依靠人的经验和传统分析手段已无法满足系统管理和协同优化的需求。为此，随着科学技术的进步和现实的社会需求，迫使人们跟随进入了大数据时代。

大数据技术有着如下鲜明的"4V"特征：① Volume（量），表示大数据的规模特征，尤其是非结构化数据的超大规模的快速增长；② Variety（多样化），大数据的数据类型多种多样，包括办公文档、图片、图像、音频、视频、XML 等结构化和非结构化的数据；③ Velocity（速度），表示大数据的产生与采集异常频繁、迅速，为此大数据处理应采用实时分析方法而非传统的批量分析方法；④ Veracity（真实性），大数据在采集和提炼过程中常常伴随数据污染，因而需要避免或剔除病态或虚假信息，保持原始数据的真实性。

大数据与传统数据特征比较见表 6-4。

表 6-4　大数据与传统数据特征比较

项目	大数据	传统数据
数据规模	常以 GB，甚至是 TB、PB 为基本处理单位	以 MB 为基本单位
数据类型	种类繁多，包括结构化、半结构化和非结构化数据	数据类型少，且以结构化数据为主
数据模式	难以预先确定模式，数据出现后才能确定模式，且模式随着数据量的增长也在演化	模式固定，在已有模式基础上产生数据
数据对象	数据作为一种资源来辅助解决其他诸多领域问题	数据仅作为处理对象
处理工具	需要多种不同处理工具才能应对	一种或少数几种即可应对

大数据并不代表一定会产生有价值的数据，这是由于大数据所蕴含的价值普遍存在"3B"问题，即"Below Surface（隐秘性）""Broken（碎片化）"和"Bad Quality（低质性）"。如何将大数据中所隐秘的、碎片化、低质的数据"金矿"挖掘出来，这就需要对大数据进行分析处理。

通常，大数据的分析处理是一个历经数据采集、数据预处理、数据存储、数据挖掘以及数据价值展示的过程。对于制造业而言，其数据源可能来自于企业内部或外部，有明确的数据需求，建立可靠的数据来源渠道，这是企业大数据发展战略的第一步；通过数据渠道所获得的原始数据，难免会存在数据缺陷和数据杂质，在进行数据存储和挖掘之前，需要对原始数据进行清洗或预处理，去粗存精，以最低成本存储最大性价比的数据资产；大数据存储需要考虑海量数据的存取速度、不同形式的非结构化和半结构化数据类型以及数据库或数据仓库可扩展性等问题；数据挖掘是将数据资源转化为有价值资源的关键环节，是从海量数据中通过聚类、关联、归纳等手段推断其有效价值信息的过程；价值展现是大数据分析的最后一环，是将分析处理的价值结果通过可视化形式进行展现，使大数据分析者或用户更加明了的理解其分析结论。

随着大数据时代的到来，制造业迎来了新的发展机遇，通过对海量数据的挖掘与分析可探索企业发展新策略，以提升企业市场响应能力。企业可利用大数据技术，整合来自研发、生产以及市场用户的各类数据，创建产品全生命周期管理平台（云端），将产品生产过程进行虚拟化、模型化处理，优化生产流程，保证企业各部门以统一的数据协同工作，提升企业运营效率，缩短产品的研发与上市时间。

（2）大数据处理技术架构　大数据处理技术正在改变着当前计算机传统数据处理模式。大数据技术能够处理多种类型的海量数据，包括文档、微博、文章、电子邮件、音频、视频以及其他形态的数据。根据大数据处理的生命周期，其技术体系包括数据采集与预处理、数据存储与管理、计算模式与系统、数据分析与挖掘及大数据隐私与安全等各个方面，如图 6-14 所示。

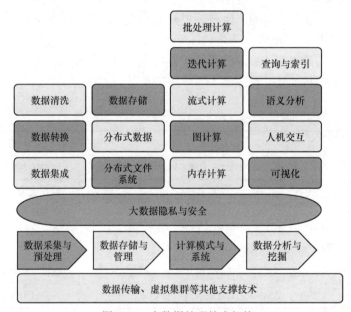

图 6-14　大数据处理技术架构

1）数据采集与预处理。大数据采集主要是从本地数据库、互联网、物联网等数据源导入数据，并进行数据的提取、转换和加载等处理过程。由于大数据的来源不一样，数据采集的技术体系也不尽相同，需要对所采集的数据进行过滤、清洗，去除相似、重复或不一致的数据，以大幅度降低后续存储和处理的压力。此外，在对原始数据进行预处理时，应能自动生成元数据并将其加载到数据仓库或数据集中，以作为联机分析处理和数据挖掘的基础。

2）数据存储与管理。大数据存储需要满足 PB 甚至 EB 量级的数据存取，这对数据处理的实时性和有效性提出了更高要求，传统常规技术手段根本无法应付。此外，大数据存储与其应用密切相关，需要为其应用提供高效的数据访问接口。传统的数据存储架构往往存在 I/O 接口瓶颈以及文件系统扩展性差等问题。目前，大数据存储普遍采用了分布式存储架构，使得计算与存储节点合一，消除了 I/O 接口瓶颈。此外，也有采用分布式文件系统结构、分布式缓存以及基于 MPP（大规模并行处理）架构的分布式数据库等，以应对大数据存储与管理的挑战。

3）计算模式与系统。大数据分析处理要消耗大量的计算资源，这对分析计算速度以及计算成本都提出了更高的要求。并行计算是应对大计算量数值处理所采取的普遍做法。目前，广泛应用的大数据计算框架是由谷歌公司发布的分布式并行计算 MapReduce 架构模型以及 Apache 基金会发布的 Hadoop 模型。MapReduce 架构模型是由廉价而通用的普通服务器构成，通过添加服务器节点便可线性扩展系统的处理能力，在成本及可扩展性上具有巨大的优势。此外，MapReduce 模型还可满足先存后处理的离线批量计算要求。然而，MapReduce 模型也存在时延过大的局限性，难以满足机器学习、迭代处理等实时计算任务要求。为此，业界在 MapReduce 基础上，提出了多种并行计算架构路线，针对边到达边计算的实时计算框架，可在一个时间窗口上对数据流进行在线实时分析。

4）数据分析与挖掘。据统计，在人类所掌握的全部数据中仅有 1% 的数值型数据得到各行业的分析利用。目前，所开展的大数据应用也仅局限于结构化数据和网页、日志等半结构化数据的简单分析，大量语音、图片、视频等非结构化数据仍然处于沉睡状态，尚未得到有效的利用。为此，亟待大数据分析与挖掘新技术的研究与开发。

所谓数据挖掘（Data Mining，DM）是通过对大量数据的分析获得新知识的过程。针对数据分析目的不同以及数据基本特征的差异，数据挖掘所采用的具体方法也不尽相同。常用的数据挖掘方法有聚类分析、分类回归分析、时序分析、机器学习、专家系统、神经网络、人工智能等技术，如图 6-15 所示。近年来，人们针对非结构化数据分析与挖掘技术的研究和开发，推出了一些具有较大应用价值的大数据分析与挖掘软件工具，譬如支持非结构化数据存储的数据库、分布式并行计算的 MapReduce 和 Hadoop 软件平台以及种类繁多的数据可视化应用软件等，这些软件工具的推出大大加速了大数据技术发展的进程。

211

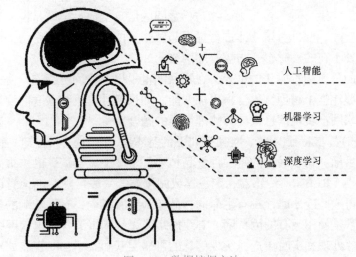

图 6-15　数据挖掘方法

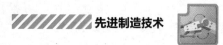

5）大数据隐私与安全。安全和隐私问题是当前大数据发展所面临的关键问题之一，在互联网上，人们的一言一行都掌握在互联网商家手中，包括购物习惯、好友联络、阅读习惯、检索习惯等，即使无害的数据被大量收集后，也会暴露个人的隐私。在大数据环境下人们所面临的安全威胁不仅限于个人隐私泄露，大数据在存储、处理、传输等过程都将面临安全风险，与其他数据安全问题相比更为棘手，更应对数据安全和隐私保护问题加以重视。然而，在面对大数据安全问题挑战的同时，大数据也为信息安全领域带来了新的发展契机，基于大数据信息安全的相关技术反过来可以用于一般网络安全和隐私保护。

（3）大数据在智能制造中的应用　大数据在智能制造中有着广泛的应用前景，从市场信息获取、产品研发、制造运行、营销服务直至产品报废全生命周期进程中，大数据都可以发挥巨大的作用。例如，大数据在设计领域，福特汽车公司内部的每个职能部门都配备专门的数据分析小组，同时还在硅谷设立了一个数据创新实验室，该实验室收集了大约 400 万辆装有车载传感设备的汽车数据，通过对这些数据的分析，工程师可以了解驾驶人在驾驶汽车时的感受、外部的环境变化以及汽车内环境相应的表现，从而可以将这类大数据用于车辆的操作性、能源的高效利用和车辆的排气质量等设计性能的改进与提高。

再如大数据在复杂生产过程优化的应用，针对复杂生产过程优化性能指标的预测需求研究基于数据的生产优化模型建模方法，在特征分析和特征提取的基础上，通过订单、机器、工艺、计划等有关生产过程的历史数据和实时数据，采用类聚、分类回归等数据挖掘方法以及预测机制，建立基于数据的生产性能指标优化模型，通过该模型求取生产优化参数，以获得复杂生产过程的最佳性能。

3. 物联网技术

物联网的英文名为"Internet of Things"。顾名思义，物联网就是"物与物相连的互联网"。可进一步将其定义为："物联网是通过传感设备，按照约定的协议，可将任何物体与互联网连接起来，进行信息交换和通信，以实现智能化识别、定位、跟踪、监控和管理的一种网络"。

物联网的上述定义包含了两层含义：其一，物联网的核心仍然是互联网，是基于互联网延伸和扩展的一种网络；其二，物联网是将互联网的用户端延伸至任何物品，不仅可以实现人与人之间的通信，还可实现人与物、物与物之间的信息交换。也就是说，通过在不同物体上嵌入一种智能芯片，便可对该物体进行标识与感知，能够与互联网融为一体进行通信与管理，搭建一个无处不在的实时感知与控制的网络。

物联网描绘的是充满智能化的世界，在物联网世界里万物均可相连，使信息技术上升到一个新阶段。能够让整个物理世界变得更加智能。如果说计算机和互联网使人类社会进入信息世界，那么物联网将实现信息世界与物理世界的融合。

（1）物联网的基本特征　物联网具有如下的基本特征。①全面感知，感知是物联网最根本、最精髓的目标。物联网上的每一件物品植入一个"能说会道"的二维码、感应器等标志，利用射频识别（RFID）、传感器、定位器或阅读器等手段可随时随地对该物品进行信息采集和读取，使得这些冷冰冰、没有生命的物品变为"有感受、有知觉"的智能体；②可靠传递，物联网通常是使用现有的因特网、有线网络或无线网络等各种电信网络，对所采集的感知信息进行有效处理和实时传送，实现信息的可靠交互和共享；③智能处理，物联网是一种智能网络，通过对所采集的海量数据进行智能分析与处理，实现网络的智能化。物联网通过感应芯片和 RFID 技术，实时获取网络上各节点的最新位置、特征和状态，使得网络变得"博闻广识"。人们可利用这些信息，开发出不同形式的智能软件系统，使网络能够与人一样"聪明睿智"，不仅可以眼观六路、耳听八方，还具有思考和联想的功能。

（2）物联网的体系结构 物联网的体系结构可以看成由感知层、网络层和应用层三层结构组成，如图 6-16 所示。

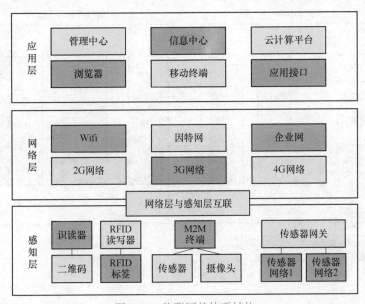

图 6-16 物联网的体系结构

1）感知层。感知层的主要功能是信息感知与采集，通过二维码和识读器、RFID 标签和 RFID 读写器以及各种传感器（如温度传感器、声音传感器、振动传感器、压力传感器等）、摄像头、传感器网络等装置，实现物联网的信息感知、采集及控制实施。

2）网络层。网络层担负感知层与应用层之间的数据传输和通信任务，通过不同的通信网络将感知层的信息进行上传，将应用层的管理和控制信息进行下载。网络层所使用的网络有因特网、企业网以及 3G、4G、5G 移动通信网等现行通信网络。

3）应用层。应用层由各类应用服务器、用户终端以及应用接口组成。由物联网末梢节点所拾取的大量原始数据只有经过筛选、转换、分析处理后才有实际价值。为此，通过应用层的网络信息中心、智能处理中心、各类云计算平台等，可为用户提供不同需求的分析计算服务。此外，在应用层还提供大量物联网应用接口，用户可通过这些接口的信息适配、事件触发等功能处理各自的管理、调节以及控制等事务。若用户需要对网络某节点设备进行控制时，可根据适配或触发信息来完成对该节点控制指令的生成、下发等操作控制。

（3）物联网关键技术

1）节点感知技术。节点感知是物联网的最基础技术，包括节点静态信息感知和动态信息感知。节点的静态信息包括节点标识、节点身份信息等，可通过条码、二维码、图像识别、磁卡识别、射频识别（RFID）等技术进行感知。近年来，RFID 技术发展迅速，其结构原理如图 6-17 所示，通常是由电子标签、阅读器以及射频天线组成。RFID 是通过无线射频

技术完成其识别过程的,其原理为:当射频阅读器与射频电子标签运动到有效作用距离时内置的射频天线接收到射频反馈信号,经身份确认后便由阅读器读取电子标签所存储的身份信息,并上传至计算机通信网络进行分析处理。RFID 技术具有快捷、方便、廉价等特点,可识别高速运动物体和多个标签,现已在较多领域得到广泛使用。RFID 技术与互联网及其通信技术相配合,可实现全球范围内的物体跟踪与信息的共享。

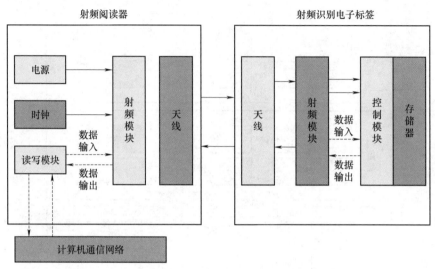

图 6-17　RFID 结构原理图

　　传感器是采集物联网节点动态信息的有效工具,可用来采集节点处的热、力、光、电、声、位移等实时动态信息,为物联网提供大量原始的系统数据资料。普通传感器只能机械地完成信息采集任务。随着电子技术的不断发展,传感器正在向微型化、智能化方向发展。许多智能传感器得到了实际应用,这些智能传感器除了能够完成信息采集任务之外,还能够对所采集的信息进行规范化、预处理等工作,大大降低了后续信息处理的压力和时间消耗。

　　2)无线传感网络(WSN)。在物联网中,大量数据是由 WSN 收集的。WSN 是由一组传感器节点以自组织方式所构成的无线网络,其目的是协作感知、采集和处理网络覆盖区域内感知对象的信息,并将这些信息发布给用户或观察者。在硬件上,WSN 主要由数据采集单元、数据处理单元、无线数据收发单元以及小型电池单元组成,通常尺寸很小,具有低成本、低功耗、多功能等特点。在软件上,它借助节点传感器有效探测节点区域的电流、电压、压力、温度、湿度等物理参数和环境参数,并通过无线网络将探测信息传送到数据汇聚中心进行分析、处理和转发。与传统传感器和测控系统相比,WSN 采用点对点或点对多点的无线连接,大大减少了电缆成本,在传感器节点端集成了 A-D 转换、数字信号处理和网络通信功能,系统性能与可靠性得到明显提升。然而,由于 WSN 自身小型化、微型化的特点,也带来了电源能量、通信能力以及存储能力的限制。

　　3)异构网络的规约与通信。大规模的感知节点、电子标签终端等设备的接入,使得网络地址分配提高到 IPv6(互联网协议第 6 版)级别才能满足需求。此外,WSN、ZigBee(低功耗局域网)、移动自组织网络、终端管理设备网等不同网络的通信方式需要有统一的联网机制,尤其近距离的通信规约问题更为突出。泛在网络的相互连接对物联网提出更高层次的要求，理想的 WSN 通信机制是不受时间、地域、传输格式的限制，易于实现人与人、人与物、物与物之间的通信。

4）数据融合与计算处理技术。高质量的数据来源能够有效减少存储空间的占用和分析强度，提高系统管理与终端控制的效率。由物联网节点设备所采集的数据规模庞大、冗余，要求在数据预处理阶段对明显的错误数据和冗余数据进行清洗、过滤，以降低数据的规模，可采用分级处理策略对大量非结构化数据进行分层过滤、分类重组，通过智能分析处理方法提取有价值的数据信息。可应用开放式数据管理平台统一管理各类数据以提高数据管理效率和数据的兼容与融合。

根据实际需要对所获取的数据进行有效的分析计算，应用计算结果去控制相关终端设备的实时状态是物联网的核心目标。从感知层采集得到的数据往往呈现时变高速、量大的特点，加之历史数据的积累，使得分析计算量庞大、沉重。单一计算机无法胜任，需要借助大型机或分布式计算、云计算技术加以解决。物联网的发展需要云计算技术的支撑，应用云计算技术可有效降低物联网资源的投入和运行成本，如图 6-18 所示。

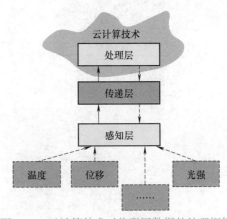

图 6-18　云计算技术对物联网数据的处理框架

4. 数字孪生技术

（1）数字孪生技术的重要性　数字孪生技术是国际社会近几年所兴起的非常前沿的新技术，是智能制造的重要载体。智能制造所包含的设计、制造和最终的产品服务，都离不开数字孪生的影子。随着工业信息系统、人工智能、机器学习、工业大数据等技术的快速发展，数字孪生技术在智能制造和装备智能维护等领域展现了良好应用前景。

（2）数字孪生定义及内涵　数字孪生可定义为利用数字技术对物理实体对象的特征、行为和形成过程等进行描述建模的技术。数字孪生体（或数字孪生模型）则是指物理实体在虚拟空间的全要素重建的数字化映射，是一个多物理、多尺度、超现实、动态概率仿真的集成虚拟模型，可用来模拟监控、诊断、预测、控制物理实体在现实环境中的形成过程及其状态行为。如图 6-19 所示的飞行器数字孪生体，即为在虚拟空间内所构建的与物理实体完全一致的虚拟模型，可实时模拟飞行器在现实环境中的性能与特征。

数字孪生技术可用于产品设计，也可用于制造过程、制造系统、制造车间或制造工厂。数字孪生体是基于产品设计阶段所生成的产品数字模型，并在随后的产品制造和产品应用以及服务阶段，通过与产品物理实体之间的数据和信息的交互，不断提高自身的完整性和精确性，最终完成对产品物理实体的完全和精确的描述。从上述定义看出：①数字孪生体是物理实体在虚拟空间的一个集成仿真模型，是产品或系统全生命周期数字化的档案，可实现对其全生命周期数据的集成管理；②数字孪生体是通过与产品实体不断进行数据与信息的交互而得到完善的；③数字孪生体的最终表现形式是产品实体的完整和精确的数字化描述；④数字孪生体可用来模拟、监控、诊断、预测和控制产品实体在现实物理环境中的形成过程和状态行为。

数字孪生模型远远超出了数字化模型（或虚拟样机）的范畴，数字孪生模型不仅包含结构、功能和性能方面的描述，还包含其制造、维护等全生命周期中的过程和状态的描述。数

字化模型往往是静态的，当产品 CAD 设计完成后便可生成该产品的数字化模型，数字孪生模型则与产品实体的动态特征紧密相连，当产品实体没有被制造出来时，没有对应的数字孪生模型。数字孪生模型是通过产品实体状态信息采集装置的集成，可在产品全生命周期内反映产品从微观到宏观的所有特性。

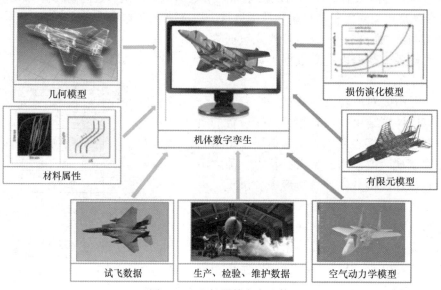

图 6-19　飞行器数字孪生体

（3）数字孪生技术体系　数字孪生技术体系可以看成由数据保障层、建模计算层、数字孪生功能层以及沉浸式体验层四层结构组成，如图 6-20 所示。

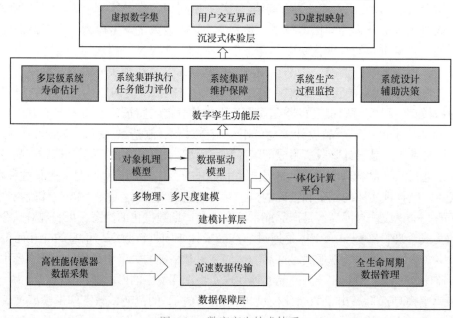

图 6-20　数字孪生技术体系

1）数据保障层。数据保障层支撑着整个数据孪生技术体系的运作，包括高性能传感器数据采集、高速数据传输以及全生命周期数据管理。高性能传感技术可获得充分、准确的数据源，高带宽光纤技术可使海量数据传输满足系统实时跟随性能要求，分布式云服务器存储可为全生命周期数据的存储和管理提供平台保障，以满足大数据分析与计算的数据查询和检索速度要求。

2）建模计算层。建模计算层是整个体系的核心，主要由建模模块和一体化计算平台构成。建模模块通过多物理、多尺度建模方法对传感数据进行解析，挖掘数据的深度特征来建立数字孪生模型，并使所建模型与实际系统性能匹配、实时同步，可预测实际系统未来状态和寿命，评估其执行任务成功的可能性。一体化计算平台包含嵌入式计算和云服务器计算方式，通过分布式云计算平台完成复杂的建模计算任务。

3）数字孪生功能层。数字孪生功能层是整个数字孪生体系的直接价值体现，可根据实际需要通过建模计算层所提供的信息接口进行功能定制。数字孪生体系的最终目标是使系统能够在全生命周期获得良好的性能表现，为此在系统功能层应具有多层级系统寿命估计、系统集群执行任务能力评价、系统集群维护保障、系统生产过程监控以及系统设计辅助决策等功能。

4）沉浸式体验层。沉浸式体验层直接面向用户提供具有沉浸友好的交互环境，可通过声音、视频以及触摸感知、压力感知、肢体动作感知等多种交互手段，使用户在操作时有一种身临其境的系统真实场景感，并能体验到真实系统自身不能直接反映的系统属性和特征，使操作者能够快捷深入地了解系统的工作机理及其功能特征。

（4）数字孪生关键技术

1）多领域、多尺度的融合建模。多领域建模是指从不同的领域视角对物理系统进行多领域融合建模，且从概念设计阶段就开始实施，其难点为多领域特性的融合大大增加了系统的自由度，提高了建模难度。多尺度建模是指用不同的时间尺度模拟系统的物理过程，与单尺度仿真模拟比较，可得到更高的模拟精度，然而加大了建模难度。

2）数据驱动与物理模型融合的状态评估。数据驱动与物理模型融合的难点在于，如何将高精度的传感数据特性与系统机理模型有效合理地结合起来，以获得很好的状态评估与监测效果，现有对数字孪生模型的乐观前景大多建立在对诸如机器学习、深度学习等高性能算法基础上，预期利用越来越多的工业状态监测数据构建数据模型，借以替代难以构建的物理模型，但如此会带来对系统过程或机理难以刻画，所构建的数字孪生系统表征性能受限等问题。

3）数据采集和传输。数字孪生模型是物理实体系统的实时动态超现实的映射，高精度传感器数据的采集和快速传输是整个数字孪生系统体系的基础，大量分布的各种类型高精度传感器在整个数字孪生系统起着基础感官作用。目前数据采集的难点在于传感器的种类精度、可靠性、工作环境等受到当前技术水平的限制，当前网络传输设备和网络结构还无法满足数据传输更高级别的实时性和安全性要求。

4）全生命周期数据管理。复杂系统的全生命周期数据存储和管理是数字孪生系统的重要支撑。采用云服务器对系统的海量数据进行分布式管理，实现数据的高速读取和安全冗余备份，对维持整个数字孪生系统的运行起着重要的作用。由于数字孪生系统对数据的实时性要求很高，如何优化数据的架构、存储和检索方法，获得实时可靠的数据读取性能，是其应用于数字孪生系统面临的挑战。

5）虚拟现实技术。虚拟现实技术可以将系统的制造、运行、维修状态以超现实的形式展现，在完美复现实体系统的同时可将数字分析结果以虚拟映射方式叠加到所创造的孪生系统中，增强具有沉浸感的虚拟现实体验，实现实时连续的人机互动，使操作者能够实时直观地了解和学习目标系统的原理、构造、特性、变化趋势和健康状态等各种信息，更加便于对系统进行多领域、多尺度的状态监测和评估。当前，数字孪生系统的 VR 技术难点在于需要大量高精度传感采集数据，为虚拟现实技术提供必要的数据来源和支撑，同时虚拟现实技术本身的技术瓶颈也亟待突破和提升。

6）高性能计算。数字孪生系统的实时性，要求系统应有极高的计算性能，而计算性能的提高受限于当前计算设备发展水平和算法优化水平。为此，就目前而言基于分布式计算的云服务器平台是其重要保障，同时应努力优化数据结构和算法结构，以尽可能提高系统计算速度。

（5）数字孪生车间　数字孪生技术可应用于设计、制造、服务等各个领域，下面以北京航空航天大学陶飞教授提出的数字孪生车间概念阐述数字孪生技术的具体应用。

数字孪生车间结构组成。数字孪生车间（Digital Twin Workshop，DTW）结构可认为由物理车间、虚拟车间、车间服务系统（Workshop Service System，WSS）以及车间孪生数据四部分组成，如图 6-21 所示。

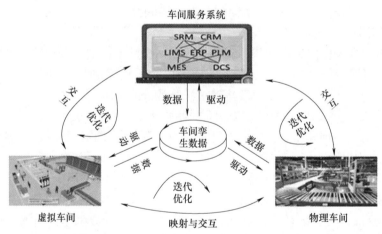

图 6-21　数字孪生车间结构组成

1）物理车间。物理车间是客观存在的车间所有实体的集合，主要负责接收 WSS 下达的生产任务，并严格按照虚拟车间仿真优化后的预定义生产指令执行生产活动，完成生产任务。物理车间除了传统车间所具备的功能和作用之外，还具有异构多源实时数据的感知接入和车间"人 - 机 - 物 - 环境"等要素共融的能力。物理车间拥有一套标准统一的数据通信与转换装置，可对多类型、多尺度、多粒度的物理车间数据进行统一的规划、清洗及封装，实现各类数据统一规范化处理，并通过数据的分类、关联和组合等操作，实现物理车间多源、多模态数据的集成、融合以及与虚拟车间、WSS 的通信交互。

这种"人 - 机 - 物 - 环境"等要素共融的物理车间，与以人的决策为中心的传统车间比较具有更强的灵活性、适应性、鲁棒性与智能性。

2）虚拟车间。虚拟车间是物理车间的数字化镜像。本质上，虚拟车间集成了物理车间要素、行为与规则三个层面的模型。在要素层面，包括对车间的人、机、物、环境等实际生产要素进行数字化/虚拟化的几何模型，以及对物理属性进行刻画的物理模型，如图 6-22 所示。在行为层面包括车间在驱动（如生产计划）以及扰动（如紧急插单）作用下，对实际车间行为的顺序性、并发性、联动性等特征进行刻画的行为模型。在规则层面，包括依据车间繁多的运行及演化规律建立的评估、优化、预测、溯源等规则模型。

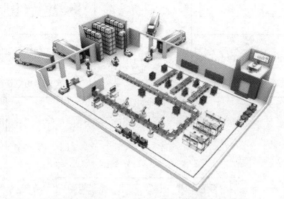

图 6-22　虚拟车间模型

虚拟车间主要负责对实际车间生产计划进行仿真、评估和优化，并对生产过程进行实时监测、预测与调控等。生产前，在具有逼真和沉浸感的虚拟车间可视化模型环境下，对 WSS 生产计划进行仿真，模拟车间生产全过程，及时发现生产计划中可能存在的问题，以便进行实时调整和优化。在生产中，虚拟车间不断采集积累物理车间的实时数据，并对其运行过程进行连续的调控与优化。

3）车间服务系统（WSS）。WSS 是由数据驱动的系统各类服务功能的集合，负责对车间智能化管理与控制提供支持和服务。例如，当 DTW 接收到某生产任务后，WSS 在车间孪生数据的驱动下，生成满足完成该任务需求及约束条件的资源配置方案和初始生产计划。在生产前，WSS 基于虚拟车间对生产计划进行仿真、评估及优化。在生产中，WSS 根据物理车间实时生产状态以及虚拟车间仿真优化结果的反馈，实时调整生产计划以适应实际生产需求的变化。

4）车间孪生数据。车间孪生数据是物理车间、虚拟车间、WSS 相关数据以及三者融合后产生的衍生数据的集合。物理车间数据主要是与生产要素、生产活动和生产过程等相关的数据。虚拟车间数据主要包括虚拟车间运行的数据，如模型数据、仿真数据以及评估、优化、预测等数据。WSS 数据包括诸如供应链管理、企业资源管理、销售服务管理、生产管理、产品管理等各类管理数据。三者融合产生的数据包括综合、统计、关联、聚类、演化等衍生数据。所有上述数据为 DTW 提供了全要素、全流程、全业务的数据集成与共享平台，消除了传统车间存在的信息孤岛。

数字孪生车间运行机制。下面以 DTW 完成某项生产任务为例，阐述 DTW 的运行机制。

假设完成该生产任务须经车间要素管理、生产计划以及生产过程控制三个阶段，如图 6-23 所示，下面分别介绍 DTW 各个运行阶段的迭代优化过程。

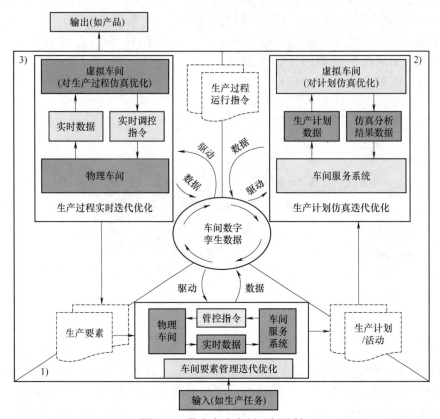

图 6-23　数字孪生车间运行机制

1) 车间要素管理迭代优化阶段。在该阶段，主要反映为车间服务系统（WSS）与物理车间的迭代优化过程：首先，WSS 从车间数字孪生数据中提取生产要素管理的历史数据及其关联数据；然后，在此数据驱动下，根据当前生产任务要求对生产要素进行配置，得到满足当前任务需求及约束条件的初始资源配置方案。接下来，WSS 获取物理车间人员、设备、物料等生产要素的实时数据，对初始方案进行分析与评估。根据分析评估结果对初始方案进行修正与优化，然后将其以管控指令形式下达至物理车间。物理车间在该指令作用下，调整各生产要素到适合状态，并不断将实时数据反馈至 WSS 进行评估及预测。若实时数据与原方案有冲突时，WSS 再次对方案进行修正，如此反复迭代，直至获得满足当前生产任务要求的生产要素最优配置。同时，在该阶段还需产生初始的生产计划，并将该阶段所产生的全部数据存入车间数字孪生数据库中，以作为后续阶段的驱动数据。在该阶段，WSS 起着主导作用。

2) 生产计划仿真迭代优化阶段。在该阶段，主要反映为虚拟车间与 WSS 的迭代优化过程：首先，虚拟车间从车间数字孪生数据中提取阶段 1) 所生成的初始生产计划数据。在该数据驱动下，对生产计划进行仿真、分析及优化。在保证生产计划与产品全生命周期各环节相关联，并对车间内外扰动具有一定预见性前提下，将仿真分析结果反馈至 WSS。

WSS 基于仿真数据对生产计划做出修正及优化后，再次交付给虚拟车间进行仿真分析，如此迭代，直至得到最优的生产计划。最后，将优化的生产计划转换为生产过程控制指令，存入车间数字孪生数据库以作为后续阶段的驱动数据。在该阶段，虚拟车间起着主导作用。

3）生产过程实时迭代优化阶段。在该阶段，主要反映为物理车间与虚拟车间的迭代优化过程：首先，物理车间从车间数字孪生数据中提取阶段 2）所生成的生产过程控制指令，并按照该指令组织生产。在实际生产中，物理车间将实时生产状态数据传送给虚拟车间，虚拟车间根据该实时状态数据进行实时仿真模拟，得到实时生产数据仿真结果。比对实时仿真结果与预定义结果是否一致，若产生偏差则需要对物理车间的扰动因素进行分析辨识，并从全要素、全流程、全业务角度对生产过程进行评估、优化及预测，并以实时调控指令形式作用于物理车间，以便对生产过程进行优化控制，直至实现生产过程达到最优。最后，将该阶段最优的生产过程数据存入车间数字孪生数据库。在该阶段，物理车间起着主导作用。

通过上述三个阶段的生产过程，DTW 完成了所要求的生产任务，得到最终生产结果（产品），并将相关的数据信息存入车间数字孪生数据库，为下一轮生产任务做好准备。可见 DTW 生产运行过程是一个反复优化迭代的过程，在不断迭代过程中车间数字孪生数据也被不断更新和补充，由此 DTW 也得到不断进化和完善。综上所述，数字孪生是当前前沿的新技术，该技术的产生和发展给制造业的创新和进步提供了一个新的理念与手段。然而，受到当前制造业现有技术水平的限制，数字孪生所涉及的关键技术与现实应用还有一定距离。为此，数字孪生这一新技术尚需经历边探索尝试、边优化完善的过程。

6.2.5　智能制造面临的问题与挑战

1. 智能制造基础共性和核心技术装备支撑不足

在国家重点发展的先进制造业领域，部分核心技术仍然受制于发达国家，智能制造关键环节的核心部件主要依赖于进口，智能制造诸多基础技术方面仍然停留在仿制层面，关键技术难以突破，自主创新能力有待提升。核心技术装备自主化程度不高，许多高档数控机床专用智能制造装备、核心零部件还主要依赖进口，数据显示国内机床、机器人企业在高端市场处于劣势，高档数控机床国产化率甚至不到 10%，ABB 等国际工业机器人企业占我国机器人本体市场的 50% 以上，减速器、伺服电动机、敏感芯片、外围芯片等关键核心元器件均由国际企业主导垄断。此外，核心工业软件受制于人，绝大部分底层操作系统、工业软件由国外企业提供，如目前在中国工业软件市场上，超过 50% 的设计软件、制造软件、服务软件被国外品牌占领。重点工业领域关键核心技术被国外企业掌握，关键核心工业辅助设计、工艺流程控制、模拟测试等软件几乎都是国外企业软件。

2. 中小企业推进智能制造步履维艰

目前，我国不同地区、不同行业、不同规模、不同性质的企业受到区域政策、企业基础、投资规模、行业属性等因素的影响，其智能制造发展进程及水平是不一致的。特别是在面对经济下行压力、市场竞争加剧、突如其来的疫情等因素冲击，以及智能制造建设效益的显性度不高等情况下，企业对于智能制造的态度、策略、投资、发展水平等存在明显分化。尤其是中小企业，普遍信息化、自动化基础薄弱，可借鉴的低成本智能化改造方案严重缺失；管理水平低，技术稀缺，开展智能制造难度较大，整体上制约了智能制造水平的提升。总体而言，对比发达国家和地区，我国智能制造整体智能化水平仍处在较低水平。如图6-24所示为世界工业化的发展进程，目前我国相当一部分企业尚处于工业2.0和工业3.0阶段，特别是中小企业大都处在工业2.0补课阶段，少数龙头企业也仅仅处于工业4.0的雏形阶段，智能制造总体水平不高。

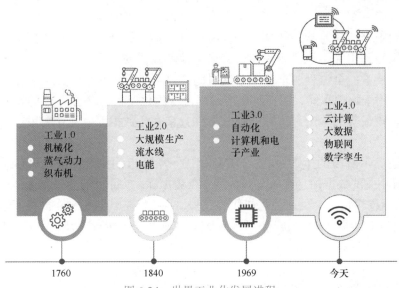

图 6-24　世界工业化发展进程

3. 智能制造服务市场有待完善

智能制造建设任务重、难度大，需要企业内生需求、政府支持、市场服务的多重推动。但企业所处模式和阶段、行业特点、建设基础和程度的不同导致企业在推进智能制造时往往容易走很多弯路。因此，仅依靠政府资金引导及企业自发推动的成效有限，还需要产、学、研、用深度融合，建立完善的智能制造服务市场支持，搭建完善的供给侧服务平台，以提供给企业个性化和专业化的产品和服务，帮助企业推进智能制造。但多数地区对支持企业创新的智能制造支撑平台建设不够重视，如孵化器、实验室等公共服务平台，以及面向技术研发测试、标准试验验证和创新应用验证的公共测试床、供应链协同专业化服务平台等智能制造服务能力较弱。

此外，服务市场中智能制造系统解决方案供给能力不足，尚处于培育初期。系统解决方案供应商多而不强，多数还只处于智能制造装备、软件服务的局部应用阶段，缺乏硬件和软件体系完整、行业积累深厚、能提供整体智能制造解决方案的供应商。金融服务体系对于智能制造发展的服务能力不足，特别是金融服务体系对智能制造发展的支撑需要进一步提升。中小企业由于资信不足、缺少抵押以及社会信用体系不完善等原因，金融机构与企业之间存在融资需求和信用信息不对称，融资性担保机构服务能力不足，使得中小企业融资难、融资贵的问题成为长期难以解决的"顽疾"。

4. 智能制造人才供给压力突出

智能制造是一个高度集成的大系统，需要多学科、多专业人才及跨学科复合型人才相互融合、共同发展。但目前我国制造企业普遍面临智能制造发展所急需的专业技术人才、中高端复合型人才、工业和信息化领域人才及创新创业人才紧缺的现状，智能制造一线职工，特别是面向重点行业、领域的高级技师和一线工程师比较缺乏，制约了智能制造的发展。

6.3　效益化制造系统

效益化制造（Benefit Manufacturing，BM），是指在制造系统中不断提高制造资源的生产率，使人尽其才，物尽其用，追求系统效益的最大化。

效益化与人性化是对立统一的关系，并且人性化是主要的。为了充分发挥制造系统的功能，制造业始终强调效益化。效益化制造的理论源于工业革命整个实践历程，主要形成了技术与管理两大分支。效益化制造的内容至少包括三个方面：①制造产品的效益化，如高效化，精密化。②制造过程的效益化，如快速化，节省化。③制造手段的效益化，如数字化，自动化。

6.3.1　敏捷制造

1. 敏捷制造的原理

敏捷制造是指将柔性生产技术，有技能、有知识的劳动力与能够促进企业内部和企业之间合作的灵活管理集成在一起，通过所建立的共同基础结构，对迅速变化的市场需求做出快速响应的一种制造模式。敏捷制造思想的精髓是：提高企业对市场变化的应变能力，满足客户的需求。

敏捷制造的目的是将生产技术、人力资源与管理手段集成在一起，通过所建立的共同基础结构，对迅速变化的市场需求做出快速响应。由此可见，敏捷制造主要包括三大要素：生产技术、人力资源和管理手段。

1）生产技术。具有柔性化、并行化、信息化和集成化等特点。

2）人力资源。其特点包括创造性、主动性、开发性、专业性、动态性和真实性。

3）管理手段。管理手段的灵活性表现在从外部和内部的两方面关注组织的柔性，对外的组织形式是虚拟企业，对内的组织形式是高度柔性的和动态可变的。

2. 敏捷制造的特征

与传统的大量生产方式相比，敏捷制造主要具有以下特征：

1）大范围的通信基础结构。在信息交换和通信联系方面，必须能将正确的信息在正确的时间送给正确的人。准时信息系统（Just-In-Time-Information System）作为灵活的管理系统的基础，通过信息高速公路与国际互联网络将全球范围的企业互联。

2）为订单而设计、为订单而制造的生产方式。

3）高度柔性的、模块化的、可伸缩的生产制造系统。这种柔性生产系统往往规模有限，但成本与批量无关，在同一系统内可生产出的产品品种是无限的。

4）柔性化、模块化的产品设计方法。

5）高质量的产品。敏捷制造的质量观念已变成整个产品生命周期内的用户满意，企业的这种质量跟踪将持续到产品报废为止。

6）有知识、有技术的人是企业成功的关键因素。在敏捷企业中，解决问题靠的是人，不是单纯的技术，敏捷制造系统的能力将不是受限于设备，而只受限于劳动者的想象力、创造性和技能。

7）基于信任的雇佣关系。雇员与雇主之间将建立一种新型的"社会合同"的关系，大家能意识到为了长远利益而和睦相处。

8）基于任务的组织与管理，敏捷制造企业的基层单位是多学科群体（Multi－Discipline Team）的项目组，是以任务为中心的一种动态组合，敏捷企业强调权力分散，把职权下放到项目，提倡基于统观全局的管理模式，要求各个项目组都能了解全局的远景，胸怀企业全局，明确工作的目标和任务的时间要求，而完成任务的中间过程则完全可以自主。

9）对社会的正效应。大量生产方式通常只关心企业本身效益，不关心对社会的影响，所以通常会带来不同程度的环境污染、能源浪费及失业等社会问题。而敏捷制造则要全面消除企业生产给社会造成的不利影响，企业必须完全服务于社会。

3. 敏捷制造研究内容

敏捷制造被认为是 21 世纪的先进制造策略，它涵盖了多个重要领域和子系统，目前研究的主要内容如图 6-25 所示，包括分布式数据库、分布式群决策软件、智能控制、智能传感器、基于知识的人工智能研究、快速合作、工业网络、企业集成、用户交互、人与技术接口、教育培训、模块化可重构硬件、仿真与建模、废物处理和消除、零故障方法学、节能、动态合作以及性能测量与评价。每个领域都对制造业发展和提高效率起到关键作用。分布式数据库子系统和工业网络子系统有助于信息共享和制造环节之间的连接，提升生产协同性和资源利用效率。分布式群决策软件子系统和快速合作子系统强调团队间的及时沟通和协作能力，促进信息传递和决策制定的迅速性。智能传感器子系统和智能控制子系统利用先进技术监测生产状态并提供精准控制，从而优化生产过程和提高质量；基于知识的人工智能研究和仿真与建模子系统致力于智能决策和优化生产流程。企业集成子系统整合各个部门工作，提升协

图 6-25　敏捷制造研究内容

作效率，而用户交互和人与技术接口子系统改善人机互动，提高操作效率。教育培训子系统为员工提供技术培训和更新知识，增强适应快速变化的技术环境的能力。模块化可重构的硬件子系统和零故障方法学子系统增强了生产线的灵活性和可靠性，废物处理和消除、节能以及性能测量与评价子系统则注重资源利用和生产率的改善。这些方面共同构成了敏捷制造的关键支柱，推动着制造业朝着更高效、灵活和创新的方向发展。

4. 敏捷制造技术应用

（1）应用内容　敏捷制造的应用内容包括：

1）柔性。它包括机器柔性、工艺柔性、运行柔性和扩展柔性等。

2）重构能力。它能实现快速重组重构，增强对新产品开发的快速响应能力。

3）快速化的集成制造工艺。例如，快速成形制造是一种 CAD/CAM 的集成工艺。

4）支持快速反应市场变化的信息技术。例如，供应链管理系统和客户关系管理系统。

（2）实施技术　实施敏捷制造的技术包括以下三大类。

1）总体技术。具体涉及三个方面：敏捷制造方法论。敏捷制造的四项基本使能技术，包括信息服务技术、管理技术、设计技术和可重构制造技术。敏捷制造的三项支持基础结构，包括信息基础结构、组织基础结构和智能基础结构。

2）关键技术。具体涉及四个方面：跨企业、跨行业、跨地域的信息技术框架，以支持动态联盟的运行；集成化产品工艺设计的模型和工作流控制系统，以支持多功能小组内外协同工作；ERP 系统和 SCM 系统，前者主要处理企业内部的资源管理和计划安排，后者则以企业间的资源关系和优化利用为目标；各类设备、工艺过程和车间调度的敏捷化，敏捷的人使用敏捷的设备通过敏捷的过程制造敏捷的产品。

3）相关技术。如虚拟制造技术、并行工程技术、标准化技术、敏捷性评价体系等。敏捷性的度量通常分为以下四个方面：①在时间上的可适应性。②获取信息，快速重组。③在实力上的健壮性。④具有雄厚的人力资源，如员工的技能、知识、专业经验和建立关系的能力。在组织上的自适应范围。建立虚拟组织，将客户、供应商、合作伙伴以及竞争对手联合在动态的、具有创造性的、暂时的项目团队中。在成本上富有成效。为客户、员工和股东提供有价值的收益。

（3）管理要求

1）实施条件。实施条件包括：高柔性、可重构的自动化加工设备；标准化的、易维护的信息网络系统；人因的、发挥的管理机构改革。

2）实施步骤。

①敏捷制造总体规划：敏捷制造目标选择、制定敏捷制造战略计划、选择敏捷制造实施方案；②敏捷制造系统构建：针对具体目标，准备敏捷化所需的相关技术，转变企业经营策略，利用构建好的敏捷制造功能设计系统、敏捷制造信息系统和敏捷制造资源配置系统等构建敏捷制造系统；③系统运行与管理。在系统内部建立面向任务的多功能团队，在企业之间进行跨企业的动态联盟，从而实现组织协调、过程协调、资源协调和能力协调；④建立系统评价体系。评价敏捷制造系统的运行，必要时进行动态调整。

3）实施平台。敏捷性是通过将技术、管理和人员三种资源集成为一个协调的系统来实现的。企业内部、客户和供应商在敏捷制造中的三个协作平台如图 6-26 所示。

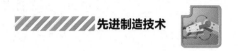

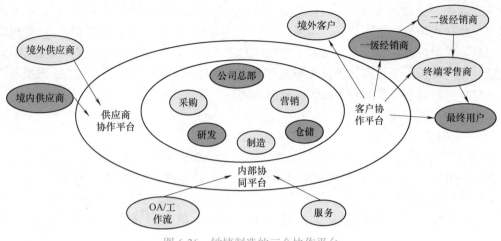

6.3.2 协同制造

1. 协同制造的原理

协同是一种广泛存在的社会实践活动。管理学上的协同注重的是合作中的效率。

现代制造业发展经历了专业化分工、大量制造和大量定制三个阶段。在大量定制阶段，企业管理中的协同活动发生的频率越来越高、范围越来越广、程度越来越深、效果越来越好、作用越来越重要。制造业的协同是指在制造活动中协调两个及其以上的不同个体或资源，和谐地完成某一目标的过程或能力。

（1）定义　协同制造是指充分利用互联网技术为特征的网络技术、信息技术，实现各制造任务的协同运行和制造链的完整配合，实现供应链内及跨供应链间的企业产品设计、制造、管理和商务等的合作，最终通过改变业务经营模式达到资源最充分利用的目的。

协同制造模式的本质是利用现代计算机网络和信息化技术，将分散在各地的生产设备资源、智力资源和技术资源等，迅速地整合在一起，并通过信息网络化服务平台，实现异地资源的统一配置和协作服务。这样可以打破时间、技术、空间和地域上的约束，在更大的范围内配置资源，是企业利益最大化驱动的最优结果。

（2）特点　协同制造本质上是网络环境下的一种合作制造模式，表 6-5 表明了制造系统内涵的扩充、系统性能特征的变化和目标的多元化发展。协同制造的特点如下。

表 6-5　制造系统的性能和目标的变化

发展阶段	系统性能	系统目标
刚性制造系统	生产能力、系统均衡性	成本
柔性制造系统	系统柔性、系统可靠性	成本、质量
计算机集成制造系统	系统集成性、系统并行性	时间、质量、成本
协同制造系统	系统敏捷性、系统协同性	环境、时间、质量、成本、服务

1）系统协同性。协同本身有两个维度：时间和空间。基于时间的协同是指重新思考产

品开发与制造过程，解决信息在生产过程中的单向问题。基于空间的协同是指通过组建跨部门的研发团队，使各个学科专家协同进行产品开发；通过建立跨地区的虚拟企业，使各组织成员共享成本、技术和市场。提高协同性的关键是增加子系统之间的耦合。

2）系统敏捷性。协同制造系统是在 CIMS 的基础上发展起来的，使敏捷制造思想能得以很好实现，更能满足个性化的需求。协同制造由多个伙伴企业组成，这些企业在空间上分布在不同的地域，这种地域上分散的缺点在计算机网络技术支持下通过信息集成得以弥补。

3）系统并行性。协同制造使整个供应链上的企业和合作伙伴共享客户、设计、生产经营信息，从传统的串行工作方式，转变成并行工作方式。协同制造不只提供单个的功能模块，它还提供非常完整的协同制造平台，使得信息内部处理并行化和信息紧密耦合化贯穿于整个价值链，从而快速响应客户需求，提高设计、生产的柔性。

4）组织虚拟化。协同制造采用虚拟企业来组织管理。协同制造系统的各个环节由不同的企业来完成，构成协同制造的成员是为了共同的利益通过某个市场机遇暂时联合在一起。协同制造强调企业间信任关系的建立和业务的动态集成，更加注重反馈的实时信息交换。

5）技术最优化。为了实现某项业务或制造某种零件，牵头企业可以在网络空间中寻求技术、设备最好的合作伙伴，各个企业可以充分发挥其技术优势，形成最优组合，以达到技术的最优化。

6）系统可靠性。协同制造系统任务复杂，规模庞大，封装性强，由于系统运行环境复杂，投入的人力、物力和资金巨大，因此，系统可靠性和安全性必须放在重要位置。

（3）体系结构 为了保持数据是当前的和相关的，企业的技术信息和管理信息都不能真正转交给参与制造过程的人和组织，所有参与制造过程的组成部分仅仅可以从世界各地通过 Internet 访问数据资源，因而协同制造必定是一种广域分布式体系结构图。

下面介绍协同制造体系的各个组成部分：企业信息门户、协同供应链、协同生产、协同服务、协同商务、协同产品商务。

（1）企业信息门户

1）发展。企业信息门户（Enterprise Information Portal，EIP）的发展过程见表 6-6。门户系统最早是从门户网站的概念开始的，但当时的门户并非指现在所说的门户概念，所以 Gartner Research 调查公司将当时的门户定义为第 0 代门户产品。如今的企业信息门户已超出了传统的管理信息系统的概念，也超越了普通意义的网站，它是企业管理信息系统与电子商务两者应用的结合点。

表 6-6 EIP 的发展过程

发展阶段	主要功能	特点
第 0 代门户产品	只是简单的网站展现	集合单个的网络域址，搜索信息内容
第 1 代门户系统	信息平台，也称为信息门户	基于内容过滤的，个性化的，定向的搜索
第 2 代门户系统	网络应用及信息整合平台，也称为应用门户	集成应用数据的展现，是政府、企业的应用整合工具，但还无法完成系统间的协作
第 3 代门户系统	协作的电子业务平台，实现各种应用系统与数据库的集成，以及客户之间的协作	不仅能够集成各种应用系统、数据库、互联网内容，而且可以完成系统间彼此的协同工作

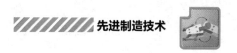

2）概念。企业信息门户是企业信息系统的应用框架，它通过对事件和消息的处理传输，把企业内外客户有机地联系在一起。

定义：企业信息门户是指在 Internet/Intranet 的环境下，把各种应用系统、数据资源和互联网资源统一集成到一个信息管理平台之上，以统一的个性化的客户界面提供给客户，使企业可以快速地建立企业对企业和企业对内部员工的信息门户。

3）功能。企业信息门户对内是管理和查询日常业务的公用平台，通过集成的各类管理子系统，员工可以访问企业的客户信息、销售信息、生产信息、库存信息、财务信息、会议信息，以最低的成本共享和利用企业的所有信息。对外则是企业网站，通过企业门户及时向客户和合作伙伴提供产品、服务的信息。开拓新的网上业务，推动企业走进电子商务。使企业能够释放存储在内部和外部的各种信息。使企业员工、客户和合作伙伴能够仅从一个渠道访问其所需的个性化信息。

（2）协同设计　整机产品的开发是一个协同设计过程，外部的协同和内部的协同一样重要。协同设计是在 CAD 的基础上形成的。协同设计是计算机支持的协同工作（CSCW）的一个重要研究范畴。

1）定义。协同设计（Collaborative Design，CD）是指为了完成某一设计对象，由两个及以上的设计主体通过相互合作机制和适时的信息交换，分别以不同的设计任务共同完成这一设计对象。

协同设计的设计对象通常是围绕同一个产品设计。设计主体是不同参与方、不同地域、不同领域的专家、设计人员和其他人员（包括客户）。相互合作机制是指实现协作，就是将资源（包括人员、知识和设备等）整合到一起充分发挥客户的参与程度，分享产品设计相关知识，协调知识的统一表示和规范。适时的信息交换强调了同时设计。不同的设计任务是指处在不同设计环节的设计人员分别承担相应的设计任务。

协同设计是多方共同完成产品设计任务的一种设计方法。也是一个以知识为基础的计算过程。协同设计的实质是产品设计中的知识发现、表示和建模过程。参与者构建产品协同设计的知识库。最重要的是要有综合和协调知识的有效机制以及来耦合不同专家的设计任务和经验知识，以形成产品的设计新思路。

2）内涵。协同设计是敏捷制造、动态联盟的重要手段，也是并行工程运行模式的核心。协同设计支持多个时间上分离、空间上分布，而工作又相互依赖的协作成员的协同工作，其内涵如图 6-27 所示。

横向协同设计体现了快速制造理念下的企业间动态联盟。它适应了现代企业向专业化方向发展的趋势，即越来越多的制造企业从大而全或小而全的模式中走了出来，专注于自己的核心能力和核心产品。面向市场机遇，和具有其他专业技术的企业合作，从而拥有技术、资金、成本、速度等综合优势，形成团体化的竞争方式。

纵向协同设计体现了并行工程的原理。它使开发者从一开始就考虑到产品全生命周期中的所有因素，尽可能保证各个开发环节的一次成功，从而缩短产品开发周期、提高质量和降低成本。根据并行工程原理，通过计算机网络将产品全生命周期各方面的专家，甚至包括潜在的客户都集中在一个工作环境下，形成专门的工作小组，协同工作。

横向和纵向的协同设计在具体设计中没有严格区分，常常互相交织在一起。即动态设计联盟采用并行设计方式，其中设计者是企业内外专业人员的组合。

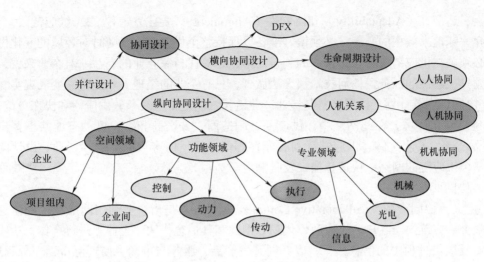

图 6-27　协同设计的内涵

3）工作方式。根据交互双方的空间位置和应答方式，协同设计分为四类工作方式，见表 6-7。

表 6-7　协同设计的工作方式

工作方式	说明
面对面交互	多个设计主体在同一时间、同一地点进行的协同设计，通常以会议的形式进行
异步交互	多个主体在同一地点、不同时间进行的协同设计，可通过共享数据库实现
异步分布式交互	多个主体在不同地点、不同时间进行的协同设计，可通过网络、E-mail、分布式数据库等实现
同步分布式交互	多个主体在同一时间、不同地点进行的协同设计，实现的难度较大

（3）协同供应链

1）定义。协同供应链（Collaborative Supply Chain，CSC）是指两个或两个以上的企业为了实现某种战略目的，通过公司协议或联合组织等方式而结成的一种网络式联合体。协同供应链的目的在于有效地利用和管理供应链资源。协同供应链的外在动因是应对竞争加剧和环境动态性强化的局面；其内在动因包括：谋求中间组织效应，追求价值链优势，构造竞争优势群和保持核心文化的竞争力。

协同供应链中的协同有三层含义：①组织层面的协同，由"合作 - 博弈"变为彼此在供应链中更加明确的分工和责任，"合作 - 整合"；②业务流程层面的协同，在供应链层次即打破企业界限，围绕满足终端客户需求这一核心，进行流程的整合重组；③信息层面的协同，通过互联网技术实现供应链伙伴成员间的信息系统的集成，实现运营数据、市场数据的共享，从而实现更快更好地协同响应终端客户需求。只有在这三个层次上实现了协同供应链，整条供应链才能更快更好地共同预防和抵御各种风险，以最低成本为客户提供最优产品和服务。

2）最好的供应链。供应链管理之父李效良教授认为：最好的供应链同时具有敏捷性

229

（Agility）、适应性（Adaptability）和协同性（Alignment）。要建立这种"3A 供应链"，企业必须放弃一味追求效率的心态，必须做好准备以保持整个供应链网络随时对环境的变化做出反应，必须关注供应链所有合作伙伴的利益而不只是关注自家企业的利益。对企业来说，这是一项颇具挑战性的任务，任何技术都无法做到，只有企业的经理人才能将它变成现实。

3）协同供应链计划。机械装备制造业产业链长，制造工艺复杂，供应商和协作单位多，需要创建协同化环境，在此网络中，供应商、制造商、分销商和客户可动态地共享客户需求、产品设计、工艺文件、供应链计划、库存等信息。任何客户的需求、变动、设计的更改，在整个供应链的网络中快速传播，及时响应。

（4）协同商务

1）定义。协同商务（Collaborative Commerce，CC），是指企业利用网络技术和信息技术，在整个供应链内与客户、供应商、代理分销商和其他合作伙伴企业等进行合作，达成在业务作业及决策过程中的信息共享，以共同开发产品、服务与市场，使资源得到充分利用，提高企业的竞争力。

商务是卖方、买方之间进行产品、服务、信息和金钱交换的过程。协同商务中的协同有两层含义：①企业内部资源的协同，有各部门之间的业务协同、不同的业务指标和目标之间的协同以及各种资源约束的协同，如库存、生产、销售、财务间的协同，这些都需要一些工具来进行协调和统一；②企业内外资源的协同，也即整个供应链的协同，如客户的需求、供应、生产、采购、交易间的协同。

2）内容。从技术可实现、管理可实施的角度来看，协同商务的内容分为四个方面，见表 6-8。

表 6-8　协同商务的内容

内容	说明
知识管理的实现	知识管理可帮助员工将信息与职责联系起来；协同商务的信息和企业其他系统的信息都集成在协同商务系统中；内容管理也必须纳入整个系统中，通过对企业产品的外部传播，建立与客户的沟通渠道
业务内容的整合	企业内部或是跨企业的员工为了一个共同的目标进行工作的同时，需要借助外部的业务资源的协同。协同商务的整个处理过程也是企业内部业务的一个整合过程
合作空间的建立	在企业运作过程中，企业的很多工作需要外部客户的参与，企业的员工可以借助在线会议、在线培训课程或协作社区来对一些专业问题进行解答或咨询
商务交易的执行	协同商务必须可以提供安全可靠的商务交易流程，包括客户订单管理以及合同管理、财务交易的管理等。这些交易结果可与内部其他系统进行互动以及数据更新

3）功能。协同商务平台的功能特点，见表 6-9。

表 6-9　协同商务平台的功能特点

特点	功能	内容
协同处理	支持群体人员的协同工作。提供自动处理业务流程，以减少成本和开发周期	通信系统，人力资源管理，企业内网和外网访问，销售自动化

（续）

特点	功能	内容
内容管理	管理网上需要发布的各种信息。通过充分利用信息来增加品牌价值，扩大企业的服务和影响	企业内信息的传播，Web 网的信息发布，品牌宣传及相关信息，关键数据的保护及管理
交易服务	电子交易开拓了新的市场，并通过电子渠道开辟了新的盈利方式	全天候服务，售前售后信息服务，订单和支付电子化

（5）协同产品商务

1）概念。利用基于 Web 的技术，把制造商、供应商、合作伙伴和客户在整个产品生命周期中加以集成，使他们协同地开发、生产和管理产品，从而形成一个全球性的知识网。

协同产品商务（Collaborative Product Commerce，CPC）是指利用网络技术和信息技术，把产品商业化过程中的每个相关人员（包括企业各职能部门、供应商、制造商、合作伙伴、客户）连成一个全球的知识网络（不管这些人员处在供应链的什么环节、担任什么角色、使用什么计算机工具或身处何方），都能协同地完成产品的开发、制造和全生命周期管理。

协同产品商务的基本思想就是通过供应商、合作伙伴和客户之间的协同，使企业能够把产品更快地推向市场，从而使企业获得综合竞争优势。协同产品商务的目的是实现敏捷的产品创新，使资源获得最充分的利用。协同产品商务的目标是有效地管理企业内部及外部的全部信息与过程。

2）特征。协同产品商务有四个特征，见表 6-10。协同产品商务是并行工程向企业外的延伸，是一种基于 Web 的解决方案，收效速度较快。其着眼点是协同设计，因此，它实际是一种新的制造模式。

表 6-10　协同产品商务的特征

特征	说明
重点是产品设计	因为在产品开始生产之前，就已包含了 80% 的成本。所以 ERP 和 SCM 的应用只是有助于节约剩余的 20% 的成本。这是协同产品商务之所以把重点集中在产品设计上的出发点
本质是大协同	协同有两层含义：①实现产品与客户的协同；②实现产品与供应商的协同，以做好供应链协同
核心是业务协作	协同产品商务是建立在协作基础之上的，充分发挥每个经济实体最擅长的方面，实现强强联合
过程是整体优化	协同产品商务技术上是一种软件和服务，为企业内部集成与外部扩展提供了有效的信息平台

3）架构。协同产品商务划分为三个层次的基本架构，如表 6-11 所示。

表 6-11　协同产品商务的架构层次

层次	说明	功能
Web 访问	为协同各方提供方便、安全的信息访问门户	信息的浏览、搜索、订阅
应用逻辑	体现人、活动和信息交互的逻辑	协作流程管理，信息共享和重用，与已有软件系统集成
Web 数据存储	把产品数据变成企业的知识财富	信息的捕获、存储、整理和结构化

4）实施。协同产品商务将企业内部分散的、独立的各种应用系统连成一个彼此可以通信且协同的应用网络，并通过统一的入口来访问所有的应用系统，如图6-28所示。

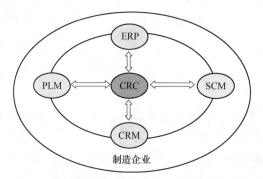

图6-28　协同产品商务在应用系统框架中的位置

协同产品商务的实施需要一系列的软件互相配合，见表6-12。

表6-12　协同产品商务的系列软件

软件	说明
CAD/CAE/CAM	这是协同产品商务所需的最基本条件，三维设计软件对产品进行数字化定义、分析与模拟，实现设计优化和排除错误，并提供复杂零件的数控编程
产品可视化	为便于领导审批，合作伙伴间交流，客户参观访问等，有时需将CAD数字化三维产品模型换成数据量少，易于浏览的格式，在不失真的前提下供非设计人员使用
CAPP	将工艺数据数字化，在积累经验、提高重用率的同时，便于向ERP提供有关制造所需的加工信息
PLM	将分散的产品数据进行集中管理，把产品全生命周期的全部数据有效地组织在一起，还可把过程及开发中各种知识进行数字化，便于保存与重用
ERP	根据PDM提供的工程材料清单和CAPP提供的制造材料清单组织材料采购、日常生产和发货计划。帮助做好市场计划、生产制造、销售和维修服务工作。各部门都可分享这些核心知识的成果
入口（Portal）	无论是制造商、供应商、分销商或最终客户，不同人进入协同产品商务系统，Portal将自动根据对应角色，组织有关数据，提供相应服务。Portal认证即Web认证，Portal认证网站即门户网站

2. 协同制造的应用

协同制造的重要发展方向是云制造。协同制造主要建立在以互联网为基础的服务平台上。但是由于制造网络技术的局限性，在实际应用中存在如下制约。

1）制造网络的不稳定性。大部分协同制造网络的形成依托于核心制造商与协同制造商长期合作所形成的信任机制。制造网络的节点完全可以独立加入或退出制造网络，如果不可或缺的制造资源节点独立退出，就会引起全网络的瘫痪。

2）有限的服务质量。制造网络给予每个制造资源节点完全的自治，每个节点仅提供制造服务的单一粒度权限，不能提供多粒度、多尺度的访问控制，严重制约了网络的功效，可见制造网络只有有限的服务质量，却未找到最优制造服务。

3）没有统一的智能化服务平台。协同制造没有统一的第三方服务平台提供相应的配套制造服务。单纯依靠网络化协调和调度，没有足够的约束力。根据核心制造企业的协同制造需求，制定最优服务包，需要共享信息的专门服务平台。

6.3.3　精益生产

1. 精益生产的内涵及体系

精益生产的核心内容是准时制生产方式（Justin Time，JIT），该种方式通过看板管理，成功地避免了过量生产，实现了在必要的时刻生产必要数量的必要产品，从而彻底消除产品制造过程中的浪费，以及由其衍生出来的种种间接浪费，实现生产过程的合理性、高效性和灵活性。JIT 方式是一个完整的技术综合体，是包括经营理念、生产组织、物流控制、质量管理、成本控制、库存管理、现场管理等在内的较为完整的生产管理技术与方法体系。JIT方式的典型代表有丰田汽车准时化生产体系，如图 6-29 所示为丰田准时化生产方式的技术体系构成。

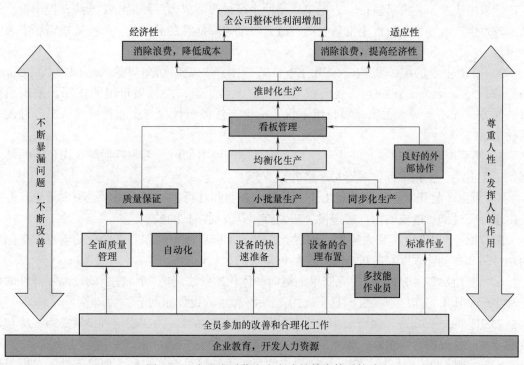

图 6-29　丰田准时化生产方式的技术体系构成

精益生产是在 JIT 生产方式、成组技术以及全面质量管理的基础上逐步完善的，构造了一幅以精益生产为屋顶，以准时生产、成组技术、质量管理为三根支柱，以并行工程和小组化工作方式为基础的建筑画面，如图 6-30 所示为精益生产体系的构成关系。它强调以社会需求为驱动，以人为中心，以简化为手段，以技术为支撑，以尽善尽美为目标。主张消除一切不产生附加价值的活动和资源，从系统观点出发将企业中所有的功能合理地加以组合，利用最少的资源、最低的成本向顾客提供高质量的产品服务，使企业获得最大利润和最佳应变能力。其特征具体可归纳为以下几方面。

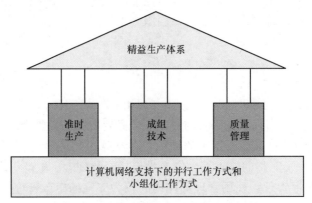

图 6-30　精益生产的体系构成

1）简化生产制造过程。合理利用时间，实行拉动式的准时生产，杜绝一切超前、超量生产。采用快换工装模具新技术，把单一品种生产线改造成多品种混流生产线，把小批次大批量轮番生产改变为多批次小批量生产，最大限度地降低在制品储备，提高适应市场需求的能力。

2）简化企业的组织机构。采用分布自适应生产，提倡面向对象的组织形式（Object Oriented Organization，OOO），强调权力下放给项目小组，发挥项目组的作用。采用项目组协作方式而不是等级关系，项目组不仅完成生产任务而且参与企业管理，从事各种改进活动。

3）精简岗位与人员。每一生产岗位必须是能产生附加值，否则就撤除。岗位上的员工都是一专多能，互相替补，而不是严格的专业分工。

4）简化产品开发和生产准备工作。采取主查制和并行工程的方法。克服大量生产方式中由于分工过细所造成的信息传递慢、协调难、开发周期长的缺点。

5）综合了单件生产和大量生产的优点，避免了前者成本高和后者僵化的弱点，提倡用通用性强和自动化程度高的机器来生产品种多变的大量产品。

6）建立良好的协作关系，克服单纯纵向一体化的做法。把 70% 左右的产品零部件的设计和生产委托给协作厂，主机厂只完成约占产品 30% 的设计和制造。

7）JIT 的供货方式。保证最小的库存和最少的在制品数。为实现这种供货关系，应与供货商建立起良好的合作关系，相互信任、相互支持、利益共享。

8）零缺陷的工作目标。精益生产追求的目标不是尽可能好一些，而是零缺陷，即最低成本、最好质量、无废品、零库存与产品的多样性。

2. 精益生产的管理与控制技术

（1）生产计划　精益生产计划与传统生产计划相比，其最大的特点是：只向最后一道工序下达作为生产指令的投产顺序计划，而对最后一道工序以外的各个工序只出示每月大致的生产品种和数量计划，作为其安排作业的一种参考基准。例如，在汽车生产中，投产顺序计划指令只下达到总装配线，其余所有的机械加工工序及粗加工工序等的作业现场，没有任何生产计划表或生产指令书这样的文件，而是在需要的时候通过"看板"，由后道工序顺次向前道工序传递生产指令。这一特点与历来生产管理中的生产指令下达方式不同，生产管理指令流程图如图 6-31 所示。

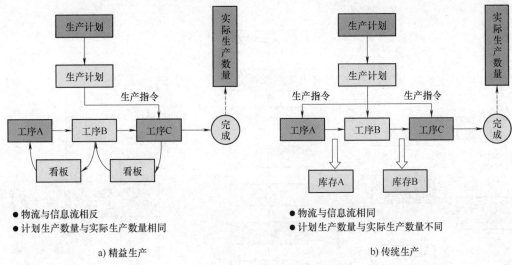

a) 精益生产   b) 传统生产

图 6-31 生产管理指令流程图

在传统的生产计划方式中，生产指令同时下达给各个工序，即使前后工序出现变化或异常，也与本工序无关，仍按原指令不断地生产。其结果造成工序间生产量的不平衡，因此，工序间存在在制品库存也就是很自然的事。而在精益生产方式中，由于生产指令只下达到最后一道工序，其余各道工序的生产指令是由"看板"在需要的时候向前工序传递，这就使得：第一，各工序只生产后工序所需要的产品，避免了生产不必要的产品。第二，因为只在后工序需要时才生产，所以避免和减少了不急需的库存量。第三，因为生产指令只下达给最后一道工序，最后的生产成品数量与生产指令的数量是一致的（在传统的生产计划下，最后这两者往往是不同的）。第四，生产顺序指令以天为单位，而且只在需要的时候发出，因此，能够反映最新的订货和市场需求，大大缩短了从订货和市场预测到产品投放市场的时间，从而提高了产品的市场竞争能力。

（2）生产组织 精益生产的核心思想就是力图通过彻底排除浪费来实现企业的盈利目标。所谓浪费，可以被定义为只使成本增加的生产诸因素，也就是说，不会带来任何附加价值的因素。这其中，最主要的有生产过剩（即库存）所引起的浪费，人员利用上的浪费以及不良品引起的浪费。因此，为了排除这些浪费，在生产组织过程中就相应地产生了同步化生产、弹性配置作业人数以及保证质量这样的实施措施。

（3）生产控制 精益生产要求生产系统的各环节，全面实现生产同步化、均衡化和准时化，因此该方式生产过程中主要采用"看板"的方法来控制。"看板"作为控制的工具和手段，发挥着重要的作用。精益生产的管理思想十分丰富，管理方法也很多，如果孤立地看每一个思想、每一种方法，则无法把握精益生产的本质。例如，有人把精益生产理解为"看板"管理，也有人理解为零库存管理、零缺陷管理，这些都是片面的，从这些不同角度去理解精益生产是不可能学会精益生产的。精益生产的每个管理思想，每种管理方法都不是孤立

的，相互之间是有联系有层次的，一种方法支持另一种方法，方法又保证思想的实现，只有把管理思想与方法有机地组合起来，构成一个完整的生产管理系统，才能发挥每种方法的功能，才能达到系统的最终目标——质量是好的、成本是低的、品种是多的、时间是快的。如图 6-32 所示比较完整地表达出精益生产方式的生产管理系统的体系结构。

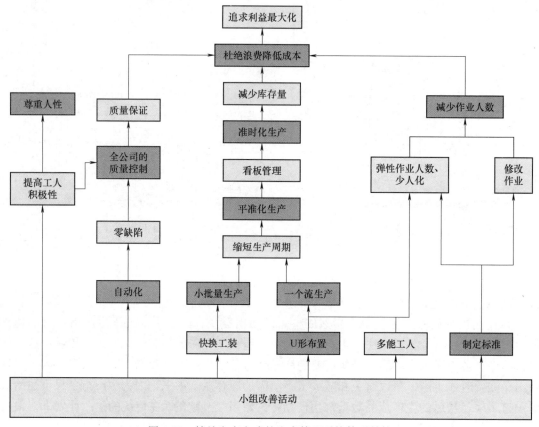

图 6-32　精益生产方式的生产管理系统体系结构

图 6-24 所示表明精益生产追求不断地增加利润，这是最高层次的目标。要增加利润只有一条路可走，就是通过杜绝一切浪费，降低成本。丰田公司奉行的经营观是：利润 = 价格 - 成本，价格市场决定，企业不能控制，所以增加利润只能靠降低成本。当时丰田公司的浪费主要发生在三方面，即不良品多、库存量大、劳动利用率低，生产管理体系就在这三方面采取降低成本的措施。

3. 精益生产的应用

（1）应用条件　应用精益生产的一个基本条件是生产的重复性。不同的企业具有不同的特点，对于流程式企业（比如化工、医药等），一般偏好设备管理，如全面生产管理，因为流程式企业需要运用到一系列的特定设备，这些设备的状况极大地影响着产品的质量。对于离散式企业（比如机械、电子等），生产线的布局以及工序都是影响生产效率和质量的重要因素，因此离散式企业注重准时化、看板、零库存和标准化。

（2）实施原则　原则是指观察问题和处理问题的准则。原则也是人类行为不容置疑的基本道理。实施精益生产应遵循九项基本原则，见表 6-13。

表 6-13　精益生产的基本原则

原则	说明
客户至上	价值。站在客户的立场上，这是企业的一切业务工作、绩效与质量的测度指标，以客户满意为最终评价标准
关注流程	流动。精益生产关注价值流（从接单到发货过程的一切活动），用需求图确认哪些流程有附加价值，员工只需对 15% 的问题负责，85% 归于制度流程
需求拉动	拉动。强调按需求生产，以订单量为依据，实施并行工程，快速响应市场的变化。按照销售的速度进行生产，任何过早或过晚的生产都是浪费
一次做对	保质。精益生产要求建立一个不会出错的质量保证系统。及时解决问题，质量意识贯串始终。质量是检验不出来的，检验只是事后补救，无法保证不出差错。将质量内建于流程之中，强调第一次做对
降低库存	零库存。精益生产认为库存是企业的"祸害"，不是必不可少的"缓冲剂"，其主要理由是：库存增加了经营的成本；库存掩盖了企业的问题
精益供应	共赢。精益生产着眼于降低整个供应链的库存，做好工作流程标准化。供应商是企业的外部组织，应与他们信息共享、风险共担
现地现物	现场。它是发现问题的工具。亲临现场查看，以彻底解决问题。基于事实进行异常管理，遵守现物、现实原则。建立看板管理、目视管理和 5S 管理制度，使问题无处隐藏
以人为本	人本。体现在三个方面：充分尊重员工、重视培训、共同协作。精益企业雇用的是"整个人"，而传统的企业只雇用了员工的"一双手"。最大的浪费是对员工智慧或创造力的浪费
尽善尽美	完美。没有任何事物是完美无缺的，必须持续改进，没有问题就是问题。问题即是机会，以精益求精的工作态度，利用改进各种资源效率的机遇，获取竞争优势

需注意，应综合应用各项原则。以降低库存为例，它只是精益生产的一个手段，其目的是解决浪费问题。而且低库存需要关注流程、一次做对来保证。

如果认为精益生产就是零库存，不先去再造流程、提高质量，一味要求降低库存，就会产生成本不降反升的结果。追求零库存，但未考虑到库存对系统的产销率、物流平衡等方面的正面影响，这是精益生产的缺点。

（3）实施步骤　实施精益生产一般用以下六步法：

1）根据客户需求重新定义价值。精益生产是以价值为导向的，价值最终由客户确定，而价值只有对具有特定价格、能在特定时间内生产出满足客户需求的特定产品或服务才有意义。

2）按照价值流重新组织全部生产活动。该步主要确定每个产品的全部价值流的设计流、信息流和物料流。

3）使价值流流动起来。这是构造一个有价值的单件生产流程。对于一个多工序的价值流，其中有的工位产生价值，也有的不产生价值，但却是必需的。

4）用客户的需求拉动价值流。建立拉动生产系统，用看板管理，从用户订单开始向前拉动生产。

5）解决"瓶颈"工序问题。在单件连续流动的生产过程中也会存在瓶颈。为使生产过程获得价值，消除瓶颈的方法是：识别系统约束项（瓶颈工序）；合理利用有效的资源，将非约束资源尽可能提供给约束项；一切从系统出发，使系统的其余部分支持系统的运行；打破系统约束；回到起点寻找新的约束。

6）尽善尽美。这是永无止境的改进过程。从设计开发到工程试产，从原材料供应商到生产过程，从接收订单到将产品送到用户手中，都要进行全方位的改进，消除一切浪费的流程，将价值流到客户的手中。

6.4 生态化制造系统

6.4.1 绿色制造

1. 绿色制造的概念

（1）绿色制造定义　　绿色制造是一种综合考虑人类需求、环境影响、资源消耗、社会效益和企业效益，具有社会责任感和处事底线，可持续发展的先进制造模式。

由定义可知，绿色制造涉及的问题领域包括三部分：①制造领域，它包括产品生命周期全过程；②环境领域，人类的生存环境如何实现零污染；③资源领域，人类有限的资源如何最有效地利用。绿色制造是这三大领域的集成（图6-33）。

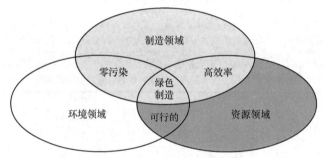

图6-33　绿色制造的集成

（2）绿色制造目标　　在产品全生命周期中，使产品对环境领域的负面影响最低，对自然生态无害或危害极小，使资源利用率最高，能源消耗降到最低。简言之，绿色制造的目标是使综合效益最优。

综合效益是指企业同时考虑生态效益、社会效益和经济效益的有机统一。①生态效益。它是指企业在生产中使自然生物系统对人类的生产条件、生活条件和环境条件产生的有益影响和有利效果，它关系到人类生存发展的根本利益和长远利益。生态效益的基础是生态平衡和生态系统的良性、高效循环。②社会效益。它是指企业活动对社会发展所起的积极作用或产生的有益效果。③经济效益。它是指企业的生产总值（有用成果）同生产成本之间的比较。

绿色制造的生态效益在于：追求减少废弃物和污染物的生成及排放，使其对环境负面影响最小。其社会效益在于：使企业具有更好的社会形象，为企业增添无形资产。虽然它本身需要一定的投入而增加企业的成本，但是，其经济效益在于：通过资源综合利用和循环使用、短缺资源的代用以及节能降耗等措施实现资源利用率最高，可直接降低成本；可减少或避免因环境问题引起的罚款；可改善员工的健康状况和提高工作安全性，减少不必要的开支；可使员工心情舒畅，有助于提高员工的工作积极性，创造出更大的利润。

（3）绿色制造过程　传统制造的产品全生命周期，是一个从"摇篮到坟墓"（Cradle to Grave）的过程，即从产品使用到报废，其物流是一个开环系统，如图 6-34a 所示；而绿色制造的产品生命周期可以分为三个循环，分别为循环 Ⅰ、Ⅱ 和Ⅲ，与之对应的是产品再利用、再制造和再循环，其流程是一个闭环系统，如图 6-34b 所示，可有效防止污染。

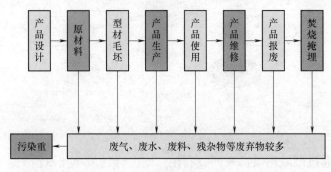

a) 传统制造模式

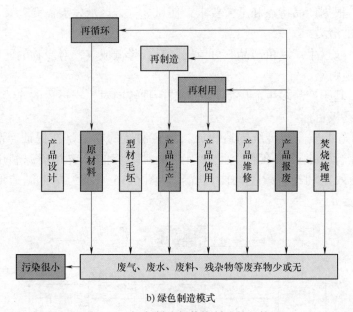

b) 绿色制造模式

图 6-34　绿色制造与传统制造的比较

或者说，理想的绿色产品生命周期是"产品多生命周期"，是一个从"摇篮到摇篮"（Cradle to Cradle）的过程（图 6-35）。

（4）绿色制造特点

1）集成性。其问题涉及制造、环境和资源三大领域，强调综合效益，兼顾生态效益、社会效益和经济效益。

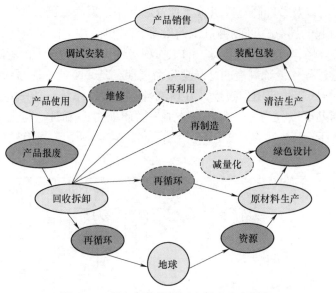

图 6-35　绿色制造模式下产品多生命周期

2）预防性。通过削减污染源和回收利用，使废弃物最小化或消失，其实质是在整个工业领域预防污染。

3）适宜性。根据产品特点和工艺要求，使目标符合区域发展需要，又不损害生态环境和保持自然资源的潜力。

4）经济性。通过生产绿色产品，可节能降耗，降低成本；对废物的回收利用，既可减少污染，又可创造财富。

5）持续性。基于产品多生命周期，从末端治理转向对生产过程的连续控制，是无穷循环的过程，没有终极目标。

（5）绿色制造本质　与传统制造相比，绿色制造的本质是在保证产品功能、质量和成本的同时，综合考虑产品在整个生命周期中对环境的影响和资源利用率，最终实现生态效益、社会效益和经济效益的协调优化。图 6-36 所示为绿色制造形成生态化企业模型。

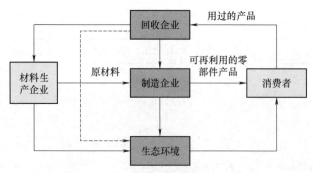

图 6-36　绿色制造形成生态化企业模型

2. 绿色制造的体系

作为一种先进制造模式，绿色制造强调在产品生命周期全过程中采用绿色技术，从而尽可能地减少产品对环境和人体健康的负面影响，提高资源和能源的利用率。

绿色制造的技术体系如图 6-37 所示。它包括绿色设计、绿色材料、清洁生产、绿色包装、绿色运输、绿色能源、再资源化技术及企业环境管理等。

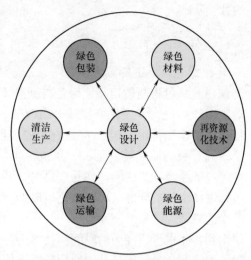

图 6-37　绿色制造的技术体系

其主要内容如下。

1）绿色设计包括绿色产品的描述与建模、绿色设计的材料选择与管理、产品可拆卸性设计、产品可回收性设计和绿色产品成本分析及数据库采集。

2）绿色材料包括可降解材料开发、材料轻量化设计、材料长寿命设计、绿色材料生命周期评价和绿色材料数据库开发。

3）清洁生产包括生产过程能源优化利用、生产过程资源优化利用和生产过程环境状况检测。

4）绿色包装包括包装材料的选择、包装结构、包装的清洁生产和包装物的再资源化技术。

5）绿色运输包括最佳运输路线及其方案设计、物料及仓储的优化设计、安装调试过程的节能和安装调试中的资源节省。

6）绿色能源包括可再生能源的应用、新能源的开发、传统能源的清洁使用、能源的生命周期评价和绿色能源数据库开发。

7）再资源化技术包括废物管理系统、废物无公害处理、废物循环利用、报废产品拆卸及分类和报废产品及零件再制造。

8）企业环境管理包括企业可持续发展策略、ISO 14000 环境管理系列标准认证、环境信息统计分析及管理、企业环境管理内审、产品生命周期的废物管理和可回收件标志和管理。

3. 绿色制造的实现途径

绿色制造涉及的范围几乎覆盖整个工业领域，包括机械、电子、食品、钢铁、矿产、建材、化工、军工等。绿色制造的实现途径有许多，以下为关键三条。

加大绿色新产品的开发力度。绿色新产品的使用可能会给人们的生活习惯、消费方式和环境状况带来很大影响。例如，LED 发光二极管照明灯，具有节能、环保、安全、寿命长、高亮度、易调光、维护简便等特点，被称为第四代光源。它避免了汞、铅等重金属对环境的污染，解决蚊虫聚集光源影响卫生环境的问题。

加大绿色新工艺的开发力度。绿色新工艺的主要特点是节能、节材。例如，以连铸和连轧为核心技术的制钢新工艺，使每吨钢材能耗从过去的 3000kg 标煤降到了 600~700kg，流程大大缩短，环境大幅改善。

形成爱护环境抵制奢侈的社会氛围。不断完善绿色制造的社会法律金融体系，使绿色消费的思想深入人心。通过立法迫使和引导企业强化源头治理，支持通过技术进步从源头减少污染物的产生。强化绿色 GDP 的考核和试行绿色金融会计制度，创新绿色税收政策，通过经济手段引导企业实施绿色制造。建立严格的环境管理标准体系、职业健康和安全标准等。

增强人们的环境意识，培育有环境素养的人，营造崇尚节俭的生活风气，这是推进绿色制造的社会基础。

6.4.2 绿色再制造

1. 绿色再制造的概念

（1）绿色再制造定义　绿色再制造（Green Remanufacture，GR），简称再制造。它是指对废旧产品进行专业化修复或升级改造，使其质量特性达到或优于原有新品水平的制造过程。这是国家标准 GB/T 28619—2012《再制造术语》对再制造给出的定义。这里废旧产品是研究对象。质量特性是关注焦点。①质量特性包括产品功能、技术性能、绿色性、安全性、经济性等；②废旧产品是广义的，既可以是设备、系统、设施，也可以是其零部件，既包括硬件也包括软件。再制造是以废旧产品零部件作为毛坯，变废为宝。产品的报废是指其寿命的终结。产品的寿命可分为物质寿命、技术寿命和经济寿命。物质寿命是指从产品开始使用到实体报废所经历的时间。技术寿命是从产品开始使用到因技术落后被淘汰所经历的时间。经济寿命是从产品开始使用到继续使用经济效益变差所经历的时间。

（2）绿色再制造目标　废旧产品经分解鉴定后可分为四类零部件：①可继续使用的；②通过再制造加工可修复或改进的；③因目前无法修复或经济上不合算而通过再循环变成原材料的；④目前只能做环保处理的。再制造的目标是要尽量加大废旧零部件的回用次数和回用率，尽量减少再循环和环保处理部分的比例，以便最大限度地利用废旧产品中可利用的资源，最大限度地减少对环境的污染。再制造确保的目标是提升废旧产品性能。

（3）绿色再制造特征　再制造产品的质量特性达到或超过原有新品，成本却只是原型新品的 50%，节能 60%，节材 70%，大气污染物排放量降低 80% 以上。

1）再制造以尺寸恢复和性能提升为目标。这是中国特色的再制造模式，因为我国再制造是在维修工程和表面工程基础上发展起来的，提升废旧产品性能是再制造确保实现的目标。例如我国斯太尔发动机的再制造率（指再制造旧件占再制造产品的重量比）比国外高 10%。

2）再制造以产品生命周期理论为指导。再制造的产品生命周期管理的过程不是到报废就截止，而是扩展到报废后的再生利用。再制造赋予了废旧产品新的生命，形成了产品多生命周期循环。再制造是废弃物资源化最主要的方法，是循环经济中再利用原则的具体体现。因此，再制造是建设资源节约型、环境友好型社会的有效抓手，更是推进绿色发展、循环发展、低碳发展，促进生态文明建设的重要载体。

3）再制造以实现企业综合效益协调优化为准则。再制造在优先考虑产品的可回收性、可拆解性、可再制造性和可维护性等属性的同时，还保证产品的优质、高效、节能、节材等基本要求，从而使退役产品在生态效益、社会效益和经济效益可协调优化的情况下重新达到最佳性能。

2. 再制造与其他环节的比较

再制造不同于制造，不同于维修，也不同于再循环。

（1）与制造的比较（见表 6-14）　制造是把原材料加工成适用的产品，再制造是把使用寿命到期的产品，通过修复和技术改造，使其达到甚至超过原型产品性能的加工过程。

与制造相比，再制造需要独立解决更多的科技基础问题：①加工对象更苛刻；②前期处理更烦琐；③质量控制更困难；④工艺标准更严格。

表 6-14　再制造与制造的区别

对比项	制造	再制造
加工对象	经加工的新毛坯，性能均质、单一	旧毛坯具有尺寸超差、残余应力、内部裂纹和表面变形等缺陷
前期处理	毛坯是基本清洁的，很少需要前期处理	毛坯必须去除油污、水垢、锈蚀层及硬化层
质量控制	质量控制已趋成熟	因毛坯损伤的复杂性和特殊性而使质量控制非常困难
工艺标准	制造过程非常规范	再制造过程中废旧零件的尺寸变形和表面损伤程度存在较大差异

（2）与维修的比较（见表 6-15）　再制造的本质是维修，但它不是简单的维修，而是维修发展的高级阶段。①加工规模更大，再制造是一种产业化的修复；②技术难度更难，再制造是一种高科技含量的修复术；③修复效果更好，再制造产品的质量不低于新品。

表 6-15　再制造与维修的区别

对比项	维修	再制造
加工规模	针对小批量零件，以手工为主	针对大批量零件，以产业化为主
技术难度	要求单机作业效能高，技术含量较低	既要求单机作业效能高，又要求适应自动线作业
修复效果	修复效果达不到新品技术指标，具有随机性	再制造产品的质量和性能不低于或超过原有新品

（3）与再循环的比较　如果将产品的形成价值划分为材料值与附加值，材料本身的价值远小于产品的附加值（包括加工费用、劳动力等）。再制造能够充分利用并提取产品的附加值，而再循环只是提取了材料本身的价值。

3. 再制造的应用

（1）再制造的实现过程　实施步骤主要包括：废旧产品的拆解、清洗、检测、评估及分类、再制造成形与加工、装配、质量检测与性能考核等。

（2）再制造的应用形式　产品在再制造过程中的生命周期包括产品修复、产品改装、产品变性、回收利用四个阶段，再制造在四个阶段中应用形式也有所不同。

1）产品修复。通过测试、拆修、换件、局部加工等，恢复产品的规定状态或完成规定功能。

2）产品改装。通过局部修改产品设计或连接、局部制造等，使产品适合于不同的使用环境或条件。

3）产品变性。通过局部修改和制造或引进新技术，使产品使用与技术性能得到提高，延长使用寿命。

4）回收利用。通过对废旧产品进行测试、分类、拆卸、加工等使产品或其零部件、原材料得到再利用。

（3）再制造过程中使用的关键技术

1）再制造性设计与评价技术。指在对废旧产品再制造之前，设计并评价其再制造性，确定其能否及如何进行再制造的技术与方法。

再制造考虑的经济性问题：①确定产品在不同生命周期的成本和利益；②确定哪种产品进行再制造；③分析不完善的市场，考虑较快的产品降价；④以合理的价格获得核心部件；⑤确定好哪种零件需进行翻新；⑥从毛坯再制造开始，按产品生命周期成本，确定产品的价格以获利最大。

再制造产品开发的策略包括：改进材料质量、减少材料消耗、优化工艺流程、优化流通渠道、延长生命周期、减少环境负担、优化废物处理及优化系统功能等。预测和响应市场，更多关注消费者的意愿，提供优质服务。

进行再制造设计时，应考虑产品毛坯材料的选择、零部件可拆卸性和可再制造性等要求。再制造的设计强调无损拆卸，而有损拆卸一般适用于简单的材料回收。因此选择有损或无损过程将导致不同的产品设计。

2）再制造拆解技术。指对废旧产品进行拆解的方法与工艺。根据拆解产品的几何形状、损坏性质和工艺特性的共同性来分类。

3）再制造清洗技术。清洗的目的是清除产品尘土、油污、泥沙等脏物，以便发现问题。

4）再制造零部件损伤检测与寿命评估技术。检测的内容有：几何形状精度、表面位置精度、表面质量、内部缺陷、力学物理性能、称重与平衡。寿命评估主要是评估零部件的剩余寿命。按技术标准分析出可直接利用件、可再制造恢复件和废弃件。

5）再制造成形与加工技术。表面工程技术和快速成形技术是再制造的关键技术，而这些与失效分析、故障诊断检测和寿命评估等技术密切相关。再制造成形与加工技术，主要包括喷涂、粘修、焊修、电镀、熔敷、塑性变形和冷加工修理法等。

6）再制造产品装配技术。指在再制造装配过程中，为保证再制造装配质量和装配精度采取的技术措施。一旦发现装配中出现不匹配等现象，还需进行二次优化。

7）再制造产品性能检测与试验技术。对再制造产品进行性能检测与试验的目的在于：发现缺陷，及时排除；调整配合关系，改善质量，避免早期故障。

8）再制造产品涂装技术。指对合格的再制造产品进行喷漆和包装的工艺技术。

9）再制造智能升级技术。指运用信息技术和控制技术实施再制造产品的生产与管理的技术和手段。它包括柔性再制造技术、虚拟再制造技术、智能化再制造技术等。

6.4.3 低碳制造

1. 低碳制造的概念

（1）低碳制造定义　低碳制造（Low Carbon Manufacturing，LCM），是指降低来自制造过程和制造系统碳源的二氧化碳排放，提高资源和能源利用率，以及提高废物利用率。

低碳制造的过程，是从系统资源和生产过程中释放低浓度二氧化碳的过程。本质上，低碳制造是基于低碳经济的一种先进制造模式。低碳经济以低能耗、低排放、低污染为特征。

低碳制造的目的是实现制造企业碳排放的减量化，实现企业生态效益、社会效益和经济效益的统一。低碳制造的目标是提高资源利用率、提高能源利用率和减少废弃资源。

（2）低碳制造特征　低碳制造的特征包括以下五项。

1）生产源的碳排放。现代工业设备以电力驱动为主，而电能大多源于煤炭，因此，设备在耗能的同时也排放了大量的二氧化碳。若用更节能的设备将使碳排放得到有效控制。

2）制造过程的碳排放。制造业的生产过程将耗费大量电能、除了设备能源利用外，生产环节需要的水、气等也耗费大量电能。同时生产辅助过程也要耗费大量电能。

3）资源的利用。它是指在制造生产过程中的原材料的利用状况、生产的排队和等候时间、生产过程中有效规则的建立等，如最优的生产排产能够有效减少碳排放。

4）浪费最小化。它是指在生产加工环节，尽量减少不必要的物料、能源和加工时间的浪费。因为浪费会增加碳排放，先进制造管理方法会减少生产过程的无效操作。

5）能源利用率。它是指加工过程中能源的输出量与其输入量之比。低碳制造的企业要将这一比值列入生产的考核指标，在保证产量指标的同时，更要考虑能源利用效率。

2. 低碳制造的应用

面向产品全生命周期过程。低碳制造的关键技术主要包括：低碳材料选择，低碳设计，低碳加工技术与装备，低碳装配及包装，节能低碳产品开发，绿色回收及再制造。评估低碳制造的综合指标是：资源利用率、单位能耗和碳排放与碳足迹等。

（1）资源利用率　指一定量的资源所能创造的价值的数量。提高资源利用率的措施是：资源重复利用，直到不能利用；在生产和生活中节约能源；提高科技在实际应用中的地位；在有限的物质资源上产出尽可能多的回报。

（2）单位能耗　它是指每产生万元 GDP（国内生产总值）所消耗掉的能源。它是反映国家经济活动中能源利用效率和节能降耗状况的主要指标。

（3）碳排放与碳足迹　碳排放（Carbon）是低碳制造的重要指标。由于数据的可用性和完整性，专家认为碳足迹（Carbon Footprint）仅计算碳排放是符合实际的。

1）碳排放的来源。制造业碳排放具有多源性，主要包括物料碳、能源碳及制造工艺过程中所产生的直接碳排放，制造企业的碳排放构成如图 6-38 所示。

制造业主要以间接碳排放为主。制造业实施低碳制造的途径是从物料流、能量流方面来实现制造企业全生命周期过程碳排放量的极小化。制造企业的供应链一般包括了采购、生产、仓储和运输，其中仓储和运输会产生大量的二氧化碳。

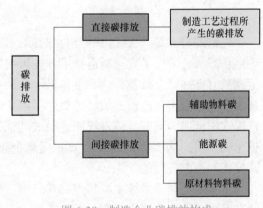

图 6-38　制造企业碳排放构成

2）碳排放测度的方法。碳排放测度的方法主要分为：实测法、物料平衡法和排放系数法三种。实测法是通过监测手段或相关部门认定的连续计量设施，测量排放气体（CO_2）的流速、流量和浓度等测量数据（该数据一般经环保部门认可），来计算碳排放总量的一种统计计算方法。物料平衡法是根据质量守恒定律对生产过程中所使用的物料进行定量分析的一种科学方法。排放系数法是指在正常技术经济和管理条件下生产单位产品所排放的气体数量的统计平均值。这是欧盟国家测度碳排放应用最广泛的方法。此外，根据具体项目计量和参

数选择的需要，还有模型法、生命周期法、决策树法等碳排放测度方法。

3）碳足迹的概念。它是一项活动或产品全生命周期直接或间接发生的碳排放总量的衡量指标。它表示企业或个人的碳耗用量。碳是石油、煤炭、木材等由碳元素构成的自然资源。碳耗用量越多，导致地球暖化的元凶 CO_2，也制造得越多，碳足迹就越大；反之，碳足迹就越小。碳足迹的理念是：公众日常消费—碳排放—碳补偿（碳中和）；转变生活方式，放弃各种高碳生活，倡导低碳生活。

4）碳足迹的估算方法。目前，碳足迹的估算有两种方法：一是自下而上基于过程的生命周期评价法，这种方法更准确也更具体；二是自上而下的基于经济投入产出模型的生命周期评价法，计算所使用的能源矿物燃料排放量，这种方法较为一般。以汽车的碳足迹为例：方法一能够估计与汽车相关的所有的碳排放量，包括从造车的全过程以及造车所用的金属、塑料、玻璃和其他材料，到用车和报废车。方法二则只计算造车、用车和报废车时所用化石燃料的碳排放。

（4）制造业减少碳排放碳足迹的策略

1）选用低碳的原材料替代传统材料。

2）采用低碳设计方法，如绿色设计、节能产品设计、面向回收的设计、面向成本的设计、轻量化设计、产品生命周期评价以及产品碳足迹确定方法等。

3）制造加工过程是碳排放的主要物化的过程，要开发和选用低碳加工工艺及装备。

4）改善制造企业能源结构，投资碳补偿业务，如投资太阳能、风能等供应制造电能。

5）将销售产品转变为销售产品服务。

6）提高制造能效。

6.5 本章小结

先进制造系统（AMS）是指在时间、质量、成本、服务和环境诸方面，能够很好地满足市场需求，采用了先进制造技术和先进制造模式，协调运行，获取系统资源投入的最大增值，具有良好社会效益，达到整体最优的制造系统。先进制造系统是一个包含多项先进制造技术和多种先进制造模式的整体概念。当代信息技术和自动化技术为企业提供了改变常规制造模式的机遇，只有打破常规制造模式的框架从而产生出先进制造模式，才能发挥先进制造技术的作用，从而形成 AMS，真正提高企业的综合竞争力。因此，AMS 是任何单一的技术或模式都难以替代的。

本章依据制造系统主要特点将其分为三类：智能化制造系统、效益化制造系统、生态化制造系统。智能化制造系统包括智能制造系统、虚拟制造系统等；效益化制造系统包括敏捷制造、并行工程、精益生产等；生态化制造系统包括绿色制造、服务型制造等。

智能化制造系统是指由新一代信息通信技术、计算机网络技术、行业技术、智能控制技术汇集而成的针对某一方面的应用。制造信息化，是自动化、数字化、网络化和智能化制造的统称。它包含产品设计及其生产过程的自动化、数字化、网络化和智能化高度集成。当今信息化时代要走向未来智能化时代。智能化是数字化与网络化的融合与延伸。智能化是先进制造系统发展的战略方向，已成为各行各业发展的方向。

效益化制造系统是追求效益的最大化。现代社会中任何一种有目的的活动，都存在着效益问题。效益原理是指组织的各项活动都要以实现有效性、追求高效益作为目标的一项原理。效益的核心是价值，效益的度量是对比，效益的分析是决策的依据。效益化制造系统提高制造资源的生产率，产生长期稳定的效益，是生产制造系统稳定发展的重要基石。

生态化制造系统是指在制造系统中为满足人的需求，统筹生产、生活和生态，调整制造系统的管理制度、生产技术和产品等，使其创造出轻松的工作和生活环境，从而实现最优的经济效益、社会效益和生态效益。生态化制造系统是指让技术和人的关系协调，即让技术的发展围绕人的需求展开。其根本是尊重人性、以人为本的理念，也是科技中的人文关怀。生态化已成为当今制造系统的一大主题，也是未来市场需求的重点方向。生态化制造的理论源于生态经济学、工业设计和人性化管理等。生态化制造的实践体现于产业模式。当前的产业模式正在从以产品为中心向以用户为中心转变。

参 考 文 献

［1］李伟.先进制造技术［M］.机械工业出版社，2005.

［2］戴庆辉.先进制造系统［M］.机械工业出版社，2018.

［3］杨叔子，吴波.先进制造技术及其发展趋势［J］.机械工程学报，2003（10）：73-78.

［4］孙林岩，汪建，曹德弼.先进制造模式的分类研究［J］.中国机械工程，2002，（1）：90-94+6.

［5］鲁明珠，王炳章.先进制造工程论［M］.北京：北京理工大学出版社，2007.

［6］张相木.智能制造的内涵和核心环节［J］.电气时代，2024，（1）：28-30.

［7］周济.推进制造业数字化转型、智能化升级［J］.现代制造，2024，（2）：54.

［8］蔡薇，崔一辉.制造企业生产现场数字化转型路径研究［J］.现代工业经济和信息化，2023，13（11）：300-302.

［9］聂庆玮，朱海华，唐敦兵，等.数据驱动的网络化制造系统研究框架及其主体性分析［J］.中国科学：技术科学，2023，53（7）：1062-1083.

［10］傅仁军，宣梓鹏.基于大数据的虚拟制造技术探讨［J］.信息系统工程，2023，（5）：97-99.

［11］谷月.虚拟现实技术加速赋能工业制造［N］.中国电子报，2023-11-03（6）.

［12］周济.智能制造："中国制造2025"的主攻方向［J］.中国机械工程，2015，26（17）：2273-2284.

［13］管昌荣.云计算 IaaS 平台交付项目的管理实践［J］.项目管理技术，2024，22（2）：122-126.

［14］齐磊磊.从工业 4.0 谈大数据的善［J］.当代中国价值观研究，2023，8（6）：29-37.

［15］袁峰，李清蕾，邱爱莲.基于产品数字孪生体的智能制造价值链协同研发框架构建［J］.科技管理研究，2024，44（2）：98-105.

［16］孙先海，张高鸿，任智旗，等.基于孪生的智能车间建设研究［J］.信息记录材料，2024，25（1）：94-96+99.

［17］刘志伟，舒雨锋，李清顺，等.智能制造装备技术人才需求调研与培养对策研究［J］.科技风，2024，（5）：151-153.

［18］张曙.工业 4.0 和智能制造［J］.机械设计与制造工程，2014，43（8）：1-5.

［19］赵汝嘉.先进制造系统导论［M］.北京：机械工业出版社，2003.

人民的数学家——
华罗庚

第 7 章

hapter

前沿制造理念

7.1 高性能制造

7.1.1 高性能制造的需求和内涵

传统机械加工制造往往通过材料属性、尺寸公差作为纽带与设计环节相连。如图 7-1 所示，设计与制造过程有交叉、重叠的节点，但并不存在反馈、循环，从而割裂了设计与制造的深层次耦合。在已选定零件材料的基础上，制造过程通常以保证加工精度作为唯一目标，而不是面向其性能，从而难以根据装备或零件的精度和性能偏差以定域、定量、定式的加工方式调整工艺策略、确定精密加工去除或增材量，并实现动态的在线优化设计与制造。因此，充分发挥设计与制造环节的协同效应，对实现装备或零件的高性能加工制造目标要求具有重要意义。

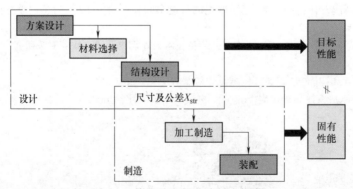

图 7-1　传统的串行设计制造范式

高性能制造，即高性能装备设计与制造则是在装备的设计制造的全过程、全链条、全要素中始终以保证性能精准为首要目标。在零件加工制造层面,高性能制造基于现有制造能力、成本与生产周期等限制条件,通过建立计算模型等手段实现零件特征与加工工艺参量的最优匹配,从而对制造过程进行最优化和定量控制,以保证零件的性能指标能够达到预期的设计要求。其中,零件的特征涉及公称尺寸、几何公差、材料特性、表面完整性和表面微观组织结构等,零件的工艺参量则包括加工用量、热处理参量、工艺载荷和辅助能场等。从本质上说,该过程是零件设计与制造的协同过程。在装备层面,设计与制造的协同则体现在装配过程,需将所得零件按设计要求组装,并使装备性能满足指标要求。

高性能制造是制造理念的提升,由追求几何精度上升至以精准保证产品性能为目标。根据装备或零件的性能要求,对性能与材料、结构、几何以及制造工艺、使役条件等参量之间的关系进行建模,推演与性能要求相适宜的精度分配、误差修正补偿策略和制造工艺手段,不但能有效降低保证性能指标的制造难度,而且可以有较好的经济性。因此,高性能制造是制造技术发展与材料、力学、信息等多学科交叉融合的趋势与必然选择,体现了由几何尺寸要求为主的传统制造向高性能要求为主的高端制造的跃升。

如图 7-2 所示,高性能制造中的设计与制造应是面向性能的设计(Design For Performance,DFP)、面向制造的设计(Design For Manufacturing,DFM)与面向性能的制造(Manufacturing For Performance,MFP)的协同统一,以性能建模为核心,实现设计与制造、新理论与新方法的深度融合,即以装备或零件的综合性能指标为系统级目标,以材料、结构、几何、工艺等参量的内在关联关系和一体化多学科、多领域联合仿真为手段,通过对静态、动态制造数据流的处理与利用,实现制造信息向设计信息的反馈,继而实现以减少性能偏差为目标的参量定制、调整或再设计,从而满足高性能制造要求。

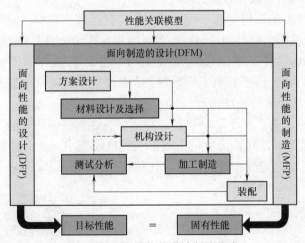

图 7-2   面向性能的设计制造范式

高性能制造中的设计与制造需要在"宏、微、新、智"等层面不断拓展和夯实。在"宏"的层面上,需要不断突破空间尺度和载荷边界,满足超大、超重载等装备需求;在"微"的层面上,需要不断深入多物理场耦合的微观机理,满足表面、界面的超硬、超滑等性能需求;在"新"的层面上,需要探明新的科学原理在制造领域的可应用性,探明新材料的不确定性因素在加工、装配周期内的演化规律,避免诱发性能衰减退化与失稳失效;向

“智”则意味着需要介入制造过程的智能管控、性能智能分析评估等多个领域，适应多尺度、多介质复杂制造，以及多工况、多任务的智能化控制要求。

综上所述，高性能制造的内涵主要包括以下几个方面：

1）产品性能建模：建立产品性能与产品材料特性参量、几何结构参量、制造工艺参量、使役参量之间关联关系的数学模型。

2）产品设计：包括面向性能的设计和面向制造的设计两部分，需根据性能关联模型进行正向求解设计，包括由模型及产品性能要求确定产品初始设计方案与设计具体的材料、结构和几何参量的详细设计方案。

3）面向性能的制造：根据产品性能要求进行制造系统建模，并制定产品制造的工艺规程，实现产品的可计算和数字化的精准制造。而当性能要求特别高时，还需对关键零件的某些制造环节进行再设计和定域定量定式的调控。

7.1.2 高性能制造的主要特征与挑战

高性能制造以性能的精准保证为核心，是基于性能模型的正向设计和反求制造，也是定量、定域、定式的数字化制造。高性能制造的鲜明特色是基于性能建模和反求计算。换言之，产品高性能的精准保证，不一定依赖于高端的材料、尖端的制造工艺方法与高精度要求，而是取决于科学的计算分析和优化匹配，即采用普通的材料、最合理的精度要求和最经济可用的制造工艺方法便能够达到所需的性能要求。因此，高性能制造通常具有以下特征：

1）需建立装备及零件的性能关联模型，明晰产品性能与材料特性、运动、几何、结构以及使役条件等参量间的关联关系。

2）设计和制造参量的获得是基于性能模型的优化计算实现的，它能够根据性能关联模型进行装备及零件的性能、材料和几何特性参量的相容性和敏感度分析，从而求得设计的最佳方案、最佳几何结构参量、最适宜的制造工艺与工艺载荷的输入条件。

3）测量加工一体化。依据前期生产数据、表征性能的特征量与制造过程工艺参量的关联关系，对加工工艺状态进行精准控制。

4）个性化的精密制造。对于高端装备，特别是高性能零件的性能要求特别高时，有时即使满足了几何精度要求，其性能参量也难以达到性能要求，此时需根据每一个产品的性能偏差精确反求出定量、定域、定式的个性化精密加工，从而取代基于经验迭代的试错法加工。

5）依托性能模型，易于实现装备及零件的数字孪生、性能的精准预测和加工制造过程仿真。

6）高端装备及零件的制造体现了集性能参量集、结构特征集与工艺参量三位一体的性能驱动的多学科融合制造、计算制造以及智能化制造。

高性能制造需要重点探究的基础问题如图 7-3 所示。

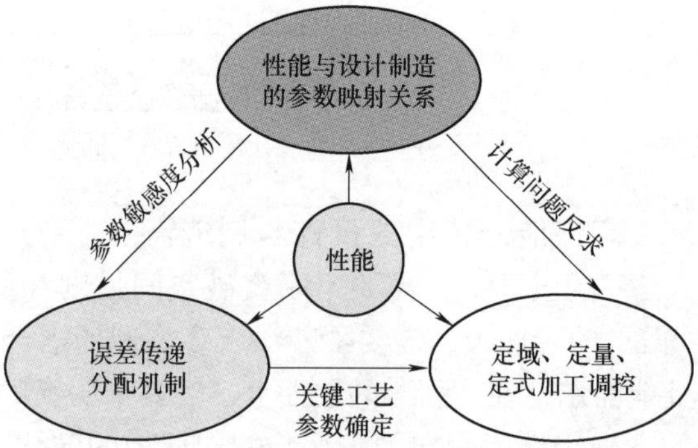

图 7-3　高性能制造的基础问题

1. 性能与材料、结构、工艺等参量的映射关系

高端装备的性能建模是通过对装备设计制造及服役过程中的真实物理系统进行合理的抽象与处理,从而构建出能够表达装备综合性能指标与材料、设计、制造、使役条件参量之间关联关系的数学模型。构建高效、精确的求解模型与算法是高性能制造的首要前提,也是难点之一。

现有的解析模型、机理和数据驱动的混合模型、全数字虚拟模型等建模方法与性能评估模型均可用于高性能制造中,其选取的关键在于如何实现模型的准确性和模型求解的高效性、以及获取制造工艺参量的计算模型的易构性。

2. 系统综合性能表征、误差传递与分配机制

高端装备的关键性能指标要求高、约束条件多,且各性能指标间的制约关系复杂,不仅要考虑材料、结构及几何尺寸等强约束条件,还必须满足精度、强度、刚度以及服役性能等诸多要求。因此高性能制造通常需进行性能指标的参量敏感度分析,明确冲突协调的机制和误差累积效应,从而建立系统综合性能的定量表征模型,这对于建立设计制造过程的指导准则、制定最优设计方案和制造工艺路线,起到极为重要的作用。

3. 面向性能的制造工艺参量反求与调控方法

在高性能制造中,制造工艺、加工精度和表面完整性都会对产品性能产生重要影响,同时各种新材料、新结构、光、电、磁等能场、化学反应和物理效应以及极端加工条件被不断引入,其精度范围涵盖精密、超精密乃至近原子级去除,因此需要深入探究材料、结构与载荷、能场的交互机制以及制造机理诠释的问题,并探索出高端装备制造及服役过程中应遵循的规律。

此外,有时高端装备的产品性能要求特别高,由于材料和制造工艺的现有水平制约,按设计参量直接制造出产品的性能无法达到要求,需要根据制造过程中性能偏差对某些设计和制造参量进行进一步的反求设计。通过直接检测或间接以几何尺寸和表面完整性等作为桥梁,依据产品的初始性能偏差反求出定域、定量、定式的精密加工参量,从而进行精密加工调控,产生一个特定的性能偏差,使制造或再制造后的产品性能满足要求。

7.2　极端制造

7.2.1　极端制造的内涵与特征

1. 极端制造的内涵

极端制造(Extreme Manufacturing,EM)也称极限制造、超常制造,是指在极端条件或环境下,运用先进制造技术及高端装备,制造极端尺度(极大或极小尺度)、极限精度、极高性能的结构、器件或系统,以及能产生极端物理环境或条件的科学实验装置。

极端制造的本质特征是尺度效应和环境效应。在极端尺度和极端环境下,材料、构件的物理性能将产生明显的非常规现象,甚至与现有物理学、材料科学和加工制造原理相悖,必须研究相应的新原理、新方法和新技术。极端制造的基本科学问题是研究物质如何通过与能量的复杂、精准的交互作用演变为极端性能产品的科学规律。上述极端制造的过程及系统的理论、方法和技术称为极端制造技术科学。

极端制造泛指当代科学技术难以逾越的制造前端，其内涵随着人类科技的发展不断被突破与变革。在各种极端环境下，制造极端尺度或极高功能的器件和功能系统，是当代极端制造的重要特征，集中表现在微制造、巨系统制造和强场制造，如制造微纳电子器件、微纳光机电系统、分子器件、量子器件等极小尺度和极高精度产品；制造空天飞行器、超大功率能源动力装备、超大型冶金石油化工装备等极大尺寸、系统极为复杂和功能极强的重大装备。极端制造置物质于各类极端强化的能场与运动环境，实现几何与物性的多尺度演变，并按精确的物理规律集成为极强功能的使能系统。

提供物质产品的强大的现代基础经济、军工产业、空天运载、信息产业都渗透着极端制造，以上产业都需要高能量密度的材料成形制造、超大或超细的高度零件制造、超精密器件的微纳制造、仿生高智能巨系统的集成制造等。我国发展中的空天运载工程、功率 GW 以上的超级动力装备、数百万吨级的石化装备、数万吨级的模锻装备、新一代高效节能冶金流程装备等，其最核心的制造技术都是当代的极端制造。

表面上看，极端制造是产品尺度及环境的变化，实质上则集中众多高新科技，具有极强带动效应。如飞机发动机以高温、高压、高转速、高负荷这"四高"为技术难点，是考量一个国家材料工业和制造工艺尖端加工能力的关键产品。各国航母竞争的背后是高端装备制造业、尖端材料学乃至燃料工业等综合实力的竞争。当今制造强国，均拥有较强的极端制造能力。缺乏极端制造能力，也就缺乏国际竞争力。美国、德国、日本等工业发达国家已经将极端制造技术列为重点研究方向。如 1991 年美国将微米级和纳米级制造列为国家关键技术，牢牢把控着半导体工业等制造业的主导权；德国将绿色制造、信息技术和极端制造作为国家机械制造业持续发展的三大目标，以保障德国制造的品质。

极端制造同样是带动我国工业转型升级的重要突破口。传统工业向新型工业化道路转变的方向已经十分明确，但如何推动转变仍在探索之中。传统领域增长已显乏力，亟须在先进制造前沿领域发力。一方面，极端制造从前沿倒逼我国制造业转型升级。另一方面，极端制造应用到常规产品设计和制造当中，将对推动产品升级换代以及制造技术的改造提升发挥极强的带动作用。如航母千亿元级别的投资也将带动航空、动力、机械、电子、材料乃至燃料工业的转型升级，同时也能锤炼中国制造业的复杂大系统集成能力。

2. 极端制造的特征

随着制造业和科学技术的快速发展，极端制造的内涵具有明显的时代特征。制造精度、运行速度、环境温度及压力等极限值与时俱进。只有充分认识到极端制造的时代特征，才能在国际科技及其产业竞争中立于不败之地。

（1）极大尺寸的巨系统制造　火箭最大直径达 10m，其燃料贮箱封头需轻量化无缝整体成形、最大的航空母舰超过 10 万 t 级、最大的盾构机直径超过 18m、最大货船超过 60 万 t 级、下一代核岛不锈钢无缝整体长寿命环件直径超过 15m。以上这些超大型装备及构件急需极端制造技术取得新的突破。如图 7-4 所示为盾构机制造场景。

（2）极高速装备制造　超高速机床空气磁浮主轴的转速高达 20 万 r/min；真空磁悬浮列车最高速预计可达 1000km/h；超高空超声速飞行器速度可达 8~10 马赫（M）；太空探测器航行最快速度为 15km/s；微射流光纤传输系统，比现在的光纤传输速度快约 10 倍；未来的量子计算机运行 3s 的计算量，相当于现在计算机运行上百亿年。图 7-5 所示为展会所展示的真空磁悬浮列车。

图 7-4　盾构机制造

图 7-5　真空磁悬浮列车

（3）极小尺寸微纳制造　10 年前，芯片线宽加工极限是 14nm，台积电公司最近将芯片特征线宽加工进入 3nm 以内，并正在趋近芯片线宽的物理极限；微型坦克大小为厘米尺度，胶囊机器人尺寸为毫米尺度，中国科学家已经成功制造出 DNA 纳米机器人，如图 7-6 所示，未来还可能出现分子或原子机器人。

（4）超精密制造　10 多年前，超精密加工的加工精度极限是纳米级，现在已经发展到亚纳米级、原子级。最高精度的超精密机床切削工件的表面粗糙度达到 1 nm；超大规模集成电路光刻机物镜面形精度达 2nm PV，光刻机物镜系统如图 7-7 所示。目前量子制造的概念及研究已在国内外出现。

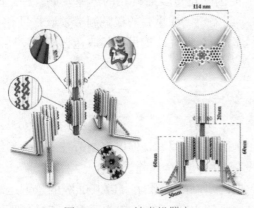

图 7-6　DNA 纳米机器人

图 7-7　光刻机物镜系统

（5）极端环境（极高及极低温、极高及极低压力等）下的制造或服役　图 7-8 所示 J 级燃气轮机燃气温度高达 1600℃，必须要研究耐更高温的叶片材料和工艺。深海装备水下 10000m 作业时，水压力将达 100MPa，装备必须能具备抗高压的结构和良好的密封性。

图 7-8　J 级燃气轮机

（6）极高能量密度制造　超强超短聚焦激光的实验装置如图 7-9 所示，其功率密度将达 1026W/cm^2，其脉冲宽度将缩短为阿秒（10^{-18}s）级；水射流切割的水压力可高达 600MPa，射流速度大于 4 马赫（M）。

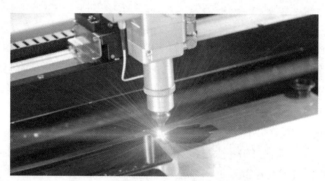

图 7-9　超强超短聚焦激光的实验装置

鉴于极端制造具有的时代特征，随着制造业的国际竞争及高科技的迅速发展，一个时期可用的技术会很快过时，其技术可用性周期在不断缩短。在重要的极端制造领域，只有不失时机、不停顿地进行探索和深入研究，以满足国家乃至世界改造世界、改造自然的发展需求，才能跟上时代发展的潮流。

7.2.2　极端制造面向的主要技术领域

1. 极大尺度制造

大型装备主体结构整体化是实现装备高功能的重要技术因素，但已有制造技术使大型结构的各部分性能差异可高达 30%~50%，装备服役存在巨大安全风险。

以重型运载火箭制造为例：我国"十三五"期间研制的运载能力达 100t 级的重型运载火箭，火箭外径为 10m 级、总长 100m 级，径厚比高达 1000，具有整体高柔性和局部高刚性的复杂结构，使制造与服役中传力路径与形变状态具有强不确定性；同时还需要服役于极低温度环境（液氢储存箱温度达 -252℃、液氧储存箱温度达 -183℃）。箭体结构是运载火箭最为关键的结构部件，也是火箭制造中的关键。箭体结构主要由推进剂储存箱、铆接舱段等部分构成。推进剂储存箱作为运载火箭的主承力结构，是一种大尺寸、薄壁高强铝合金焊接结构，具有大尺寸、轻质、薄壁和复杂等典型特征。这类综合高性能超大型构件的制造难度极大，除形状精度难以保证外，还极易产生局部性能弱化和局部变形而导致装备失效的问题。面对这类超大薄壁构件的精密制造，原有常规制造所需的金属和复合材料构件流变科学、相变均匀性理论，以及精度与性能精准技术等不再适用，急需通过极端制造技术进行原创突破。

2. 极小尺度制造

微电子、光电子器件由微纳尺度结构承载与传递信息流，其亚纳米级制造精度极大地影响传输品质，提高极小尺度结构制造品质是信息保真传输的基础和突破口。微纳制造泛指精度或尺度能够达到微米至纳米的先进制造技术，是产品升级换代以及性能提升的根本保障。具有微纳米技术精度的元器件在光学、微电子信息等高技术领域占据重要地位，而制造就成为实现最终产品的关键一环。超大规模集成电路芯片线宽已达到 3~5nm 的制造极限，原子、量子制造技术的突破已迫在眉睫。

3. 超精密制造

超精密制造主要包括三个领域：超精密切削加工如金刚石刀具的超精密切削，可加工各种镜面。它已成功地解决了用于激光核聚变系统和天体望远镜的大型抛物面镜的加工。超精密磨削和研磨加工如高密度硬磁盘的涂层表面加工和大规模集成电路基片的加工。超精密特种加工如大规模集成电路芯片上的图形是用电子束、离子束刻蚀的方法加工，线宽可达 0.1μm。如用扫描隧道电子显微镜（STM）加工，线宽可达 2~5nm。高功率固体激光装置是当今规模最大、结构最复杂且系统性极强的光学系统工程。为保证激光装置获得理想的激光光束质量，并实现高通量条件下稳定运行，该类光学元件要求实现极为严苛的全频段精度控制指标，以及满足极致的低缺陷控制要求。例如，惯性约束装置中楔形透镜的几何误差 <$10''$，面形精度优于 RMS 20nm，表面粗糙度优于 Ra 0.5nm。针对此类超高精度复杂曲面的极端制造，现有的纳米级精度的低应力制造、低缺陷研抛机理可能不再适用，需要探索极高精度、近零缺陷复杂曲面制造新原理及关键技术。

4. 极高服役性能的制造

对产品服役功能的极度高要求，需要综合多学科知识创造全新功能产品。高超声速飞行器是飞行速度超过 5 马赫（M）的飞机、导弹、炮弹等有翼或无翼飞行器的总称。高超声速飞行技术是继发明飞机实现飞行、突破声障实现超声速飞行后，航空航天史上又一项具有划时代意义的新技术。以高超声速巡航飞行器为例：其速度高达 8~10 马赫（M），高速飞行时剧烈的气动致热使其界面急剧升温，需要用能承受极高温（高达 2300℃）的热防护构件为飞行器主体结构，采用热电转换、微通道传热等新原理与新技术是其重要途径。极高温度、超高速运行环境下飞行器的高性能热电转换结构、蜂窝结构与微通道结构的流体传输、散热设计、精确成形、界面连接等极端制造科学技术均属国内外空白。

5. 产生极端物理条件重大装置的制造

众所周知，任何物质或产品都是在一定的物理条件下形成的，未来科学技术也必将在各种高能量密度环境、纳米及微米材料和复杂的巨型系统中不断创新。制造产生极端物理条件的设备正在成为未来科技发展的瓶颈。中子光学领域，部分特定实验需在极高磁场条件下进行。例如，在强磁场中研究中子的磁性质，磁场强度可高达数百到数千特斯拉。此外，中子光学实验仪器对高能量分辨率也有极其严苛的要求，通常在几毫电子伏特（meV）到几百毫电子伏特的范围内。X 射线自由电子激光器领域，光源功率将从传统光源产生的 100MW 提

高到 10GW。目前，美国、欧洲等发达国家都在积极规划和建设不同性能水平的实验装置。光子能量已经达到或超过 25keV，重复频率超过 MHz，接近 GHz，并且也是完全相干的。在新一代光源中，大型 X 射线反射镜、高能负载纳米衍射元件、高纯度金刚石单晶折射元件和能谱诊断元件等关键部件的设计和制造，以及需要超高精度、高光子能量光学检测和高精度 X 射线波前传感的技术，都是制造科学中尚未取得实质性突破的具有挑战性的问题。

以上极端制造实例的共同特点有以下三个方面：

1）对极端制造的需求都源于国家重大战略目标的技术瓶颈。

2）比较现有产品，具有尺度极端、环境极端、品质极端或性能极端的特征。

3）现有制造技术难以满足其极端制造目标。

7.3　本章小结

本章针对高性能制造、极端制造两方面内容进行总结。高端装备本身具有很高的性能要求，其结构往往十分复杂，一般由多个功能单元组成，而每个功能单元又由多个功能部件组成，需要根据装备的性能要求进行材料、结构、几何及运动等方面的系统分析。在设计阶段，要按性能要求对装备功能及其子功能单元构成进行明确，并对装备各子系统的结构、材料参量和几何精度等进行科学设计确定。在制造阶段，要根据性能要求和设计参量，制订合理、科学的制造工艺，并综合考虑制造的成本及周期等，优化确定最佳的工艺路线、工艺方法及工艺参量，实现性能驱动的制造。高性能制造，即高性能装备设计与制造，是指在装备的设计制造全过程、全链条、全要素中始终以性能精准保证为目标的制造。它以装备性能和构成装备各单元的材料、结构、几何、运动及使役参量等之间的关系建模为基础，计算确定或优选各单元的结构几何参量和材料特性参量，进而确定适宜的制造工艺路线、方法和工艺参量，实现按性能要求的设计和制造。高性能制造不仅是性能与几何的并行保证，也是以性能建模为核心，在通过求解、分析和优化获得设计制造参量的基础上所进行的制造。高性能制造涉及材料、结构、几何和工艺等多个方面，并以装备的系统级、子系统级、部件级性能为目标构建各要素间的有机联系和匹配关系，通过建模仿真和反求计算等手段对装备进行设计与制造。在极端尺度和极端环境下，材料、构件的物理性能将产生明显的非常规现象，甚至与现有物理学、材料科学和加工制造原理相悖，必须研究相应的新原理、新方法和新技术。极端制造的基本科学问题是研究物质如何通过与能量的复杂、精准的交互作用演变为极端性能产品的科学规律。

参 考 文 献

［1］郭东明. 高性能制造 ［J］. 机械工程学报，2022，58（21）：225-242.

［2］郭东明. 高性能精密制造 ［J］. 中国机械工程，2018，29（7）：757-765.

［3］郭东明，孙玉文，贾振元. 高性能精密制造方法及其研究进展 ［J］. 机械工程学报，2014，50（11）：119-134.

［4］郭东明. 高性能零件的性能与几何参数一体化精密加工方法与技术 ［J］. 中国工程科学，2011，13（10）：47-57.

［5］樊非，徐曦，许乔，等. 大口径强激光光学元件超精密制造技术研究进展 ［J］. 光电工程，2020，47（8）：5-17.

［6］尤明.可重复使用运载器固定时间姿态跟踪控制研究［D］.天津：天津大学，2018.

［7］刘海江，徐清清.航天大型薄壁结构件质量信息管理系统研究与实现［J］.锻压装备与制造技术，2018，53（1）：101-105.

［8］房丰洲.原子及近原子尺度制造：制造技术发展趋势［J］.中国机械工程，2020，31（9）：1009-1021.

［9］钟掘.极端制造：制造创新的前沿与基础［J］.中国科学基金，2004（6）：12-14.

［10］郭凡礼.抢占极端制造产业制高点［J］.中国工业评论，2015（8）：38-44.

［11］李伯虎，张霖，任磊，等.再论云制造［J］.计算机集成制造系统，2011，17（3）：449-457.

［12］冯登国，张敏，李昊.大数据安全与隐私保护［J］.计算机学报，2014，37（1）：246-258.

［13］李伯虎，张霖，王时龙，等.云制造：面向服务的网络化制造新模式［J］.计算机集成制造系统，2010，16（1）：1-7.

［14］梁建交.工业大数据：制造企业数字化转型的重点方向［J］.信息安全与通信保密，2020（4）：72-81.

冯如的飞机